普通高等教育"十四五"规划教材

普通高等农林院校人工智能与智慧农业专业系列教材

Python 程序设计基础

FUNDAMENTALS OF PYTHON PROGRAMMING

李　辉◎主编

中国农业大学出版社

China Agricultural University Press

·北 京·

内 容 简 介

Python 作为编程语言的一种,具有高效率、可移植、可扩展、可嵌入以及易维护等优点。Python 语法简捷,代码高度规范,功能强大且简单易学,是程序开发人员必学的语言之一。

本书注重基础、循序渐进、内容丰富、结构合理、思路清晰、语言简练流畅、示例翔实,系统地讲述了Python 程序设计开发的相关基础知识。全书分为 12 章,主要包括:Python 与 PyCharm 的安装使用,Python语法基础,程序基本流程控制,典型序列数据结构,函数,面向对象编程基础,文件操作与数据处理,模块、包及库的使用,NumPy 数值计算,Pandas 数据处理分析,数据可视化,OpenCV 与图像分析基础等内容。

为提升读者学习效果,书中结合实际应用提供了大量案例进行说明和训练,并配以完善的学习资料和支持服务,包括教学课件、教学大纲、源码、教学视频、配套软件等,为读者带来全方位的学习体验。

本书既可作为高等院校数据科学与大数据技术以及其他计算机相关专业的教材,也可作为自学者使用的辅助教材,是一本适用于程序开发初学者的入门级教材。

图书在版编目(CIP)数据

Python 程序设计基础 / 李辉主编 . --北京:中国农业大学出版社,2023.8
ISBN 978-7-5655-3036-4

Ⅰ.①P⋯　Ⅱ.①李⋯　Ⅲ.①软件工具－程序设计　Ⅳ.①TP311.561

中国国家版本馆 CIP 数据核字(2023)第 150085 号

书　名	Python 程序设计基础
	Python Chengxu Sheji Jichu
作　者	李　辉　主编

策划编辑	张秀环　张玉芬	责任编辑	魏　巍
封面设计	李尘工作室		
出版发行	中国农业大学出版社		
社　址	北京市海淀区圆明园西路 2 号	邮政编码	100193
电　话	发行部 010-62733489,1190	读者服务部	010-62732336
	编辑部 010-62732617,2618	出　版　部	010-62733440
网　址	http://www.caupress.cn	E-mail	cbsszs@cau.edu.cn
经　销	新华书店		
印　刷	北京鑫丰华彩印有限公司		
版　次	2023 年 11 月第 1 版　2023 年 11 月第 1 次印刷		
规　格	185 mm×260 mm　16 开本　17.75 印张　440 千字		
定　价	56.00 元		

图书如有质量问题本社发行部负责调换

编写人员

主　编　李　辉（中国农业大学）

副主编　冀荣华（中国农业大学）

　　　　王传安（安徽科技学院）

　　　　杨建平（云南农业大学）

参　编　（按姓氏拼音排序）

　　　　白玉艳（云南农业大学）

　　　　程新荣（中国农业大学）

　　　　代爱妮（青岛农业大学）

　　　　贺细平（湖南农业大学）

　　　　李　寒（中国农业大学）

　　　　刘　竞（青岛农业大学）

　　　　孙鑫鑫（中国农业大学）

　　　　陶　莎（中国农业大学）

　　　　王　静（青岛农业大学）

　　　　王美丽（西北农林科技大学）

　　　　张　晶（西北农林科技大学）

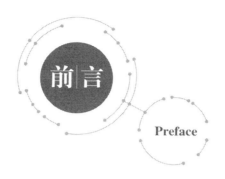

前｜言

Preface

Python 语言于 20 世纪 90 年代初由荷兰 Guido van Rossum（吉多·范·罗苏姆）首次公开发布，经过历次版本的修正，不断演化改进，目前已成为最受欢迎的程序设计语言之一。近年来，Python 多次登上诸如 TIOBE、StackOverFlow、GitHub 等各大编程语言社区排行榜。根据 TIOBE 最新排名，Python 与 Java、C 语言一起成为全球流行语言的前三名。

Python 语言之所以如此受欢迎，其主要原因是它拥有简洁的语法、良好的可读性以及功能的可扩展性。在各高校及行业应用层面，采用 Python 语言进行教学、科研、应用开发的机构日益增多。在高校方面，一些国际知名大学采用 Python 语言教授课程设计，典型的有麻省理工学院的计算机科学及编程导论、卡耐基梅隆大学的编程基础、加利福尼亚大学伯克利分校的人工智能课程等。在行业应用方面，Python 语言已经渗透到数据分析、互联网开发、工业智能化、游戏开发等重要的工业应用领域。鉴于上述诸多优点，Python 语言受到学习者们的青睐。

本教材的编写原则是：①适应性原则。Python 语言有自己独特的语法，从开发者的角度，在编程语言的大框架下，分析这些编程语言的细节差异，使读者能够很好地适应 Python 语言的学习。②科学性原则。本教材既是知识产品的再生产、再创造，也是编者教学经验的总结和提高，覆盖范围广、内容新，既有面的展开，又有点的深化，举例符合题意，使读者学习事半功倍。③实用性原则。本教材融合了计算机程序设计与数据分析的教学内容，并以数据分析应用为目的,旨在通过编程语言的学习和应用培养学生的基本编程能力和计算思维,通过数据分析方法的学习和应用培养学生的基本数据分析能力。

党的二十大报告强调,实现高水平科技自立自强,进入创新型国家前列;建成现代化经济体系,形成新发展格局,基本实现新型工业化、信息化、城镇化、农业现代化。联系到本课程本书从基础和实践两个层面引导读者学习 Python 这门学科,系统、全面地讨论了 Python 编程的思想和方法。第 1~2 章主要介绍了 Python 的安装使用以及语法基础。第 3~8 章详细介绍了 Python 编程的核心技术,着眼于程序基本流程控制、典型序列数据结构、函数、面向对象编程基础、文件操作和数据处理、模块、包及库的使用,并介绍了相关使用场景以及注意事项,每一章节都搭配了详细的 Python 示例程序,让读者全面理解 Python 编程。其中,第 6 章是程序开发的进阶,着重介绍了类、对象、成员属性、成员方法、继承等知识点,并针对每一个知识点提供了详细的案例。第 9~12 章主要介绍了 NumPy 数值计算、Pandas 数据处理分析、数据可视化、Open CV 与图像分析基础等,可以让读者在学习 Python 基础知识的同时,也能够掌握数据的分析与可视化。

本书的参考课时为 48~64 学时,可作为高等院校本科、专科数据科学与大数据技术以及其他计算机相关专业教材,也适合从事相关工作的人员阅读。

本书第 1 章由孙鑫鑫老师编写,第 2 章由王静老师编写,第 3 章由杨建平老师编写,第 4 章由程新荣老师编写,第 5 章由白玉艳老师编写,第 6 章由代爱妮、刘竞老师编写,第 7 章由陶莎老师编写,第 8 章由贺细平老师编写,第 9 章由王美丽、张晶老师编写,第 10 章由冀荣华、李辉老师编写,第 11 章由王传安老师编写,第 12 章由李寒老师编写。赵明老师、赵然老师、贾丙静老师、俞龙老师等为本书的编写提供了宝贵的意见和建议,在此表示感谢。

由于编者水平有限,加之 Python 语言的发展日新月异,书中难免会有疏漏和不妥之处,敬请广大读者批评指正。

编 者

2022 年 5 月

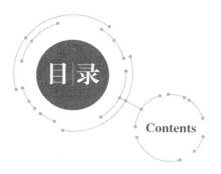

目｜录

Contents

第 1 章　Python 与 PyCharm 的安装使用

本章首先介绍了计算机程序与 Python 语言，然后重点讲解如何搭建 Python 开发环境 IDLE 以及 PyCharm 的安装和基本使用方法。

1.1　计算机程序与编程语言

电子计算机的诞生是科学技术发展史上一个重要的里程碑，它也是 20 世纪人类伟大的发明创造之一。随着现代科技的日益发展，计算机以崭新的姿态伴随人类迈入了新世纪，它以快速、高效、准确等特性成为人们日常生活与工作的最佳助手。

1.1.1　计算机程序

计算机程序又称"计算机软件"，是指为了得到某种结果而由计算机等具有信息处理能力的装置执行的代码化指令序列，或者可以被自动转换成代码化指令序列的符号化指令序列或者符号化语句序列。

随着电子技术的广泛应用，产生了专门提供计算机所需软件的新兴工业部门及新型商品——计算机软件。常见的计算机软件如微信、QQ 等。

1.1.2　计算机编程语言

人与人之间的交流需要通过语言来进行。人与计算机交流信息也要解决语言问题，需要创造一种计算机和人都能识别的语言，这就是计算机编程语言。计算机编程语言经历了以下三个发展阶段。

1. 机器语言

机器语言由二进制 0、1 代码指令构成，不同的 CPU 具有不同的指令系统。机器语言程序难编写、难修改、难维护，需要用户直接对存储空间进行分配，编程效率极低。这种语言已经被逐渐淘汰。

2. 汇编语言

汇编语言指令是机器指令的符号化，与机器指令存在着直接的对应关系。汇编语言同样存在着难学难用、容易出错、维护困难等缺点。但是汇编语言也有自身的优点，如可直接访问系统接口，汇编程序翻译成机器语言程序的效率高。从软件工程的角度来看，只有在高级语言不能满足设计要求或不具备支持某种特定功能的技术性能(如特殊的输入输出)时,才使用汇编语言。

3. 高级语言

高级语言是面向用户的、基本上独立于计算机种类和结构的语言。其最大的优点是:形式上接近于算术语言和自然语言,概念上接近于人们通常使用的语言概念。高级语言的一个命令可以代替几条、几十条甚至几百条汇编语言的指令。因此,高级语言易学易用,通用性强,应用广泛。

目前,广泛使用的 Python、Java、PHP、C、C++以及 C#等语言均属于高级语言。

1.1.3 计算机编程语言编译和解释

高级语言根据计算机执行机制的不同可分成两类:静态语言和脚本语言。静态语言采用编译方式执行,脚本语言采用解释方式执行。例如,C 语言是静态语言,Python 语言是脚本语言。无论哪种执行方式,用户的使用方法可以是一致的,如通过鼠标双击执行一个程序。

编译是指将源代码转换成目标代码的过程。通常,源代码是高级语言代码,目标代码是机器语言代码,执行编译的计算机程序称为编译器(compiler)。编译器将源代码转换成目标代码,计算机可以立即或稍后运行该目标代码。

解释是将源代码逐条转换成目标代码同时逐条运行目标代码的过程。执行解释的计算机程序称为解释器(interpreter)。其中,高级语言源代码与数据一同输入进解释器,随后输出运行结果。

编译和解释的区别在于编译是一次性地翻译,一旦程序被编译,不再需要编译程序或者源代码。解释则在每次运行程序时都需要使用解释器和源代码。这两者的区别类似于外语资料的翻译和同声传译。

简单来说,解释的执行方式是逐条运行用户编写的代码,没有纵览全部代码的性能优化过程,因此执行性能略低,但支持跨硬件或操作系统平台,对升级维护十分有利,适合非关键性能的程序运行场景。

采用编译方式执行的编程语言是静态语言,如 C 语言、Java 语言等;采用解释方式执行的编程语言是脚本语言,如 JavaScript 语言、PHP 语言等。

Python 是一种被广泛使用的高级通用脚本编程语言,采用解释方式执行,但它的解释器也保留了编译器的部分功能,随着程序运行,解释器也会生成一个完整的目标代码。这种将解释器和编译器结合形成的新解释器是现代脚本语言为提升计算性能的一种有益演进。

1.2 Python 概述

1.2.1 Python 的起源与发展

Python 是由荷兰数学和计算机科学研究学会的 Guido van Rossum (吉多·范·罗苏姆)于 20 世纪 90 年代初设计的作为 ABC 语言的替代品。该编程语言的名字 Python(蟒)取自英国 20 世纪 70 年代首播的电视喜剧《蒙提·派森的飞行马戏团》(*Monty Python's Flying Circus*)。

Python 提供了高效的高级数据结构,还能简单有效地面向对象编程。Python 因其语法、动态类型以及解释型语言的本质,使它成为多数平台上脚本写作和快速开发应用的编程语言。

随着版本的不断更新和语言新功能的添加,Python 逐渐被用于独立的、大型项目的开发。

　　Python 解释器易于扩展,可以使用 C 或 C++(或者其他可以通过 C 调用的语言)扩展新的功能和数据类型。Python 也可作为定制化软件中的扩展程序语言。Python 以其丰富的标准库提供了适用于各个主要系统平台的源码或机器码。

　　Python 已经成为最受欢迎的程序设计语言之一。自 2004 年以后,Python 的使用率直线上升。Python 2 于 2000 年 10 月 16 日发布,稳定版本是 Python 2.7。Python 3 于 2008 年 12 月 3 日发布,不完全兼容 Python 2。目前,Python 3 是主流版本。自从 20 世纪 90 年代初 Python 诞生至今,它已被逐渐广泛应用于系统管理任务的处理和 Web 编程。

　　本书所有程序运行环境均为 Python 3.X,以下不再赘述。

1.2.2　Python 的特点

Python 秉承"优雅""明确""简单"的设计理念,具有以下特点。

1. 简单易学

Python 是一种解释型的编程语言,遵循"优雅""明确""简单"的设计理念,语法简单,易学、易读、易维护。

2. 功能强大(可扩展、可嵌入)

Python 既属于脚本语言,也属于高级程序设计语言,所以 Python 既具有脚本语言(如 Perl、Tcl 和 Scheme 等)简单、易用的特点,也具有高级程序设计语言(如 C、C++ 和 Java 等)的强大功能。

3. 具有良好的跨平台特性(可移植)

基于其开源本质,Python 已经被移植到许多平台上,包括 Linux/Unix、Windows、Macintosh 等。用户编写的 Python 程序,如果未使用依赖于系统的特性,无须修改就可以在任何支持 Python 的平台上运行。

4. 面向对象编程

面向对象(Object Oriented,OO)是现代高级程序设计语言的一个重要特征。Python 既支持面向过程的编程,也支持面向对象的编程。Python 支持继承和重载,有益于源代码的复用性。

5. Python 是免费的开源自由软件

Python 是 FLOSS(自由/开放源码软件)之一,允许自由地发布此软件的拷贝,使用者可以阅读和修改其源代码,并将其一部分用于新的自由软件中。

1.2.3　Python 的应用领域与发展趋势

党的二十大报告强调,构建新一代信息技术、人工智能等一批新的增长引擎。Python 作为一种高级通用语言,可以应用于如人工智能、数据分析、网络爬虫、金融量化、云计算、Web 开发、自动化运维和测试、游戏开发、网络服务、图像处理等众多领域。目前,几乎所有的大中型互联网企业都在使用 Python。

1. 数据分析

在大量数据的基础上,结合科学计算、机器学习等技术对数据进行清洗、去重、规格化和具有针对性的分析是大数据行业的基石。Python 是数据分析的主流语言之一。

2. 操作系统管理

Python 作为一种解释型的脚本语言,特别适合于编写操作系统管理脚本。Python 编写的系统管理脚本在可读性、性能、源代码重用度以及扩展性等方面都优于普通的 Shell 脚本。

3. 文本处理

Python 提供的 re 模块能支持正则表达式,还提供 SGML、XML 分析模块,许多程序员利用 Python 进行 XML 程序的开发。

4. 图形用户界面(GUI)开发

Python 支持 GUI 开发,使用 Tkinter、wxPython 或者 PyQt 库,可以开发跨平台的桌面软件。

5. Web 编程应用

Python 经常被用于 Web 开发。通过 Web 框架库,例如 Django、Flask、FastAPI 等,可以快速开发各种规模的 Web 应用程序。

6. 网络爬虫

网络爬虫(Web Spider)也称网络蜘蛛,是大数据行业获取数据的核心工具。网络爬虫可以自动、智能地在互联网上爬取免费的数据,Python 是目前编写网络爬虫所使用的主流编程语言之一,其 Scrapy 爬虫框架的应用范围非常广泛。

1.3　Python 与 PyCharm 的安装配置

在使用 Python 之前,首先要进行 Python 环境的安装与配置。Python 目前包含 2 个主要版本,即 Python 2 和 Python 3。许多针对早期 Python 版本设计的程序都无法在 Python 3 上正常运行。使用 Python 3,一般也不能直接调用 Python 2 开发的库,而必须使用相应的 Python 3 版本的库。

计算机只能理解二进制代码,不能理解用 Python 编写的源代码。因此,Python 环境就是 Python 解释器,它像翻译官一样把程序代码翻译成机器能够理解的二进制代码,然后才可以运行。

1.3.1　Python 的解释器

Python 2 和 Python 3 规定相应版本 Python 的语法规则。实现 Python 语法的解释程序就是 Python 解释器。

Python 解释器用于解释和执行 Python 语句和程序。常用的 Python 解释器有以下几种。

(1)CPython　使用 C 语言实现的 Python 解释器,即原始的 Python。这是最常用的 Python 版本,也称为 ClassicPython。通常 Python 就是指 CPython,需要区别的时候才注明 CPython。

(2)Jython　使用 Java 实现的 Python 解释器,原名 JPython。Jython 可以直接调用 Java 的类库,适用于 Java 平台的开发。

(3)IronPython　面向 .NET 的 Python 解释器实现。IronPython 能够直接调用 .NET 平台的类库,适用于 .NET 平台的开发。

(4)PyPy　使用 Python 语言实现的 Python 解释器。

1.3.2　Python 3.9.0 的下载与安装

（1）首先到 Python 官网（https://www.python.org/downloads/）下载与用户 Windows 操作系统位数（32 位或 64 位）相对应的 Python3.9.0 版本。

若计算机 Windows 是 32 位的，就下载 Python 3.9.0 Windows x86 executable installer；

若计算机 Windows 是 64 位的，就下载 Python 3.9.0Windows x86-64 executable installer。

此时下载文件是 Python-3.9.0.exe（32 位）或 Python-3.9.0-amd64.exe（64 位）的可执行的 Python 安装程序。

（2）本书以 64 位 Windows 操作系统安装 Python 程序为例进行介绍。双击 Python-3.9.0-amd64.exe 可执行的 Python 安装文件，在安装界面上，勾选"Add Python 3.9 to PATH"选项，如图 1-1 所示。

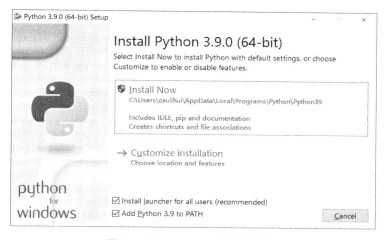

图 1-1　Python 3.9.0 的安装界面

（3）在安装界面上，选择"Customize installation（自定义安装）"项，进入选项功能界面，如图 1-2 所示。勾选选项功能界面上的所有选项，进入高级选项界面，如图 1-3 所示。

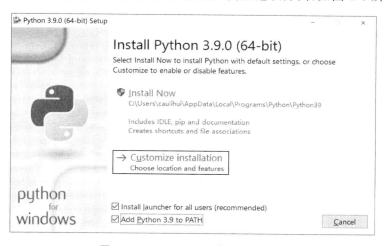

图 1-2　Python 3.9.0 选项功能界面

（4）在高级选项界面上，勾选"Associate files with Python（requires the py launcher）" "Create shortcuts for installed applications"和"Add Python to environment variables"这 3 个选项。单击【Browse】按钮，更改 Python 软件安装的路径为 D:\python。若单击【Back】按钮，可返回到选项功能界面；单击【Install】按钮，则开始软件安装。

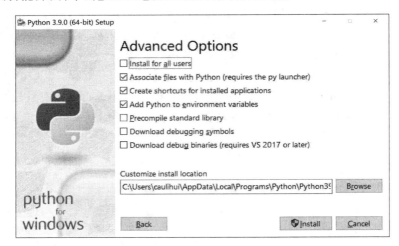

图 1-3　Python 3.9.0 高级选项界面

（5）软件安装进度界面如图 1-4 所示。软件安装成功后，弹出软件安装成功界面，如图 1-5 所示。单击【Close】按钮关闭界面。

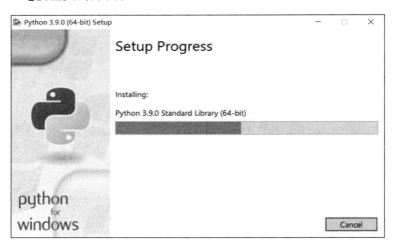

图 1-4　软件安装进度界面

1.3.3　Python 开发环境 IDLE 及其使用

安装 Python 后会自动安装 IDLE（集成开发环境），该软件包含文本处理程序，用于书写和修改 Python 代码。IDLE 有 2 个窗口可以供开发者使用：Shell 窗口可以直接输入并执行 Python 语句；编辑窗口可以输入和保存程序。

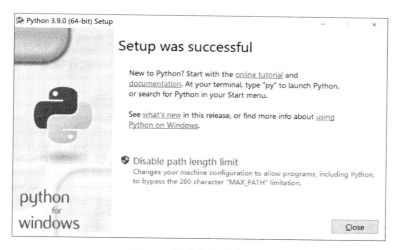

图 1-5　软件安装成功界面

1. IDLE 的启动

在 Windows 系统的"开始"菜单中选择"Python 3.9→IDLE（Python 3.9 64-bit）"选项就可以启动 IDLE。

启动 IDLE 后，进入如图 1-6 所示的 Shell 界面。">>>"是 Python 的命令提示符，在提示符后可以输入 Python 语句。窗口的菜单栏列出了常用的操作选项。

```
Python 3.9.0 Shell
File Edit Shell Debug Options Window Help
Python 3.9.0 (tags/v3.9.0:9cf6752, Oct  5 2020, 15:34:40) [MSC v.1927 64 bit (AM
D64)] on win32
Type "help", "copyright", "credits" or "license()" for more information.
>>>
```

图 1-6　Shell 界面

2. 开发和运行 Python 程序的 2 种方式

开发和运行 Python 程序一般包括交互式和文件式两种方式。

（1）交互式：在 Python 解释器的命令行窗口中，输入 Python 代码，解释器及时响应并输出结果。交互式一般适用于调试少量代码。Python 解释器包括 Python、IDLE Shell 和 IPython（第三方包）等。

Shell 窗口提供了一种交互式的使用环境。在">>>"提示符后输入一条语句，按 Enter 键后会立刻执行，如图 1-7 所示。如果输入的是带有冒号和缩进的复合语句（如 if 语句、while 语句、for 语句等），则需要按 2 次【Enter】键。

```
Python 3.9.0 Shell
File Edit Shell Debug Options Window Help
Python 3.9.0 (tags/v3.9.0:9cf6752, Oct  5 2020, 15:34:40) [MSC v.1927 64 bit (AM
D64)] on win32
Type "help", "copyright", "credits" or "license()" for more information.
>>> print("好好学习，天天向上！")
好好学习，天天向上！
>>>
```

图 1-7　Shell 窗口

（2）文件式：Shell 窗口无法保存代码，关闭 Shell 窗口后，输入的代码就被清除了。因此在进行程序开发时，通常都需要使用文件编辑方式进行代码的编写、保存与执行。将 Python 程序编写并保存在一个或者多个源代码文件中，然后通过 Python 解释器来编译执行。文件式适用于较复杂的应用程序的开发。

①创建 Python 源文件。在 IDLE Shell 窗口的菜单栏中选择"File→New File"选项可以打开文件编辑窗口，在该窗口中可以直接编写和修改 Python 程序，当输入一行代码后，按 Enter 键可以自动换行。操作中可以连续输入多条命令语句，不要在行尾添加分号"；"，也不要用分号将两条命令放在同一行。标题栏中的"Untitled"表示文件未命名，"＊"表示文件未保存。

②保存程序文件。在"文件编辑"窗口中选择"File→Save"选项或者按下快捷键"Ctrl＋S"会弹出"另存为"对话框，选择文件的存放位置并输入文件名。例如"firstProg.py"，即可保存文件。Python 文件的扩展名为".py"。

③运行程序。此过程是将 Python 源文件编译成字节码程序文件，即扩展名为".pyc"的文件，例如 firstProg.pyc。Python 的编译是一个自动过程，用户一般不会在意它的存在。编译成字节码可以节省加载模块的时间，提高效率。编写 Python 源文件，通过 Python 编译器/解释器执行程序。具体操作是在菜单栏中选择"Run→Run Module"选项或者按快捷键【F5】即可运行程序，运行结果会在 Shell 窗口中输出。

3. 代码书写要求

Python 程序对于代码（命令语句）格式有严格的语法要求，书写代码时需要注意以下 5 点。

（1）在 Shell 窗口中，所有语句都必须在命令提示符">>>"后输入，按【Enter】键执行。

（2）语句中的所有符号都必须是半角字符（在英文输入法下输入的字符），需要特别注意括号、引号、逗号等符号的格式。

（3）Python 用代码缩进和冒号"："区分代码之间的层次。用相同的缩进表示同一级别的语句块，而不正确的缩进会导致程序逻辑错误。

（4）Python 在表示缩进时可以使用 Tab 键或空格，但不要将两者混合使用。一般以 4 个空格作为 1 个基本缩进单位。

（5）对关键代码可以添加必要的注释。注释是指在程序代码中对程序代码进行解释说明的文字。注释不是程序，不能被执行，它的作用只是对程序代码进行解释说明，让别人可以看懂程序代码的作用，能够大大增强程序的可读性。注释可分为以下几种：

单行注释：以"#"开头，"#"右边的所有文字作为说明，而不是真正要执行的程序，起辅助说明的作用。

多行注释：使用 3 对引号（"""解释说明"""）解释说明一段代码的作用。

4. 帮助功能

IDLE 环境提供了诸多帮助功能，常见的有以下 4 种。

（1）Python 关键字使用不同的颜色标识。例如，print 关键字默认使用紫色标识。

（2）输入函数名或方法名，再输入紧随的"（"时会出现相应的语法提示。

（3）使用 Python 提供的 help() 函数可以获得相关对象的帮助信息，包括该函数的语法、功能描述和各参数的含义等。

（4）输入模块名或对象名，再输入紧随的“.”时，会弹出相应的元素列表框。例如，输入 import 语句，导入 random 模块，按【Enter】键执行。然后输入“random.”，稍后就会弹出一个列表框，列出了该模块包含的所有 random()函数等对象，可以直接从列表中选择需要的元素，代替手动输入。

5. Shell 窗口中的错误提示

代码中如果有语法错误，则执行后会在 Shell 窗口显示错误提示。

6. 常用快捷键

在程序开发过程中，合理使用快捷键可以降低代码的错误率，提高开发效率。在 IDLE 中，选择“Options→Configure IDLE”选项，打开 Settings 对话框，在 Keys 选项卡中列出了常用的快捷键。

1.3.4　Python 集成开发环境 PyCharm 的安装与配置

安装好 Python 后，可以直接在 Shell(Python 或 IPython)中编写代码。除此之外，还可以采用 Python 的集成开发环境(integrated development environment,IDE)或交互式开发环境来编写代码。Python 常用的集成开发环境有 PyCharm 和 JupyterNotebook 等。其中，PyCharm 适合用于开发 Python 的项目程序。下面将分别介绍 PyCharm 集成开发软件的安装与使用。

1. PyCharm 简介

PyCharm 是由 JetBrains 公司开发的一款 IDE 软件，该软件除了具备一般 IDE 的功能(如调试、语法高亮、Project 管理、代码跳转、智能提示、自动完成、单元测试和版本控制)外，还提供了一些高级功能，用于支持 Django 框架下的专业 Web 开发。同时，PyCharm 还支持 Google AppEngine 和 lronPython。PyCharm 是一款专门服务于 Python 程序开发的 IDE 软件，具有配置简单、功能强大、使用方便等优点，目前已成为 Python 专业开发人员和初学者经常使用的工具。

PyCharm 有免费的社区版和付费的专业版两个版本。专业版额外增加了项目模板、远程开发以及数据库支持等高级功能，而对于个人学习者而言，使用免费的社区版即可。

2. PyCharm 的安装

（1）首先到 JetBrains 官网下载社区版本的 PyCharm 软件（建议登录 https://www.jetbrains.com/zh-cn/pycharm/），如图 1-8 所示，下载 PyCharm Community Edition 2021.2.3。

（2）双击 PyCharm Community Edition 2021.2.3.exe，打开 PyCharm 软件安装界面，如图 1-9 所示，单击【Next】按钮。

（3）进入选择安装位置界面，如图 1-10 所示，再单击【Next】按钮。

（4）进入安装选项界面，如图 1-11 所示，建议勾选“PyCharm Community Edition”“Add "bin" folder to the PATH”和“.py”选项，再单击【Next】按钮。

图 1-8　PyCharm 下载页面

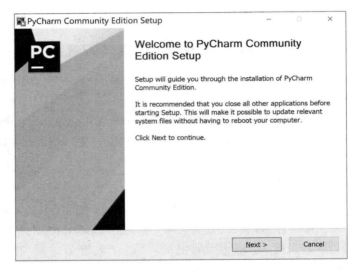

图 1-9　PyCharm 软件安装界面

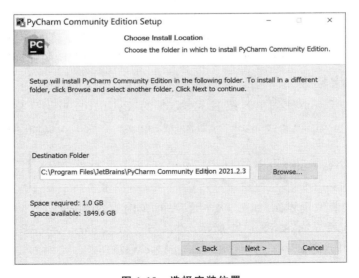

图 1-10　选择安装位置

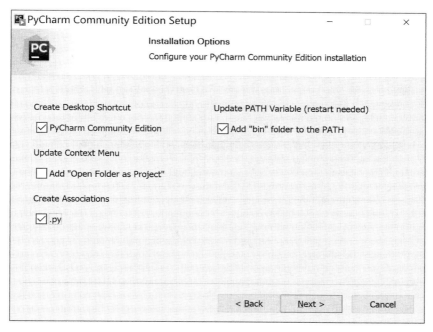

图 1-11　选择安装选项

（5）进入选择开始菜单界面，如图 1-12 所示，单击【Install】按钮。

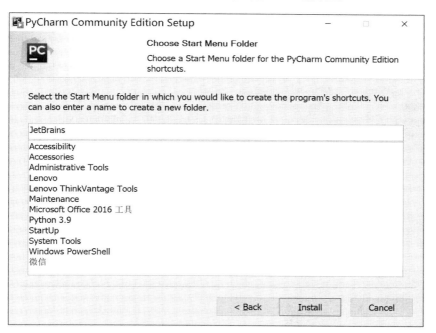

图 1-12　选择开始菜单

（6）进入程序安装进度界面，如图 1-13 所示。

图 1-13　程序安装进度界面

　　（7）进入程序安装完成前最后一个界面，如图 1-14 所示，单击【Finish】按钮，完成 PyCharm 的安装，并询问重启方式。

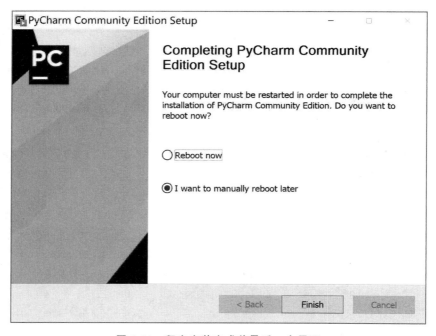

图 1-14　程序安装完成前最后一个界面

（8）双击桌面上的 PyCharm 快捷启动图标，将弹出如图 1-15 所示界面，确认是否接受用户协议。用户必须选择复选框并继续，才可进入 PyCharm 的启动界面，如图 1-16 所示。

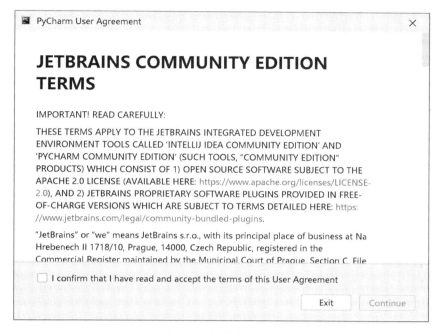

图 1-15　用户协议界面

图 1-16　PyCharm 的启动界面

在 PyCharm 启动界面上选择【New Project】选项创建新项目，也可选择【Open】选项打开已有的项目，或通过【Get from VCS】选项进行项目的版本控制。

3. PyCharm 的简单设置

（1）更换主题

如果要修改软件的界面，可以采用更换主题的方法。

操作步骤：选择菜单栏"File→Settings→Appearance & Behavior→Appearance→theme"，可在下拉列表中选择主题，如选择"Darcula"，单击【OK】按钮，将主题设置为黑色背景的经典样式。

（2）修改源代码字体大小

操作步骤：选择菜单栏"File→Settings→ Editor→Font"修改【Font】和【Size】选项设置，可调整字号大小。例如，用户在【Font】选项中选择"Source Code Pro"，在【Size】选项中选择"20"，单击【OK】按钮，便可将源代码字号设置为 20。

（3）修改编码设置

PyCharm 使用编码设置的 3 处分别是 IDE Encoding、Project Encoding 和 Property Files。

操作步骤：选择菜单栏"File→Settings→Editor→File Encodings"，调整【Global Encoding】【Project Encoding】和【Default encoding for properties files】这 3 个选项的文件编码方式。例如，在【Project Encoding】选项中选择为"UTF-8"，单击【OK】按钮，可将项目编码设置为 UTF-8。

（4）选择解释器设置

如果在计算机上安装了多个 Python 版本，当需要更改解释器设置时，其操作步骤为：选择菜单栏"File→Settings→Project：untitled→Project Interpreter"，将弹出如图 1-17 所示的选择解释器【Settings】对话框。

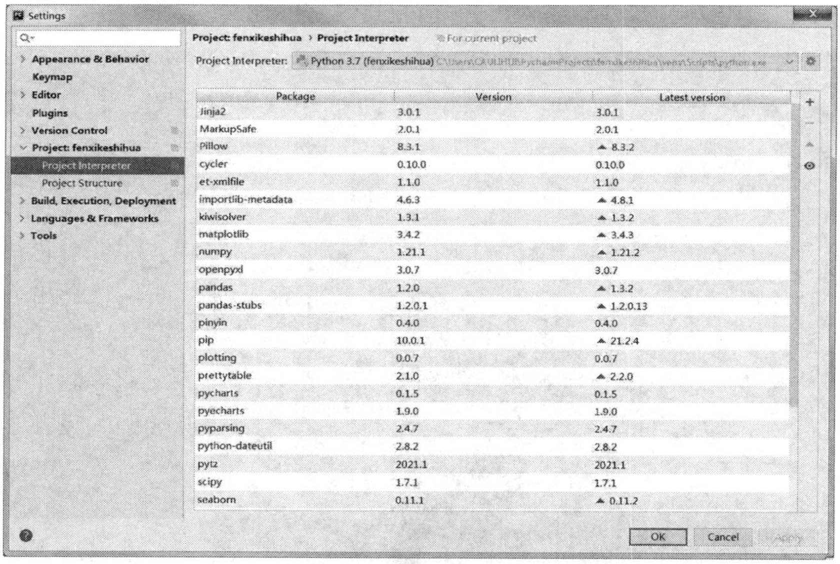

图 1-17 选择解释器【Settings】对话框

首先通过【Project Interpreter】选项的下拉列表按钮，选择解释器；然后通过【Project Interpreter】选项的下拉列表按钮右边的【 ⚙ 】按钮，创建虚拟环境或添加新的 Python 路径；通过对话框右侧的【＋】按钮或【－】按钮可添加库或卸载库。当单击【 ⚙ 】按钮时，将会弹出上下文菜单栏，选择【Add Local】菜单，将弹出图 1-18 所示的【Add Python Interpreter】对话框，开始创建虚拟环境。

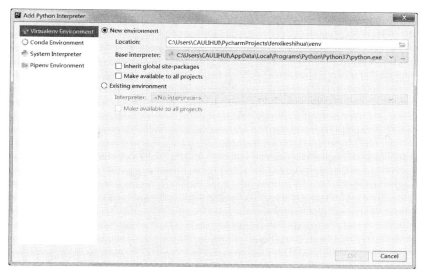

图 1-18　【Add Python Interpreter】对话框

（5）设置快捷键方案

PyCharm 可以为不同平台的用户提供不同的快捷键定制方案,其操作步骤为:选择菜单栏"File→Settings→Keymap",单击【Keymap】的下拉列表按钮,可选择一个快捷键配置方案,单击【Apply】按钮,保存更改。

4. PyCharm 的使用

（1）新建项目

操作步骤:打开 PyCharm,选择菜单栏"File→New→Project",弹出如图 1-19 所示的【Create Project】对话框,在此对话框中,可选择项目的路径和项目解释器的路径（Python 的安装路径）与项目的虚拟环境,然后单击【Create】按钮。弹出如图 1-20 所示【Open Project】对话框。选择【This Window】按钮,单击【OK】按钮,进入创建项目界面,完成新建项目。

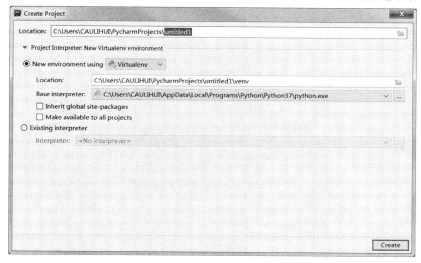

图 1-19　【Create Project】对话框

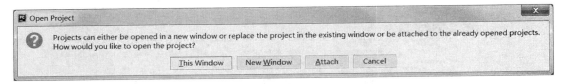

图 1-20 【Open Project】对话框

（2）创建 Python 文件

操作步骤：右键单击项目名称，选择"New→Python File"，弹出【New Python file】对话框，如图 1-21 所示，输入 Python 文件名为"HelloPython"，单击【OK】按钮，创建"HelloPython.py"文件。

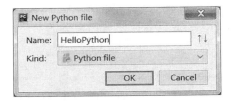

图 1-21 【New Python file】对话框

（3）编写和运行 Python 程序

打开 PyCharm 集成开发环境，如图 1-22 所示，双击项目目录区的 test.py 文件，在右边的代码编辑区中输出一行 Python 代码：print("Hello Python!")；然后，右键单击代码编辑区，在弹出的快捷菜单中选择"Run test"或者单击右上角（左侧下方）的绿色三角形按钮，即可运行这一行 Python 代码，并在控制台上输出"Hello Python!"字符串。

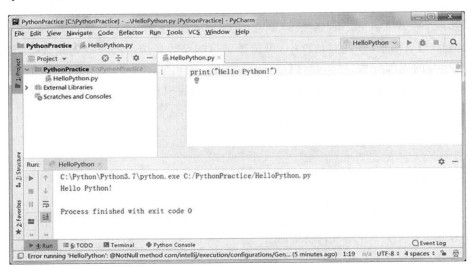

图 1-22 PyCharm 集成开发环境

⊠ 本章小结

本章介绍了计算机程序与编程语言的概念、Python 的特点和 Python 环境的安装使用,其主要内容如下。

(1)计算机程序又称计算机软件,是指为了得到某种结果而可以由计算机等具有信息处理能力的装置执行的代码化指令序列。

(2)计算机编程语言经历了三个发展阶段:机器语言、汇编语言、高级语言。

(3)计算机编程语言由源程序转换为机器语言,分为编译和解释两种方式,其中 Python 属于解释方式。

(4)Python 由 Guido van Rossum(吉多·范·罗苏姆)于 20 世纪 90 年代初设计,秉承"优雅""明确""简单"的设计理念。

(5)Python 可以应用于人工智能、数据分析、网络爬虫、金融量化、云计算、Web 开发、自动化运维和测试、游戏开发、网络服务以及图像处理等众多领域。

(6)IDLE 是 Python 官方提供的集成开发环境,有两种使用方式。一是在 Shell 窗口中可以直接输入并执行 Python 指令,进行交互式编程;二是使用文件编辑方式,该方式先编写并保存代码,以后可以多次执行文件中的代码程序。

(7)PyCharm 是由 JetBrains 公司开发的一款 Python 的 IDE 软件,具备调试、语法高亮、Project 管理、代码跳转、智能提示、自动完成、单元测试和版本控制等功能。

⊠ 思考题

1. Python 语言有哪些特点,都在哪些领域应用?
2. 在 IDLE 中如何运行和调试 Python 程序?

第 2 章　Python 语法基础

Python 是一个语法简洁、跨平台和可扩展的开源通用脚本语言,具有结构简单、语法清晰的特点。本章主要介绍 Python 中的变量、表达式和数据类型等基本概念及其使用方法,这些是学习 Python 程序设计的基础。

2.1　编码规范

在编写代码时,遵循一定的代码编写规则和命名规范可以使代码更加规范,并对代码的理解与维护起到至关重要的作用。

Python 中采用 PEP 8 作为编码规范,其中 PEP 是 Python Enhancement Proposal 的缩写,翻译过来是 Python 增强建议书,而 8 表示版本。PEP 8 是 Python 代码的样式指南。下面给出 PEP 8 编码规范中所规定的一些在编程中应该严格遵守的规则。

(1)不要在行尾添加分号";",也不要用分号将 2 条命令放在同一行。

(2)建议每行不超过 80 个字符,如果超过,建议使用圆括号"()"将多行内容隐式地连接起来,而不推荐使用反斜杠"\"进行连接。

(3)关于空行和空格的规定。

①使用必要的空行可以增加代码的可读性。一般在顶级定义(如函数或者类的定义)之间空两行,而在方法定义之间空一行。另外,在用于分隔某些功能的位置也可以空一行。

②通常情况下,运算符两侧、函数参数之间、逗号的两侧建议使用空格进行分隔。

(4)应该避免在循环中使用"+"和"+="运算符累加字符串。这是因为字符串是不可变的,这样做会创建不必要的临时对象。推荐的做法是将每个子字符串加入列表,然后在循环结束后使用"join()"方法连接列表。

(5)适当使用异常处理结构提高程序的容错性,但不能过多依赖异常处理结构,适当的显式判断还是必要的。

(6)命名规范在编写代码中具有很重要的作用,使用命名规范可以更加直观地了解代码所代表的含义。

(7)Python 最具特色的就是使用缩进来表示代码块,不需要使用花括号"{}"。缩进的空格数是可变的(一般为 4 个空格),但是同一个代码块的语句必须包含相同的缩进空格数。

【示例 2-1】输入一个整数,经判断如果是奇数则显示奇数,否则显示偶数。

```
number = int(input("请输入整数:"))
```

```
if number % 2 ! = 0:
    print(number,"是奇数")
else:
    print(number,"是偶数")
```

运行结果:

请输入整数:6

6 是偶数

一般来说,在编写代码时尽量不要使用过长的语句,应保证一行代码不超过屏幕宽度。如果语句确实太长,Python 允许在行尾使用续行符"\"表示下一行代码仍属于本条语句,或者使用圆括号把多行代码括起来表示是一条语句。另外,Python 代码中有两种常用的注释形式,即"#"和三引号。"#"用于单行注释,表示本行中"#"后的内容不作为代码运行;三引号常用于大段说明性文本的注释。

2.2　基础数据类型

2.2.1　保留字

保留字(keyword),也称关键字,指被编程语言内部定义并保留使用的标识符。保留字是 Python 中已经被赋予特定意义的一些单词,在开发程序时不能将其作为变量、函数、类、模块和其他对象的名称来使用。Python 中的保留字可以通过在 IDLE 中输入下例所示的 2 行代码查看。

【示例 2-2】通过 keyword 查看 Python 中的保留字。

```
import keyword
print(keyword.kwlist)
```

运行结果:

```
['False', 'None', 'True', 'and', 'as', 'assert', 'break', 'class', 'continue', 'def', 'del',
'elif', 'else', 'except', 'finally', 'for', 'from', 'global', 'if', 'import', 'in', 'is', 'lambda',
'nonlocal', 'not', 'or', 'pass', 'raise', 'return', 'try', 'while', 'with', 'yield']
```

Python 中所有的保留字是区分字母大小写的。例如,True、if 是保留字,但是 TURE、IF 就不属于保留字。

如果在开发程序时,使用 Python 中的保留字作为模块、类、函数或者变量等的名称,则会提示"invalid syntax"的错误信息。

2.2.2　标识符

现实生活中,每种事物都有自己的名称,从而与其他事物区分开。例如,每种交通工具都用一个名称来标识。在 Python 中,同样也需要对程序中各个元素命名加以区分,这种用来标识变量、函数、类等元素的符号称为标识符,通俗地讲就是名字。

Python 合法的标识符必须遵守以下规则。

(1)由一串字符组成,必须以下画线"_"或字母开头,后面接任意数量的下画线、字母(a～

19

z,A～Z)或数字(0～9)。Python 3. X 支持 Unicode 字符,所以汉字等各种非英文字符也可以作为变量名。例如_abs、r_l、X、var1、FirstName、"高度"等,都是合法的标识符。

注意:在 Python 中允许使用汉字作为标识符,如"我的大学 = "中国农业大学"",在程序运行时并不会出错误,但建议读者尽量不要使用汉字作为标识符。

(2)在 Python 中,标识符中的字母是严格区分大小写的,如果单词的大小写格式不一样,所代表的意义是完全不同的。Sum 和 sum 是两个不同的标识符。

(3)禁止使用 Python 保留字(或称关键字)。标识符不能与关键字同名。关键字也称为"保留字",是被 Python 保留起来具有特殊含义的词,不能再用于起名字。

(4)Python 中以下画线开头的标识符有特殊意义,一般应避免使用相似的标识符。

①以单下画线开头的标识符(_width)表示不能直接访问的类属性。另外,也不能通过"from xxx import ＊"导入。

②以双下画线开头的标识符(如_add)表示类的私有成员。

③以双下画线开头和结尾的是 Python 里专用的标识,例如,"_init_()"表示构造函数。

使用标识符还应注意:

(1)开头字符不能是数字,如 2 班平均分是不合法的标识符。

(2)标识符中唯一能使用的标点符号只有下画线,不能使用其他标点符号(包括空格、括号、引号、逗号、短横线、斜线、反斜线、冒号、句号、问号等)以及@、％和 $ 等特殊字符。例如,stu-score、First Name 等都是不合法的标识符。

2.3 变量和赋值

变量是指其值可以改变的量。编写程序时,需要使用变量保存要处理的各种数据。例如,可以使用一个变量存放商品的姓名,使用另一个变量存放商品的单价。与变量相对应的常量是指不需要改变也不能改变的值,例如圆周率(π)等的值不会发生改变,即可以定义为常量。

2.3.1 变量的定义

Python 中的变量通过赋值方式创建,并通过变量名标识。

变量名 = 值

变量创建时不需要声明数据类型,变量的"类型"是所指的内存中被赋值对象的类型。

例如:

```
strname = "初心"          #字符串类型
age = 18                  #整型
score = 96.5             #浮点型
z = 5＋6j                 #复数型
```

同一变量可以被反复赋值,而且可以是不同类型的变量,这也是 Python 被称为动态语言的原因,例如:

```
age = "18 岁"             #字符串类型
age = 18                  #整型
```

```
age = 96.5                          #浮点型
age = 5 + 6j                        #复数型
```

并且,Python 也允许同时为多个变量赋值(多重赋值)。

【示例 2-3】多变量赋值示例。

```
strname, age, score = '初心', 18, 96.5
print(strname, age, score)
```

运行结果：

初心 18 96.5

程序代码是按照书写顺序依次执行的,所有变量必须先定义后使用,否则会报错。

2.3.2　变量的命名

在 Python 中,不需要先声明变量名及其类型,直接赋值即可创建各种类型的变量。对于变量的命名并不是任意的,建议遵循以下 5 条规则。

(1)变量名必须是一个有效的标识符。

(2)变量名不能使用 Python 中的关键字。

(3)慎用小写字母 l 和大写字母 O。

(4)变量名称应见名知意。例如,表示学生出生日期的变量可以定义为 student_age。推荐应用中采用这种以下画线分割的命名方式。

(5)Python 变量名对字母大小写敏感。例如,Name 和 name 是不同的变量。

例如,下列变量名都是不合法的命名。

"score,1"(变量名中不能有逗号)、"6month"(变量名中不能以数字开头)、"x$ 2"(变量名中不能有特殊字符$)、"for"(Python 关键字不能作为变量名)。

关键字是指已被 Python 使用的标识符,用来表达特定的语义,不允许通过任何方式改变它们的含义,使用以下语句可以查看 Python 关键字。

```
importkeyword
print(keyword.kwlist)
```

2.3.3　变量的存储

Python 中的变量存储的是其值在内存中的地址。

赋值语句的执行过程是：首先计算等号右侧表达式的值,然后在内存中寻找一个位置把该值存放进去,最后创建变量并指向该内存地址。其中,变量的值是可以改变的。

(1)标识用于唯一地表示一个对象,通常对应对象在计算机内存中的位置,换句话说变量是存放变量位置的标识符。使用内置函数 id(obj)可以返回对象 obj 的标识。

变量赋值对于内存的使用情况如下。

变量 fruit_01 赋值"苹果",代码如下：

```
fruit_01 = '苹果'
```

其内存的分配情况如图 2-1(a)所示。

变量 fruit_01 赋值"苹果",变量 fruit_02 赋值"香蕉",代码如下：

```
fruit_01 = '苹果'
```

fruit_02 = '香蕉'

其内存的分配情况如图 2-1(b)所示。

变量 fruit_01 赋值"苹果",变量 fruit_02 的值等于 fruit_01 的值,代码如下:

fruit_01 = '苹果'

fruit_02 = fruit_01

其内存的分配情况如图 2-1(c)所示。

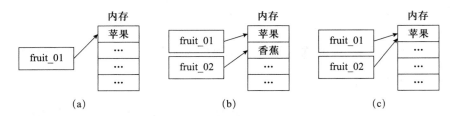

图 2-1 变量赋值内存分配情况

（2）类型用于标识对象所属的数据类型（类），数据类型用于限定对象的取值范围以及允许执行的处理操作。使用内置函数 type(obj) 可以返回对象 obj 所属的数据类型。

（3）值用于表示对象的数据类型的值。使用内置函数 print(obj) 可以返回对象 obj 的值。

Python 是一种动态类型的语言,也就是说,变量的类型可以随时变化。在 Python 中,使用内置函数 type() 可以返回变量类型。

【示例 2-4】使用内置函数 type()、id() 和 print() 查看对象。

```
myvalue = "学习强国"
print(id(myvalue))
print(type(myvalue))
print(myvalue)
myvalue = 123
print(id(myvalue))
print(type(myvalue))
print(myvalue)
```

运行结果:

```
35995344
<class 'str'>
学习强国
8791221138064
<class 'int'>
123
```

2.4 数据类型

人能够很容易地区分数字、字符并进行计算或者字符处理,但计算机不能自动区分它们,编写程序时需要以特定的形式告诉计算机存储的是数字还是字符。数据类型用来解决不同形式的数据在程序中的表达、存储和操作问题。

　　Python 采用基于值的内存管理模式,变量中存储了值的内存地址或者引用,因此随着变量值的改变,变量的数据类型也可以动态改变,Python 解释器会根据赋值结果自动推断变量类型。

2.4.1　常见的数据类型

　　Python 3 中有 6 种标准的数据类型:Number(数字)、String(字符串)、List(列表)、Tuple(元组)、Set(集合)和 Dictionary(字典)。其中,不可变数据类型有 Number、String、Tuple;可变数据类型 List、Dictionary、Set。使用 type()函数可以查看对象的数据类型。

　　Python 3 支持的数字类型有:int(整型)、float(浮点型)、bool(布尔型)、complex(复数型)4 种。

　　在 Python 3 里,只有一种 int 类型,表示为整型,没有大小限制;float 类型就是通常说的小数,可以用科学记数法来表示;bool 类型有 True 和 False 两个取值,分别对应的值为 1 和 0,并且可以和数字相加;complex 类型由实部和虚部两部分构成,用 a+bj 或 complex(a,b)表示,实数部分 a 和虚数部分 b 都是浮点型。

　　【示例 2-5】根据身高、体重计算 BMI 指数。定义两个变量:一个用于记录身高(单位:m),另一个用于记录体重(单位:kg),根据公式"BMI=体重/(身高×身高)",计算 BMI 指数。

```
height = 1.80
print("您的身高:",height)
weight = 75.5
print("您的体重:",weight)
bmi = weight/(height * height)
print("您的 BMI 指数为:",bmi)
运行结果:
您的身高:1.8
您的体重:75.5
您的 BMI 指数为:23.30246913580247
```

　　在 Python 中,字符串用单引号(')、双引号(")、三引号(''')作为定界符括起来,且必须配对使用,即字符串开始和结尾使用的引号形式必须一致。

　　当需要表示复杂的字符串时,还可以嵌套使用引号。不同形式的引号可以嵌套,但是最外层作为定界符的引号必须配对,即必须使用同一种引号形式。

　　【示例 2-6】字符串定界符的使用。

```
mot_title = "我喜欢的一句名言:"
mot_cn = '生活就像一盒巧克力,你永远都不知道你会得到什么'
mot_en = '''Life's like a bar of chocolate.
You'll never know what you are gonna get.
'''
print(mot_title)
print(mot_cn)
```

print(mot_en)

运行结果：

我喜欢的一句名言：

生活就像一盒巧克力，你永远都不知道你会得到什么

Life's like a bar of chocolate.

You'll never know what you are gonna get.

当 Python 字符串中有一个反斜杠时，表示一个转义序列的开始，称反斜杠为转义符。所谓转义字符，是指那些字符串中存在的有特殊含义的字符。表 2-1 列出了常用的转义字符及说明。

表 2-1　常用的转义字符及说明

转义字符	说明
\n	换行
\\	反斜杠
\"	双引号
\t	制表符

Python 允许用 r""的方式表示""内部的字符串，默认不转义。

【示例 2-7】转义字符的使用。

print('I love \nyou! ')

print(r'I love \nyou! ')

运行结果：

I love

you!

I love \nyou!

适用于字符串对象的 Python 函数主要有如下几类：

str()：将其他类型的数据转换为字符串。

len()：获取字符串的长度。

eval()：把任意字符串转换为 Python 表达式并计算表达式的值。

字符串对象的具体操作请参见第 4 章。

列表、元组、字典、集合和字符串都是 Python 中常用的序列数据结构，很多复杂的程序设计都要使用这些数据结构。

不同的序列对象使用不同的定界符或元素形式表示有序的序列结构支持索引访问；序列结构可变，表示其元素是可以修改的。这些对象类型的详细介绍和使用请参见第 4 章。

2.4.2　数据类型的判断方法

对象是 Python 中最基本的概念，在 Python 中处理的一切都是对象，每个对象都有其数据类型，除基本数据类型外，还包括文件、可迭代对象等。不同类型的对象可以存储不同形式的数据，支持不同的操作。

判断对象的类型可使用 type()或 isinstance()函数。

（1）type()的用法是 type(obj)，该方法直接返回对象的类型值。

（2）isinstance()的用法是 isinstance(obj, class_or_tuple)，其中的 class 是 obj 的类型，tuple 是类型的元组。该方法返回特定对象是否为 class 或 tuple 中的定义对象类型的布尔值。

【示例 2-8】判断对象的类型。

```
str_1 = '初心'
print(type(str_1))
print(isinstance(str_1,str))
```

运行结果：

```
<class 'str'>
True
```

Python 官方推荐使用 isinstance(isinstance 是 Python 中的一个内置函数)方法来判断数据类型，原因是它在多数情况下判断更准确。

2.4.3　类型转换

Python 属于强类型语言。当一个变量被赋值为一个对象后，这个对象的类型就固定了，不能隐式转换成另一种类型。当运算需要时，必须使用显式的变量类型转换。例如 input()函数所获得的输入值总是字符串，有时需要将其转换为数值类型方能进行算术运算。例如：

```
score = int(input('请输入一个整数的成绩：'))
```

变量的类型转换并不是对变量直接进行修改，而是产生一个新的预期类型的对象。

Python 根据转换目标类型名称提供类型转换内置函数。

（1）float()函数：将其他类型数据转换为浮点型。

（2）str()函数：将其他类型数据转换为字符串。

（3）int()函数：将其他类型数据转换为整型。

（4）round()函数：将浮点型数值圆整转换为整型。所谓的圆整计算总是"四舍"，但并不一定总是"五入"。因为总是逢五向上圆整会带来计算概率的偏差，所以 Python 采用的是"银行家圆整"。该方法小数部分为 .5 的数字圆整到最接近的偶数，即"四舍六入五留双"。

（5）bool()函数：将其他类型数据转换为布尔类型。

（6）chr()函数和 ord()函数：进行整数和字符之间的相互转换。chr()函数将一个整数按 ASCII 码转换为对应的字符；ord()函数是 chr()函数的逆运算，把字符转换成对应的 ASCII 码或 Unicode 值。

（7）eval()函数：将字符串中的数据转换成 Python 表达式原本类型。

【示例 2-9】模拟超市抹零结账行为。要求：先将各个商品金额累加，计算出商品总金额，并转换为字符串输出，然后再应用 int()函数将浮点型的变量转换为整型，从而实现抹零，并转换为字符串输出。

```
money_total = 23.2 + 7.9 + 8.7 + 32.65
money_total_str = str(money_total)
print("商品总额为:" + money_total_str)
money_real = int(money_total)
```

```
money_real_str = str(money_real)
print("实收金额为:" + money_real_str)
```

字符串类型与数字类型的相互转化,需要注意如下问题:

(1)字符串类型转换为数字类型。要求转换后的对象必须是数字,如果是纯粹的字符串对象则不能转换为数字。例如,字符串'abed'不能转换为数字,而'12'则可以。

(2)字符串类型转换为布尔型。传入字符串时,空字符串返回 False,否则返回 True。

2.5 基本输入和输出

程序执行过程中常常需要进行人机交互,如通过键盘输入数据或者输出程序的执行结果等。Python 中可以使用 input()函数接收键盘的输入信息,使用 print()函数输出信息。

2.5.1 基于 input()函数输入

输入语句可以在程序运行时从输入设备获得数据。标准输入设备就是键盘。在 Python 中可以通过 input()函数获取键盘输入的数据。一般格式为:

变量 = input(<提示字符串>)

input()函数首先输出提示字符串,然后等待用户键盘输入,直到用户按【Enter】键结束,函数最后返回用户输入的字符串(不包括最后的回车符),保存于变量中,系统继续执行 input()函数后面的语句。例如:

name = input('请输入您的专业:')

系统会弹出字符串"请输入您的专业:",等待用户输入,用户输入相应的内容并按【Enter】键后,输入内容将保存到 name 变量中。

在 Python 3. X 中,无论输入的是数字还是字符都将被作为字符串读取。如果想要接收数值,需要把接收到的字符串进行类型转换。例如,想要接收整型的数字并保存到变量 num 中,可以使用下面的代码:

num = int(input("请输入您的应收金额:"))

因此,如果需要将输入的字符串转换为其他类型(如整型、浮点型等),调用对应的转换函数即可。

【示例 2-10】根据输入的年份,计算年龄大小。

实现根据输入的年份(4 位数字,如 1981),计算目前的年龄,程序中使用 input()函数输入年份,使用 datetime 模块获取当前年份,然后用获取的年份减去输入的年份,就可计算出年龄。

```
import datetime
birthyear = input("请输入您的出生年份:")
nowyear = datetime. datetime. now(). year
age = nowyear - int(birthyear)
print("您的年龄为:" + str(age) + "岁")
```

运行程序,提示输入出生年份,输入出生年份,出生年份必须是 4 位数字,如 1981。输入年份,如输入 1978,按【Enter】键,运行结果:

请输入您的出生年份:1978

您的年龄为: 44 岁

在 Python 中,其输入主要有以下特点:

(1)当程序执行到 input,等待用户输入,输入完成之后才继续向下执行。

(2)在 Python 中,input 接收用户输入后,一般存储为变量,方便使用。

(3)在 Python 中,input 会把接收到的任意用户输入的数据都当作字符串处理。

2.5.2　基于 print( )函数输出

1. print( )函数的基本语法

在 Python 中,使用内置的 print( )函数可以将结果输出到 IDLE 或者标准控制台上。print( )函数的基本语法为:

print(<输出值 1>[,<输出值项 2>, …,<输出值 n>, sep = ',', end = '\n'])

通过 print( )函数可以将多个输出值转换为字符串并且输出,这些值之间以 sep 分隔,最后以 end 结束。sep 默认为空格,end 默认为换行。其中,输出内容可以是数字和字符串(字符串需要使用引号括起来),此类内容将直接输出,也可以是包含运算符的表达式,此类内容将计算结果输出。

在 Python 中,默认情况下一条 print( )语句输出后会自动换行,如果想要一次输出多个内容,而且不换行,可以将要输出的内容使用半角的逗号分隔。

【示例 2-11】输出语句示例。

```
print('abc',123)
print('abc',123,sep = ',')
```

运行结果:

```
abc 123
abc,123
```

上述两行输出是两个 print( )函数执行的结果。输出结果'abc 123'是由本例代码第 1 条语句 print('abc',123)输出的。可以看出,两个输出项之间自动添加了空格,这是因为 print( )函数的参数 sep 默认值为空格。如果希望输出项之间是逗号,则可以采用第二种输出方式。

2. 字符串的格式化输出

使用 print( )函数还可以输出格式化的字符串。字符串的格式化是指字符串本身通过特定的占位符确定位置信息,然后按照特定的格式将变量对象传入对应位置,形成新的字符串。字符串格式化主要有以下 3 种方法。

(1)使用"%"格式化字符串

通过 format% values 的形式传值,其中 format 是包含%规则的字符串,values 是要传入的值,传值可通过位置、字典等方式实现。

格式化字符串是一个输出格式的模板,模板中使用格式符作为占位符(即替换域)指明该位置上的实际值的数据格式,需要格式化的参数与模板中的格式符的一一对应,执行结果就是将参数值代入格式化字符串,并按指定的格式符设置数据格式,最终得到一个新的字符串。常用的格式符及其含义如表 2-2 所示。

表 2-2　常用的格式符及其含义

符号	说明	辅助功能
%s	格式化字符串	*:定义宽度或小数位精度
%d	格式化整数	—:左对齐
%f	格式化浮点数字,可指定小数点后的精度	0:在数字前面填充 0 而非空格
%%	格式化为百分号	m.n:m 是最小总位数,n 是小数点后的位数

【示例 2-12】使用"%"运算符设置格式。

strname, age, score = '初''心', 18, 96.5

print('%s 同学的年龄为 %d,Python 成绩为:%.1f'%(strname, age, score))

运行结果:

初心同学的年龄为 18,Python 成绩为:96.5

上述 print()函数使用了格式化字符串,并设置了两个格式符,"%s"表示该位置是一个字符串,"%d"表示该位置是一个整数,strname、age 和 score 三个参数分别与"%s""%d""%f"相对应,即 strname 被格式化为字符串,age 被格式化为整数,score 被格式化为一位小数的浮点数。

(2)使用 str.format()格式化字符串

其基本规则是通过 str.format(values)的方法格式化,其中 str 是带有{}规则的字符串,values 是要传入的值。使用 format 方法格式化的规则与%运算符相同。

格式化字符串的作用也是一个输出格式的模板,模板中使用花括号作为占位符(即替换域)指明该位置上的实际值的数据格式。

花括号内可以使用数字编号(从 0 开始)或关键字对应参数,同时花括号的个数和位置顺序必须与参数一一对应。

str.format()函数可通过多种方式灵活获取字符串对应的数值,具体使用方式如下:

①通过默认位置索引获取结果。如果后续的有序列表已经按照"{}"出现的顺序排列好,那么可省略其中的索引值。

②通过位置索引获取结果。位置索引就是通过{}中不同位置的索引获取对应的值。

③通过关键字获取结果。{}也支持通过关键字参数的方式获得结果,例如{key}可以获取参数 key 对应的 value 值。

【示例 2-13】使用 format 方法设置格式字符串输出。

strname, age, score = '初心', 18, 96.5

print('花括号方式:{}同学的年龄为{},Python 成绩为:{}'.format(strname, age, score))

print('花括号 + 编号方式:{0}同学的年龄为{1},Python 成绩为:{2}'.format(strname, age, score))

print('花括号 + 关键字方式:{a}同学的年龄为{b},Python 成绩为:{c}'.format(a = strname, b = age, c = score))

运行结果：

花括号方式：初心同学的年龄为 18,Python 成绩为：96.5

花括号＋编号方式：初心同学的年龄为 18,Python 成绩为：96.5

花括号＋关键字方式：初心同学的年龄为 18,Python 成绩为：96.5

format 方法提供了更强大的格式输出功能,在大括号内的数字可以进行详细的格式定义。数字编号和格式定义之间用英文冒号分隔,格式定义形式为"对齐说明符""符号说明符""最小宽度"".精度""格式符"。

对齐说明符和符号说明符及其含义如表 2-3 所示,最小宽度和精度均为整数。

表 2-3　对齐说明符和符号说明符及其含义

符号		描述
对齐说明符	＜	左对齐,默认用空格填充右侧
	＞	右对齐
	∧	中间对齐
符号说明符	＋	总是显示符号,即数字的正负符号
	－	负数显示"－"
	空格	若是正数,前边保留空格,负数显示"－"

（3）使用 f-strings 格式化字符串

格式化的字符串常量（formatted string literals,f-strings）使用"f"或"F"作为前缀,表示格式化设置。f-strings 方式只能用于 Python 3.6 及其以上版本,与 format 方法类似,但形式更加简洁。

print('age＝{0}, y＝{1:.1f}'. format (x, y))可以表示为：

print(f'age = { age },score = { score:.1f}')

2.6　运算符和表达式

2.6.1　运算符

Python 是面向对象的编程语言,对象由数据和行为组成,运算符是表示对象行为的一种形式。

Python 支持算术运算符、关系运算符、逻辑运算符以及位运算符,还支持特有的运算符,如成员测试运算符、集合运算符、同一性测试运算符等。

有些运算符对于不同的对象具有不同的含义。

运算符用于执行程序代码运算,会针对一个以上操作数进行运算。

Python 支持算术运算符、关系运算符和逻辑运算符。

算术运算符是处理四则运算的符号,在数字的处理中应用得最多。

关系运算符,也称为比较运算符,用于对变量或表达式的结果进行大小、真假等比较。如果比较结果为真,则返回 True;如果为假,则返回 False。关系运算符通常用在条件语句中作为判断的依据。关系运算符可以连用。

逻辑运算符对真和假两种布尔值进行运算。逻辑运算符的运算结果为布尔值（True，False）。运算符 and 和 or 具有惰性求值的特点，连接多个表达式时只计算必须要计算的值。

成员测试运算符是指测试一个对象是否为另一个对象的元素，结果为布尔值（True，False）。

同一性测试运算符是指测试是否为同一个对象或内存地址是否相同，结果为布尔值（True，False）。

表 2-4 显示了 5 类运算符及其功能描述。

表 2-4　5 类运算符及其功能描述

运算符	功能
＋、－、＊、/、％、//、＊＊	算术运算：加、减、乘、除、取模、整除、幂
＝、＋＝、＊＝	赋值运算和复合赋值运算
＜、＜＝、＞、＞＝、！＝、＝＝	关系运算：小于、小于等于、大于、大于等于、不等于、等于
and、or、not	逻辑运算：逻辑与、逻辑或、逻辑非
&、|、^、~、＜＜、＞＞	位运算：位与、位或、位异或、取反、左移位、右移位
is、is not	同一性测试
in、not in	成员测试

在 Python 中进行数学计算时，遵循数学运算符的优先级，即"先乘除后加减"，同级运算符是从左至右计算，可以使用"（）"调整计算的优先级。

各类运算符之间的优先级顺序为：逻辑运算符＜关系运算符＜算术运算符。如 $1+4>7+2$ and $5+8>3+6$ 计算次序为算术运算、关系运算、逻辑运算。

为了增强代码的可读性，可合理地使用括号。此外，Python 还支持形如 $3<6<9$ 的表达式，该式实际上等价于表达式 $3<6$ and $6<9$。

赋值运算符主要用来为变量赋值。使用该运算符时，可以直接把基本赋值运算符"＝"右边的值赋给左边的变量，也可以进行某些运算后再赋值给左边的变量。

在实际程序开发时，经常会遇到将一个变量的值加上或者减去某个值，再赋值给该变量的情况，如 sum ＝ sum ＋ n。对于这样的算式可以通过复合赋值运算符进行简化，简化后为 sum ＋＝ n。这里的"＋＝"就是复合赋值运算符。

2.6.2　表达式

表达式是使用运算符将变量、常量及函数等运算对象按照一定的规则连接起来的式子，表达式经过运算得到一个确定的值。比如 str_number01, str_number02 ＝ str_number02, str_number01　# 实现两个数原地交换。

表达式中运算符优先级的规则为：算术运算符的优先级最高，其次是位运算符、成员测试运算符、关系运算符、逻辑运算符等。

为了避免优先级错误，最好使用圆括号明确表达式的优先级，同时也能提高代码的可读性。

【示例 2-14】计算学生 3 门计算机类课程的成绩平均分。

某同学有 3 门课程成绩分别为：数据库原理为 89，Python 程序设计为 96，Web 技术为 90。编程计算这位同学 3 门课程的平均分，并保留一位小数。

```python
database_grade = 89
python_grade = 96
web_grade = 90
avg = (database_grade + python_grade + web_grade) / 3
print("3 门计算机类课程平均成绩为：" + str(round(avg,1)) + "分")
```

运行结果：

3 门计算机类课程平均成绩为：91.7 分

在程序开发时，经常会根据表达式的结果，有条件地进行赋值，此时需要条件表达式。使用条件表达式时，先计算中间的条件（a＞b），如果结果为 True，返回 if 语句左边的值；否则返回 else 右边的值。Python 中提供的条件表达式，可以根据表达式的结果进行有条件的赋值。

【示例 2-15】计算一对一辅导课的费用。

某同学开设一对一辅导课，请编程计算她所获得的辅导费。她的收费标准是每小时 500 元，但她的最低收费是 2 个小时。

```python
t = int(input('请输入您的辅导时间：'))
t =  2 if t＜2 else t  #条件表达式
print('您本次辅导费用为：',t * 500)
```

运行结果：

请输入您的辅导时间：1

您本次辅导费用为：1000

在 Python 3.8 中新增了赋值表达式，使用":="运算符实现，用于在表达式内部为变量赋值。因为该运算符很像海象的眼睛和长牙，它也被称为"海象运算符"。赋值表达式主要用于降低程序的复杂性，并提升可读性。

【示例 2-16】模拟用户注册时验证输入是否合法。

在开发用户注册功能时，通常需要对用户输入的数据进行验证，即检测输入信息是否符合程序要求。比如密码必须大于 6 位并且小于 10 位，如果不符合要求还需要提示输入密码的字符个数。提示：获取字符串的字符个数使用内置函数 1en()；进行判断时使用 if … else 语句。

```python
pwd = input('请输入密码（要求 6～10 个字符）：')
if  6＜=(len:=len(pwd))＜=10：
    print('您输入的字符个数为', len,',是有效的密码！')
else：
    print('您输入的字符个数为', len,',不是有效的密码！')
```

运行结果：

请输入密码（要求 6～10 个字符）：abc

您输入的字符个数为 3,不是有效的密码！

☒ 本章小结

本章介绍了 Python 语言的基础知识,建立了计算机编程的基本概念,主要内容如下。

(1)在编写代码时,遵循一定的代码编写规则和命名规范可以使代码更加规范化,并对代码的理解与维护起到至关重要的作用。Python 中采用 PEP 8 作为编码规范。

(2)变量名可以包括字母、下画线或者数字,但不能以数字开头,也不能用 Python 的关键字、标识符等作为变量名。

(3)变量是计算机编程中的一个语法重要概念,用来保存程序执行过程中的各种信息,并通过变量名访问变量。Python 是一种动态类型的语言,变量的值可以改变,数据类型也可以动态改变。

(4)数据类型用来定义数据的类别以及可以进行的操作。Python 支持的基本数据类型包括数字、字符串、列表、元组、字典和集合等。不同类型的对象可以存储不同形式的数据,支持不同的操作。

(5)Python 中使用 input()函数接收键盘的输入,使用 print()函数输出信息。input()函数接收的输入都可作为字符串,print()函数可以输出格式化的字符串。

(6)Python 支持算术运算符、关系运算符、逻辑运算符以及位运算符,还支持成员测试运算符、集合运算符、同一性测试运算符等特殊运算符。运算符对于不同数据类型的对象具有不同的含义。使用圆括号可以改变表达式的优先级。

☒ 思考题

1. 鞋码转换。

输入一个旧鞋码,计算并输出新鞋码。新鞋码换算公式为:(旧鞋码 + 10) ÷ 2 ×10。

例:旧鞋码为 38 码的鞋子对应的新鞋码是 (38 + 10) ÷ 2 × 10 = 240(mm)。

2. 求长方体的体积。

输入三个表示长方体的长宽高(a、b、c,整数),求出长方体的体积 v,并将长方体的体积输出。

注意:长方体的体积计算公式为 v = a * b * c,长方体的体积为整数。

3. 求圆的面积。

从键盘输入圆的半径,求圆的面积,并格式化输出结果,保留 2 位小数。

4. 模拟水果店的打折活动,写出判断活动举办的条件判断语句。

活动规则为:每周二的 10 点至 11 点和每周五的 14 点至 15 点,对某种水果进行促销活动。

5. 寻找符合条件的观众。

在某单位举办年终联欢活动主持人要求观众根据自己的年龄举手,主持人希望找到符合以下条件的观众:

(1)年龄为 18~20 岁的观众。

(2)年龄是 18 岁或者 28 岁的观众。

请编写一个程序,判断符合以上条件的观众。

第 3 章　程序基本流程控制

程序从主体上说都是按顺序执行的,例如第 2 章中的程序都是按照语句的先后顺序依次执行的。现实世界中的处理逻辑更加复杂,因此在多数情况下程序需要在总体顺序执行的基础上,根据所要实现的功能选择执行一些语句而不执行另外一些语句,或者反复执行某些语句。程序设计时,通常有顺序结构、选择结构和循环结构 3 种基本结构。

本章学习编程中常用的选择结构和循环结构,从而实现较为复杂的程序逻辑。

3.1　选择结构语句

选择结构又称为分支结构,根据判断条件表达式是否成立(True 或 False)决定下一步选择执行特定的代码。

在 Python 中,条件语句使用关键字 if、elif、else 来表示,基本语法格式如下。

if 表达式 1:
　　if-语句块 1
[elif 表达式 2:
　　elif-语句块 2
else:
　　else-语句块 3]

其中,冒号":"是语句块开始的标记,[]内为可选项。

在 Python 中,表达式的值只要不是 False、0(或 0.0、0j 等)、""、()、[]、{}、空值(None)、空对象,Python 解释器均认为其与 True 等价。也就是说,所有 Python 中的合法表达式(算术表达式、关系表达式及逻辑表达式等,包括单个常量、变量或函数)都可以作为条件表达式。

选择结构分为单分支结构、多分支结构和嵌套分支结构等多种形式。

3.1.1　单分支结构

单分支结构的语法格式如下。

if 条件表达式:
　　语句块

功能:单分支结构中只有一个条件。如果条件表达式的值为 True,则表示条件满足,执行语句块;否则不执行语句块。语句块中可以包含多条语句。

Python 程序是依靠代码块的缩进体现代码之间的逻辑关系的。行尾的冒号表示缩进的开始,缩进结束就表示一个代码块结束了。整个 if 结构是一个复合语句。

同一级别的语句块的缩进量必须相同。

【示例 3-1】根据 BMI 指数判断身材是否正常。

```
height = float(input("请输入您的身高(单位为米):"))
weight = float(input("请输入您的体重(单位为千克):"))
bmi = weight/(height * height)      # 用于计算 BMI 指数,公式为"体重/身高的平方"
print("您的 BMI 指数为:" + str(round(bmi,2)))      # 输出 BMI 指数
#判断身材是否合理
if bmi<18.5:
        print("您的体重过轻。")
if bmi> = 18.5 and bmi<24.9:
        print("正常范围,注意保持。")
if bmi> = 24.9 and bmi<29.9:
        print("您的体重过重。")
if bmi> = 29.9:
        print("肥胖!")
```

运行结果:

请输入您的身高(单位为米):1.7

请输入您的体重(单位为千克):85

您的 BMI 指数为:29.41

您的体重过重。

3.1.2　双分支结构

双分支结构的语法结构如下。

```
if 条件表达式:
        语句块 1
else:
        语句块 2
```

功能:双分支结构可以表示两个条件。如果条件表达式的值为 True,则执行语句块 1;否则执行语句块 2。

【示例 3-2】询问年龄,如果年龄大于或等于 18 岁,输出"你今年成年了";如果小于 18 岁,输出"还差几岁才能够成年"。

```
age = int(input("你的年龄是:"))
if age > = 18:
        print("你今年成年了。")
else:
    diff = str(18 - age)
    print("要年满 18 岁才成年,你还差 " + diff + "岁才能够成年。")
```

运行结果：

第一种情况：

你的年龄是：20

你今年成年了。

第二种情况：

你的年龄是：15

要年满 18 岁才成年，你还差 3 岁才能够成年。

注意：一个 if 语句最多只能拥有一个 else 子句，且 else 子句必须是整条语句的最后一个子句，else 没有条件。else 不能单独使用，它必须和 if 一起使用。

在程序中使用 if…else 语句时，如果出现 if 语句多于 else 语句的情况，那么该 else 语句将会根据缩进确定该 else 语句属于哪个 if 语句。

3.1.3　多分支结构

多分支结构的语法格式如下。

if 表达式 1：

　　　　if-语句块 1

elif 表达式 2：

　　　　elif-语句块 2

elif 表达式 3：

　　　　elif-语句块 3

[else：

　　　　else-语句块 4]

功能：使用 if…elif… else 语句时，表达式可以是一个单纯的布尔值或变量，也可以是比较表达式或逻辑表达式。如果表达式为真，则执行语句；而如果表达式为假，则跳过该语句，进行下一个 elif 的判断，只有在所有表达式都为假的情况下，才会执行 else 中的语句。

【示例 3-3】中国合法工作年龄为 18～60 岁，编写程序对如下情况进行判断：如果年龄小于 18 岁的情况为童工，不合法；如果年龄在 18～60 岁之间为合法工龄；如果年龄大于 60 岁为可以退休。

```
age = int(input('请输入您的年龄：'))
if age ＜ 18：
    print(f'您的年龄是{age}，童工一枚')
elif (age ＞= 18) and (age ＜= 60)：
    print(f'您的年龄是{age}，合法工龄')
elif age ＞ 60：
    print(f'您的年龄是{age}，可以退休')
```

运行结果：

请输入您的年龄：20

您的年龄是 20，合法工龄

需要注意的是 if 和 elif 都需要判断表达式的真假，而 else 则不需要判断；另外，elif 和 else 都必须与 if 一起使用，不能单独使用。

3.1.4 嵌套分支结构

嵌套分支结构语法格式如下。

if 表达式 1：
  语句块 1
  if 条件表达式：
    语句块 2
  else：
    语句块 3
 else：
  if 表达式 4：
    语句块 4

功能：嵌套分支结构可以实现结构双分支。嵌套分支结构外层的 if 块中嵌套了一个 if…else 结构，外层的 else 块中嵌套了一个 if 结构。

【示例 3-4】判断是否为酒后驾车。

国家质量监督检验检疫局发布的《车辆驾驶人员血液、呼气酒精含量阈值与检验》中规定：车辆驾驶人员血液中的酒精含量小于 20 mg/100 mL，不构成饮酒驾驶行为；酒精含量大于或等于 20 mg/100 mL、小于 80 mg/100 mL，为饮酒驾驶；酒精含量大于或等于 80 mg/100 mL，为醉酒驾驶。

要求使用嵌套的 if 语句实现根据输入的酒精含量值判断是否为酒后驾驶的功能。

```
degree = int(input("请输入每 100 mL 血液的酒精含量:"))
if degree < 20:
    print("您还不构成饮酒驾驶行为,可以开车,但要注意安全。")
else:
    if degree < 80:
        print("已经达到饮酒驾驶标准,请不要开车。")
    else:
        print("已经达到醉酒驾驶标准,千万不要开车。")
```

运行结果：

请输入每 100 mL 血液的酒精含量:25
已经达到饮酒驾驶标准,请不要开车。

注意：代码的逻辑级别是通过代码的缩进量控制的，而同一级别的语句块的缩进量必须相同。

3.2 循环结构语句

循环结构是在指满足一定条件的情况下，重复执行特定代码块的一种编码结构。其中，被重复执行的代码块称为循环体，判断是否继续执行的条件称为循环终止条件。

Python 中，常见的循环语句有 while 语句和 for 语句两种。

while 循环与 for 循环的思路类似,区别在于 while 循环需要通过条件来实现逻辑控制,而不能像 for 循环一样直接读取序列对象。

3.2.1　while 循环

while 语句通过条件表达式建立循环。

while 循环可实现无限循环,即永远执行。无限循环的本质是死循环,仅在特定场景下使用,因此应该在 while 循环中设计退出机制。

while 循环的语法格式如下。

while 条件表达式:

　　　循环体

当条件表达式的值为 True 时,执行循环体的语句,循环体中可以包含多条语句,这些语句都会被重复执行。while 语句中必须有改变循环条件的语句(将循环条件改变为 False 的代码),否则会进入死循环。

【示例 3-5】取款机输入密码模拟。

一般在取款机上取款时需要输入 6 位银行卡密码,模拟一个简单的取款机(只有 1 位密码),每次要求用户输入 1 位数字密码,密码正确输出"密码正确,正在进入系统!":如果输入错误,输出"密码错误,已经输错 * 次";如果密码连续输入错误 6 次后输出"密码已经错误 6 次,请与发卡行联系!"。

```
password = 0
i = 1
while i < 7:
    num = input("请输入一位数字密码:")
    num = int(num)
    if num == password:
        print("密码正确,正在进入系统!")
        i = 7
    else:
        print("密码错误,已经输错",i,"次")
    i += 1
if i == 7:
    print("密码已经错误 6 次,请与发卡行联系!")
```

运行结果:

请输入一位数字密码:6

密码错误,已经输错 1 次

请输入一位数字密码:2

密码错误,已经输错 2 次

请输入一位数字密码:0

密码正确,正在进入系统!

3.2.2　for 循环

for 循环是一个依次重复执行的循环。通常适用于枚举或遍历序列,以及迭代对象中的元素。其中,可迭代对象每次返回一个元素,因而适用于循环。Python 包括以下几种可迭代对象:序列(sequence),例如字符串(str)、列表(list)、元组(tuple)等;字典(dict);文件对象;迭代器对象(iterator);生成器函数(generator)。

迭代器是一个对象,表示可迭代的数据集合,包括方法_iter_()和_next_(),可以实现迭代功能。生成器是一个函数,使用 yield 语句,每次产生一个值,也可以用于循环迭代。

for 语句通过遍历序列或可迭代对象建立循环。序列可以是字符串、列表、元组或字典等对象。

for 循环的语法格式如下。

for 迭代变量 in 序列或迭代对象:

循环体

其中,迭代变量用于保存读取出的值;对象为要遍历或迭代的对象,该对象可以是任何有序的序列对象,如字符串、列表和元组等;循环体为一组被重复执行的语句。

for 语句依次从序列或可迭代对象中取出一个元素并赋值给变量,然后执行循环体代码,直到序列或可迭代对象为空。

使用 for 语句处理列表时,程序会自动迭代列表对象,不需要定义和控制循环变量,代码更简洁。

【示例 3-6】计算 $1+2+3+4+\cdots+100$ 的结果。

```
print("计算 1 + 2 + 3 + 4 + … + 100 的结果为:")
result = 0
for i in range(1,101,1):
    result + = i
print(result)
```

运行结果:

计算 $1+2+3+4+\cdots+100$ 的结果为:

5050

本例中的 range()函数属于 Python 内置的函数,返回一个可迭代对象,语法格式如下:

range(start, end, step)

相关参数的说明如下:

start 是指定计数的起始值,可以省略,若省略默认值为 0。

end 为指定计数的结束值(但不含该值),不可缺省。当 range()函数中只有一个参数时,即表示指定计数的结束值。

step 是指定步长,即两个数之间的间隔,可以省略,若省略默认值为 1。

这个函数的功能:产生以 start 为起点,以 end 为终点(不包括 end),以 step 为步长的 int 型列表对象。这里的 3 个参数可以是正整数、负整数或者 0。

在使用 range()函数时,如果只有 1 个参数,那么表示指定的是 end;如果有 2 个参数,则表示指定的是 start 和 end;当 3 个参数都存在时,最后 1 个参数才表示步长。

3.2.3　循环嵌套

在 Python 中,允许在一个循环体中嵌入另一个循环,称为循环嵌套。

在 Python 中,for 循环和 while 循环都可以进行循环嵌套。

【示例 3-7】使用循环嵌套的方式实现打印九九乘法表。

```python
for i in range(1, 10):                          #输出 9 行
    for j in range(1, i + 1):                   #输出与行数相等的列
        print(str(j) + "×" + str(i) + "=" + str(i * j) + "\t", end = ")
    print("")                                   #换行
```

运行结果:

```
1×1=1
1×2=2 2×2=4
1×3=3 2×3=6   3×3=9
1×4=4 2×4=8   3×4=12 4×4=16
1×5=5 2×5=10 3×5=15 4×5=20 5×5=25
1×6=6 2×6=12 3×6=18 4×6=24 5×6=30 6×6=36
1×7=7 2×7=14 3×7=21 4×7=28 5×7=35 6×7=42 7×7=49
1×8=8 2×8=16 3×8=24 4×8=32 5×8=40 6×8=48 7×8=56 8×8=64
1×9=9 2×9=18 3×9=27 4×9=36 5×9=45 6×9=54 7×9=63 8×9=72 9×9=81
```

上述示例使用了双层 for 循环,第一个循环可以看成是对乘法表行数的控制,同时也是每一个乘法公式的第二个因数;第二个循环控制乘法表的列数,列数的最大值应该等于行数。因此第二个循环的条件应该是在第一个循环的基础上建立的。

for 循环和 while 循环可以相互嵌套。如果外层循环执行 n 次,内层循环执行 m 次,则整个循环需要执行 $n * m$ 次。

【示例 3-8】猜数字游戏。

每一个数字可以连续猜 6 次,每人可以连续猜 3 个数字。

```python
from random import randint
for i in range(4):                              #控制竞猜的轮次
    print('* * *猜第{0}个数 * * *'.format(i + 1))
    x = randint(0,100)
    for j in range(6):                          #控制一轮的竞猜次数
        guess = int(input("请输入 1 到 100 的数:"))
        if guess == x:
            print('恭喜你,猜对了!')
            break
        elif guess > x:
            print('很遗憾,太大了!')
        else:
            print('很遗憾,太小了!')
```

```
print('第{0}次竞猜结束'.format(i + 1))
```

3.3 break、continue 和 else 语句

在循环结构中,还可以使用 break、continue 和 else 等语句控制循环过程或处理循环结束后的工作。

在循环过程中,有时可能需要提前跳出循环,或者跳过本次循环的剩余语句以提前进行下一轮循环,在这种情况下,可以在循环体中使用 break 语句或 continue 语句。如果存在多重循环,应注意 break 语句只能跳出自己所属的那一层循环。break 语句和 continue 语句通常与 if 语句配合使用。

3.3.1 break 语句

break 语句可以终止当前的循环,包括 while 和 for 在内的所有控制语句。

break 语句的语法比较简单,只需要在相应的 while 或 for 语句中加入即可。break 语句一般会结合 if 语句进行搭配使用,表示在某种条件下,跳出循环。如果使用嵌套循环,break语句将跳出所属层次的循环。

【示例 3-9】输入一个整数,判断是否为素数。

素数是指只能被 1 和自身整除的数字,例如 9,判断 9 能否被 2~8 之间的数字整除。如果能,说明 9 不是素数;如果不能,说明 9 是素数。

```
number = int(input("请输入整数:"))
if number < 2:
    print("不是素数")
else:
    for i in range(2, number):
        if number % i == 0:
            print("不是素数")
            break    # 如果有结论了,就不需要再与后面的数字比较了
    else:
        print("是素数")
```

运行结果:

请输入整数:9

不是素数

3.3.2 continue 语句

continue 语句的作用没有 break 语句强大,只能终止本次循环而提前进入下一次循环中。

continue 语句的语法比较简单,只需要在相应的 while 或 for 语句中加入即可。continue语句一般会结合 if 语句进行搭配使用,表示在某种条件下,跳过当前循环的剩余语句,然后继续进行下一轮循环。如果使用嵌套循环,continue 语句将只跳过本次循环中的剩余语句。

【示例 3-10】设计一个验证用户密码的程序,用户只有 3 次机会输入,不过如果用户输入的

内容中包含"＊"则不计算在内。

```
count = 3
password = '123'

while count:
    passwd = input('请输入密码:')
    if passwd = = password:
        print('密码正确,进入程序……')
        break
    elif '*' in passwd:
        print('密码中不能含有"＊"号! 您还有',count-1,'次机会! ',end = ' ')
        continue
    else:
        print('密码输入错误! 您还有',count-1,'次机会! ',end = ' ')
    count - = 1
```

运行结果:

请输入密码:666

密码输入错误! 您还有 2 次机会!

请输入密码:125

密码输入错误! 您还有 1 次机会!

请输入密码:123

密码正确,进入程序……

3.3.3　else 语句

while 语句和 for 语句的后边还可以带有 else 语句,用于处理循环结束后的"收尾"工作。else 语句的使用格式如下。

(1)while… else

while 条件表达式:

　　循环体

else:

　　else 子句代码块

(2)for… else

for 迭代变量 in 序列或迭代对象:

　　循环体

else:

　　else 子句代码块

else 子句是可选的。当循环因为条件表达式不成立或序列遍历完毕而自然结束时,就会执行 else 子句的代码。当循环是因为执行了 break 语句而提前结束的,就不会执行 else 子句的代码。

【示例 3-11】编写程序,随机产生骰子的一面(数字 1~6),给用户 3 次猜测机会,程序给出猜测提示(偏大或偏小)。如果某次猜测正确,则提示正确并中断循环;如果 3 次均猜错,则提示机会用完。

分析:使用随机函数产生随机整数,设置循环初值为 1,循环次数为 3,在循环体中输入猜测并进行判断,如果密码正确则使用 break 语句中断当前循环。

```python
import random
point = random.randint(1,6)
count = 1
while count <= 3:
    guess = int(input("请输入您的猜测:"))
    if guess > point:
        print("您的猜测偏大")
    elif guess < point:
        print("您的猜测偏小")
    else:
        print("恭喜您猜对了")
        break
    count = count + 1
else:
    print("很遗憾,三次全猜错了!")
```

运行结果:

请输入您的猜测:23
您的猜测偏大
请输入您的猜测:1
您的猜测偏小
请输入您的猜测:3
您的猜测偏小
很遗憾,三次全猜错了!

3.4　pass 语句

在 Python 中还有一个 pass 语句,表示空语句,它将不做任何事情,一般只起到占位作用。

【示例 3-12】应用 for 循环输出 1~20(不包括 20)的偶数时,在数据不是偶数时,应用 pass 语句占个位置,方便以后对不是偶数的数进行处理。

```python
for i in range(1, 20):
    if i % 2 == 0 :
        print(i,end = '')
    else:
        pass
```

运行结果：

2　4　6　8　10　12　14　16　18

3.5　程序的错误与异常处理

3.5.1　程序的错误与处理

Python 程序的错误通常可以分为 3 种类型，即语法错误、运行时错误和逻辑错误。

1. 语法错误

Python 程序的语法错误是指其源代码中拼写语法错误，这些错误导致 Python 编译器无法把 Python 源代码转换为字节码，故也称为编译错误。程序中包含语法错误时，编译器将显示 SyntaxError 错误信息。

通过分析编译器抛出的错误信息，仔细分析相关位置的代码，可以定位并修改程序的语法错误。

2. 运行时错误

Python 程序的运行时错误是在解释执行过程中产生的错误。例如，如果程序中没有导入相关的模块（例如 import random）时，解释器将在运行时抛出 NameError 错误信息；如果程序中包括零除运算，解释器将在运行时抛出 ZeroDivisionError 错误信息；如果程序中试图打开不存在的文件，解释器将在运行时抛出 FileNotFoundError 错误信息。

通过分析解释器抛出的运行时错误信息，仔细分析相关位置的代码，可以定位并修改程序错误。

3. 逻辑错误

Python 程序的逻辑错误是程序可以执行（程序运行本身不报错），但运行结果不正确。

对于逻辑错误，Python 解释器无能为力，需要编程人员根据结果来调试判断。

3.5.2　程序的异常与处理

Python 采用结构化的异常处理机制。

在程序运行过程中，如果出现错误，Python 解释器会创建一个异常对象，并抛出给系统运行（runtime）处理。即程序终止正常执行流程，转而执行异常处理流程。

在某种特殊条件下，代码中也可以创建一个异常对象，并通过 raise 语句，抛出给系统运行处理。异常对象是异常类的对象实例。Python 异常类均派生于 BaseException。常见的异常包括 NameError、SyntaxError、AttributeError、TypeError、ValueError、ZeroDivisionError、IndexErroror、KeyError 等。在应用程序开发的过程中，有时候需要定义特定于应用程序的异常类，表示应用程序的一些错误类型。

当程序中的引发异常后，Python 虚拟机通过调用堆栈查找相应的异常捕获程序。通过 try 语句来定义代码块，以运行可能抛出异常的代码；通过 except 语句，可以捕获特定的异常并执行相应的处理；通过 finally 语句，可以保证即使产生异常（处理失败）也可以在事后清理资源等。

try…except…else…finally 其语法格式如下：

```
try：
    可能产生异常的语句
except Exception1：      # 捕获异常 Exception1
    发生异常时执行的语句
except(Exception2，Exception3)：      # 捕获异常 Exception2、Exception3
    发生异常时执行的语句
except Exception4 as e：      # 捕获异常 Exception4，基实例为 e
    发生异常时执行的语句
except：              # 捕获其他所有异常。
    发生异常时执行的语句
else：              # 无异常
    无异常时执行的语句
finally      # 不管发生异常与否，保证执行
    不管发生异常与否，保证执行的语句
```

【示例 3-13】 通过 2 个数相除，演示 try…except…else…finally 的应用示例。

```
try：
    num1 = int(input('请输第一个数字:'))
    num2 = int(input('请输入第二个数:'))
    if num1 < = 10：
        raise Exception('输入的值太小了,有可能不够除! ')
    result = num1/num2
    print('计算结果:', result)
exceptZeroDivisionError：
    print('出错了,除数不能为零!!! ')
exceptValueError as e：
    print('输入错误,只能是整数:', e)
else：
    print('计算完成…')
finally：
    print('程序运行结果')
```

运行结果：

请输第一个数字:15

请输入第二个数:0

出错了,除数不能为零!!!

程序运行结果。

由上述例子可以看出，在 Python 中提供了 try…except 语句捕获并处理异常。在使用时，把可能产生异常的代码放在 try 语句块中，把处理结果放在 except 语句块中，这样当 try 语句块中的代码出现错误时，就会执行 except 语句块中的代码，如果 try 语句块中的代码没有错误，那么 except 语句块将不会被执行。

☒ 本章小结

（1）程序从主体上都是有顺序的，一条语句执行之后会自动执行下一条语句。但在很多情况下，还需要在总体顺序执行的基础上，根据程序要实现的功能选择一些语句执行或者反复执行某些语句，此时需要使用选择结构或循环结构。程序设计时，通常有顺序结构、选择结构和循环结构 3 种基本结构。

（2）选择结构使用 if 语句，根据条件表达式是否成立决定下一步的执行语句。

（3）循环结构使用 while 语句或 for 语句，在一定条件下重复执行某段程序。while 语句通过条件表达式建立循环，当条件表达式的值为 True 时执行循环体语句。for 语句通过遍历序列或可迭代对象建立循环。

（4）在循环结构中，使用 break 语句可以跳出其所属层次的循环体；使用 continue 语句可以跳过本次循环的剩余语句，然后继续进行下一轮循环。

（5）循环结构的最后可以带有 else 语句，用来处理循环结束后的工作。如果是因执行了 break 语句而提前结束循环，则不会执行 else 语句。

（6）选择结构和循环结构可以嵌套使用。Python 语言通过缩进体现代码的逻辑关系，同一个语句块必须保证相同的缩进量。

（7）Python 程序的错误通常可以分为 3 种类型，即语法错误、运行时错误和逻辑错误。

（8）Python 语言采用结构化的异常处理机制。当程序中出现异常后，Python 虚拟机通过调用堆栈查找相应的异常，捕获程序。通过 try 语句来定义代码块，以运行可能抛出异常的代码；通过 except 语句，可以捕获特定的异常并执行相应的处理；通过 finally 语句，可以保证即使产生异常（处理失败），也可以在事后清理资源等。

☒ 思考题

1. 购买地铁票费用判断。

购买地铁票的规定如下：乘 1～4 站，3 元/位；乘 5～9 站，4 元/位；乘 9 站以上，5 元/位。

输入乘坐人数（per_num）和乘坐站数（sta_num），计算购买地铁车票需要的总金额，并将计算结果输出。

要求：如果乘坐人数和乘坐站数为 0 或负数，输出 error。

2. 坐标象限判断。

输入一个坐标点的 x 和 y 的值，判断该坐标点位于哪个象限，并将结果输出。

注意：原点和坐标轴上的点不属于任何象限，不需要判断。使用 input() 函数输入时，按照先输入 x，再输入 y 的顺序，否则可能引发判断错误。

3. 判断回文数。

输入一个五位数，判断它是否是回文数。如果是，输出 yes；如果不是，输出 no。

要求：回文数的个位与万位相同，十位与千位相同。

4. 判断奇偶数。

输入一个整数，判断它是奇数还是偶数。如果是奇数，输出 odd；如果是偶数，输出 even。

5. 提取字符串中的数字组成整数。

输入一个字符串,将这个字符串中的所有数字字符('0'…'9')提取出来,将其转换为一个整数,并将转换后的整数输出。

6. 水仙花数。

水仙花数(Narcissistic number)也被称为超完全数字不变数(pluperfect digital invariant,PPDI)、自恋数、自幂数、阿姆斯特朗数(Armstrong number)。水仙花数是指一个 3 位数,它的每个位上的数字的 3 次幂之和等于它本身(例如:1^3 + 5^3 + 3^3 = 153)。找出所有的水仙花数。

提示:三位数在 100~999 范围内,关键是将其个位、十位和百位解出来。

7. 兔子数列。

斐波那契数列(Fibonacci sequence),又称黄金分割数列,因数学家列昂纳多·斐波那契(Leonardoda Fibonacci)以兔子繁殖为例子而引入的,故又称为"兔子数列",指的是这样一个数列:1、1、2、3、5、8、13、21、34……在数学上,斐波那契数列以如下递归的方法定义:$F(1)=1$,$F(2)=1$,$F(n)=F(n-1)+F(n-2)(n \geqslant 2, n \in N *)$,$N *$ 表示不含 0 的自然数集。

提示:从第 3 项开始,每一项等于前 2 项之和,递推过程通过循环完成,注意循环中第 1 项和第 2 项的迭代新值。

8. 百万富翁换钱。

一个百万富翁遇到一个陌生人,陌生人找他谈一个换钱的计划,该计划如下:我每天给你十万元,而你第一天只需给我一分钱,第二天我仍给你十万元,你给我两分钱,第三天我仍给你十万元,你给我四分钱,……,你每天给我的钱是前一天的 2 倍,直到满一个月(30 天),百万富翁很高兴,欣然接受了这个契约。

编程计算出每天富翁和陌生人互给的钱数。

9. 判断是否通过科目一考试。

在进行机动车驾驶人考试时,首先进行的是科目一考试。该科目考试为上机答题,满分为100 分,通过分数为 90 分。请编写程序,判断考生是否通过考试。要求考生输入自己的分数,系统进行判断,如果分数大于或等于 90 分,则提示"考试合格!";否则提示"考试不合格"。

10. 求三角形的周长并判断其是何种三角形。

在数学中,三角形是由同一平面内不在同一直线上的三条线段首尾顺次连接所组成的封闭图形。如果设置三条线段(也称三条边)分别为 a、b、c,那么它将有以下规律。

三条边的关系为 $a+b>c$,且 $a+c>b$,$b+c>a$。

周长(p)就是三条线段(也称三条边 a、b、c)的和,即 $p=a+b+c$。

构成等边三角形的条件为 $a=b=c$。

构成等腰三角形的条件为 $a=b$ 或者 $a=c$ 或者 $b=c$。

构成直角三角形的条件为 $a*a+b*b=c*c$ 或者 $a*a+c*c=b*b$ 或者 $b*b+c*c=a*a$。

请根据以上规律编写一个 Python 程序,实现以下功能。

输入三角形的三条边长,求三角形的周长,若不能构成三角形,则输出提示。

根据用户输入的三角形的三条边长判定是何种三角形(一般为三角形、正三角形、等腰三角形、直角三角形)。

11. 判断闰年。

每四年中就有一个闰年，其余三个年份是平年。公历年份是 4 的倍数的一般都是闰年，但公历年份是 100 的倍数时，必须是 400 的倍数才是闰年。例如：1900 年不是闰年，因为 1900 年是 100 的倍数但不是 400 的倍数；2000 年是闰年，因为 2 000 是 400 的倍数。

12. "逢七拍腿"游戏。

几个小朋友在一起玩逢七拍腿的游戏，从 1 开始数数，当数到 7 的倍数或者尾号是 7 时，拍一下腿。现在从 1 数到 99，假设每个人都没有错，计算一共要拍腿几次。

13. 寻找质数。

质数又称素数，即一个大于 1 的自然数，除了 1 和其本身外，不能被其他自然数整除，这样的数称为质数。质数的个数是无穷的。所以在寻找质数时，需要添加限制，例如寻找 100 以内的质数。要求编写一段程序，输出指定范围内的质数。

14. 使用 for 语句输出 1～9 的奇数。

第4章 典型序列数据结构

在数学里,序列也称数列,是指按照一定顺序排列的一列数。而在程序设计中,序列是一种常用的数据存储方式,几乎每一种程序设计语言都提供了类似的数据结构。例如,C 语言中的数组等。

在 Python 中,序列是最基本的数据结构,是一块用于存放多个值的连续内存空间。序列结构主要包括列表、元组和字符串,并且对于这些序列结构有一些通用的操作。本章将对这些通用操作进行详细的介绍。

4.1 序列

4.1.1 序列概述

序列是一块用于存放多个值的连续内存空间,并且按一定顺序排列,每一个值(称为元素)都分配一个数字,称为索引或位置。通过该索引可以取出相应的值。

列表、元组、字典、集合和字符串都是 Python 中常用的序列结构,这些类型的对象共同之处是可以用来存储一组元素,属于一种序列结构。但是不同的序列对象使用不同的定界符或元素形式表示。序列结构的特点如表 4-1 所示。

表 4-1　列表、元组、字典和集合的特点

类型	定界符	是否可变	是否有序	访问方式	示例
列表	"[]",元素用逗号隔开	是	是	索引、切片	s_list=[1,4,7]
元组	"()",元素用逗号隔开	否	是	索引、切片	s_tup=(2,5,8)
字典	"{}",元素形式为"键:值",元素用逗号隔开	是	否	按键访问	s_dict={'a':1,'b':4,'c':7}
集合	"{}",元素用逗号隔开	是	否	无	s_set={3,6,9}

4.1.2 序列的基本操作

4.1.2.1 索引

列中的每一个元素都有一个编号,也称为索引。这个索引是从 0 开始递增的,即下标为 0

48

表示第一个元素,下标为 1 表示第 2 个元素,依此类推。例如,可以把一家酒店看作一个序列,那么酒店里的每个房间都可以看作是这个序列的元素。而房间号就相当于索引,可以通过房间号找到对应的房间。

所谓"下标"又称"索引",就是编号。比如火车座位号,座位号的作用是按照编号快速找到对应的座位。同理,下标的作用即是通过下标快速找到对应的数据。如图 4-1 所示。

图 4-1　序列的正数索引

Python 的索引可以是负数。这个索引从右向左计数,也就是从最后一个元素开始计数,即最后一个元素的索引值是 −1,倒数第二个元素的索引值为 −2,依此类推。如图 4-2 所示。

图 4-2　序列的负数索引

在采用负数作为索引值时,是从 −1 开始的,而不是从 0 开始的,即最后一个元素的下标为 −1,这是为了防止与第一个元素重合。

通过索引可以访问序列中的任何元素。

【示例 4-1】定义一个包括 9 个元素的列表,要访问它的第 3 个元素和最后 1 个元素。

```
weeks = ['Monday','Tuesday','Wednesday','Thursday','Friday','Saturday','Sunday']
week = int(input('请输入要查询的星期(1～7):'))
if week in range(1,8):
    print('星期',week,'的英文是',weeks[week-1])
else:
    print('您输入的星期不合法!')
```

运行结果:

请输入要查询的星期(1～7):2

星期二的英文是 Tuesday

在 Python 的序列中,索引的应用范围主要体现在以下 3 个方面:

①获取序列中的指定位置的元素。

②通过切片访问一定范围内的元素时,也需要通过索引指定位置。

③获取指定元素的位置时,返回的值就是该元素的索引值。

4.1.2.2　切片

切片是指对操作的对象截取其中一部分的操作,即从容器中取出相应的元素重新组成一个容器。切片操作是访问序列中元素的另一种方法,它可以访问一定范围内的元素。通过切片操作可以生成一个新的序列。

实现切片操作的语法格式如下:

sname[start：end：step]

参数说明如下：

①sname：表示序列的名称。

②start：索引值，表示切片的开始位置（包括该位置），如果不指定，则默认为 0。

③end：索引值，表示切片的截止位置（不包括该位置），如果不指定则默认为序列的长度。

④step：表示切片的步长，如果省略，则默认为 1。当省略该步长时，最后一个冒号也可以省略。步长值不能为 0。

切片选取的区间属于左闭右开型，即从"起始"位开始，到"结束"位的前一位结束（不包括结束位本身）。根据步长的取值，可以分为如下两种情况。

（1）步长大于 0。按照从左到右的顺序，每隔"步长－1"（索引间的差值仍为步长值）个字符进行一次截取。此时，"起始"指向的位置应该在"结束"指向位置的左边，否则返回值为空。

若程序使用下标太大的索引（即下标值大于字符串实际的长度）获取字符时，肯定会导致越界的异常。但是，Python 处理了那些没有意义的切片索引，一个太大的索引值将被字符串的实际长度所代替，如果上边界比下边界大时（即切片起始的值大于结束的值）则会返回空字符串。

（2）步长小于 0。按照从右到左的顺序，每隔"步长－1"（索引间的差值仍为步长值）个字符进行一次截取。此时，"起始"指向的位置应该在"结束"指向的位置的右边，即起始位置的索引必须大于结束位置的索引，否则返回值为空。

利用下标的组合截取原字符串的全部字符或部分字符。如果截取的是字符串的部分字符，则会开辟新的空间来临时存放这个截取后的字符串。

【示例 4-2】在某次体能测试中，对于前三名的同学进行奖励，对后三名的同学进行惩罚，请输出需要奖励和惩罚的学生名单。

```
students = ['Charle','Joan','Niki','Betty','Linda', 'Lily','William','Bob','Paul']
print(students[0:3],'三名同学每人获得"小冠军"荣誉证书。')
print(students[-3:],'三名同学每人早上跑操。')
```

运行结果：

['Charle', 'Joan', 'Niki']三名同学每人获得"小冠军"荣誉证书。

['William', 'Bob', 'Paul']三名同学每人早上跑操。

在进行切片操作时，如果指定了步长，那么将按照该步长遍历序列的元素，否则将一个一个遍历序列。如果想要复制整个序列，可以将 start 和 end 参数都省略，但是中间的冒号需要保留。

利用切片从中取出一部分使用的方法。

（1）切片使用第一个元素和最后一个元素的索引，中间使用冒号分割，并使用方括号括起来，形成切片。

（2）如果从列表第一个元素开始，切片中第一个元素的索引可以省略，如 c[:9]。

（3）如果切片到最后一个元素结束，切片中最后一个元素的索引可以省略，如 c[9:]。

（4）切片可以使用 for 循环进行遍历。

4.1.2.3　序列相加(连接)

在 Python 中,支持两种相同类型的序列相加操作。即将两个序列进行连接,但是不会去除重复的元素,使用加(+)运算符实现。

在进行序列相加时,相同类型的序列是指同为列表、元组或集合等,而序列中的元素类型可以不同。但序列相加时不能是列表和元组相加,或者列表和字符串相加。

【示例 4-3】某学校有多个兴趣小组,请利用列表合并编写程序统计有哪些学生。

```
hobby_group_1 = ['Charle','Joan','Niki','Betty']
hobby_group_2 = ['Linda','James','Martin']
hobby_group_3 = ['Lily','William','Bob','Paul']
hobby_group_total = hobby_group_1 + hobby_group_2 + hobby_group_3
print('学校参加兴趣小组的学生名单:\n',hobby_group_total)
```

运行结果:

学校参加兴趣小组的学生名单:

['Charle', 'Joan', 'Niki', 'Betty', 'Linda', 'James', 'Martin', 'Lily', 'William', 'Bob', 'Paul']

4.1.2.4　序列乘法

在 Python 中,使用数字 n 乘以一个序列会生成新的序列。新序列的内容为原来序列被重复 n 次的结果。

【示例 4-4】将一个序列乘以 3 生成一个新的序列并输出,从而达到“重要的事情说三遍”的效果。

```
love = ['我是爱你的']
print(love * 3)
```

运行结果:

['我是爱你的', '我是爱你的', '我是爱你的']

在进行序列的乘法运算时,还可以实现初始化指定长度列表的功能。例如下面的代码,将创建一个长度为 5 的列表,列表中的每个元素都是 None,表示什么都没有。

```
emptylist = [None] * 5
```

4.1.2.5　检查某个元素是否为序列的成员(元素)

在 Python 中,可以使用 in 关键字来检查某个元素是否为序列的成员,即检查某个元素是否包含在该序列中。该语法格式如下:

```
value in sequence
```

其中,value 表示要检查的元素,sequence 表示指定的序列。

【示例 4-5】验证用户名是否被占用。在网上注册信息时,通常需要保证用户名是唯一的。现将已经注册的用户名保存在列表中,然后输入要注册的用户名时便可判断该用户是否在用户列表中。

```
usernames = ['Charle','Joan','Niki','Betty']
username = input('请输入要注册的用户名:')
if username in usernames:
    print('抱歉,该用户名已经被占用!')
```

```
    else:
        print('恭喜,该用户名可以注册! ')
```

运行结果:

请输入要注册的用户名:Joan

抱歉,该用户名已经被占用!

在 Python 中,也可以使用 not in 关键字实现检查某个元素是否不包含在指定的序列中。

4.1.2.6 计算序列的长度、最大值和最小值

在 Python 中,提供了内置函数计算序列的长度、最大值和最小值。这些函数分别是:len
()函数、max()函数和 min()函数。操作者可使用 len()函数计算序列的长度,即返回序列包
含多少个元素;使用 max()函数返回序列中的最大元素;使用 min()函数返回序列中的最小
元素。

【示例 4-6】定义一个包括 9 个元素的列表,并通过函数计算列表的长度、最大元素、最小元素。

```
year = [1898,1911,1905,1896,1902,1897,1958,1920,1896]
print("在 year 序列的长度:",len(year),",其中,最大值为:",max(year),"最小值
为:",min(year))
```

运行结果:

在 year 序列的长度:9,其中,最大值为:1958 最小值为:1896

除了上面介绍的 3 种内置函数,Python 还提供了如表 4-2 所示的内置函数。

表 4-2　Python 提供序列内置函数及其作用

内置函数	功能
list()	将序列转换为列表
str()	将序列转换为字符串
sum()	计算元素和
sorted()	对元素进行排序
reversed()	反向序列中的元素
enumerate()	将序列组合为一个索引序列,多用在 for 循环中
zip()	返回几个列表压缩成的新列表

4.1.2.7 序列解包

序列解包是指把一个序列或可迭代对象中的多个元素的值同时赋值给多个变量。如果等
号右侧含有表达式,则把所有表达式的值计算出来后再进行赋值。

序列解包可用于列表、元组、字典、集合以及字符串等序列对象,也可用于 range、
enumerate、zip、filter 和 map 等可迭代对象。

解包时,如果变量的个数不等于可迭代对象中元素的个数,则可以在某个变量前加一个星
号(＊),Python 解释器会对没有加星号的变量进行匹配,然后将剩余元素全部匹配给带有星
号的变量。

解包操作还可以在调用函数时给函数传递参数。

【示例 4-7】序列解包应用示例。

```
x,y,z = 1,4,7      # 多个变量同时赋值
print(x,y,z)
student = ('初心','M',18)
sname,gender,age = student
print(sname,gender,age)
a,b,*c = [2,5,8,3,6,9]
print(a,b,c)
```

运行结果：

```
1 4 7
初心 M 18
2 5 [8,3,6,9]
```

4.2 列表的创建与操作

列表是 Python 中最具灵活性，使用极为频繁的有序集合对象类型。从形式上看，列表中的所有元素都放在一对方括号中，相邻元素间使用逗号隔开；从内容上看，可以将整数、实数、字符串、列表、元组等任何类型的内容放入列表中。在同一个列表中，元素的类型可以不同，因为它们之间没有任何关系。列表在 Python 中的应用范围较为广泛。

与字符串不同的是，列表是一个可变的有序集合，列表内部可包含任何数据类型。可变意味着列表内元素可以发生改变，支持在原处修改；有序意味着列表内的元素都有先后顺序。

具体的语法格式如下：

listname = [元素 1,元素 2,元素 3,…,元素 n]

参数说明如下：

（1）listname：表示列表的名称，可以是任何符合 Python 命名规则的标识符。

（2）[元素 1,元素 2,元素 3,…,元素 n]：表示列表中的元素，个数没有限制，数据类型可以相同也可以不同，只要是 Python 支持的数据类型就可以。一般情况下，一个列表中只存放一种类型的数据，因为可以提高程序的可读性。

（3）如果只有一对方括号而没有任何元素，则表示空列表。例如：

```
list1 = ['physics','chemistry',1997,2000]
list2 = [1,2,3,4,5]
list3 = ["a","b","c","d"]
```

4.2.1 创建列表

创建列表可通过两种方式：使用方括号或 list() 函数方法，示例如下。

创建一个空列表：list_demo1 = [] 等价于 list_demo2 = list()。

列表也可以嵌套使用，如 list_demo3 = ['初心',18,96.5,True,['安徽','阜阳']]。

如果创建数值列表，可以使用 list() 函数直接将 range() 函数的循环出来的结果转换为列表。比如创建 1～10（不包括 10）的所有偶数列表，可以通过使用代码：list(range(2,10,2))。而使用

list()函数不仅能通过 range 对象创建列表,还可以通过其他对象(如元组),创建列表。

【示例 4-8】输出一个月内日期为 7 的倍数的数。

list1 = list(range(7, 30, 7))

print('一个月内 7 的倍数数值列表:',list1)

运行结果:

一个月内 7 的倍数数值列表:[7, 14, 21, 28]

4.2.2 获取列表元素

列表是有序序列,支持以索引和切片作为下标访问列表中的元素。

1. 索引访问

在 Python 的数据结构中,有序集合都可以基于索引获取对应索引位置的值。索引从 0 开始。例如,索引 0 代表第 1 个对象,索引 1 代表第 2 个对象,依此类推;最后一个位置则从 −1 开始,−1 代表最后一个对象,−2 代表倒数第 2 个对象,依此类推。

2. 切片访问

截取并返回列表中的一个子列表。比如列表对象名为[start:end:step],子列表从 start 开始,以 step 为步长,顺序取得列表中的元素,一直到 end−1 的位置。

使用切片方式截取列表,返回的是一个子列表,可以包含多个元素。如果下标出界,则不会抛出异常,而是在列表尾部截断或者返回一个空列表,代码会具有更强的健壮性。

【示例 4-9】获取列表元素的示例。

```
list_demo = ['初心', 18, 96.5, True, ['安徽', '阜阳']]     # 列表包括 5 个元素,其中第
5 个元素为列表
print(list_demo)                 # 输出全部元素
print(list_demo[4])              # 获取列表的第 5 个元素,结果为['安徽', '阜阳']
print(list_demo[-1])             # 获取列表的最后 1 个元素,结果为['安徽', '阜阳']
print(list_demo[:2])             # 获取列表前 2 个元素,结果为['初心', 18]
print(list_demo[-3:-1])          # 获取列表倒数第 1 个到倒数第 3 个元素,结果为
                                 #   [96.5, True]
print(list_demo[::2])            # 获取列表中从头开始的间隔一个取一个的元素,结
                                 #   果为['初心', 96.5, ['安徽', '阜阳']]
print(list_demo[4][1])           # 获取列表中第 5 个元素的第 2 个值,结果为'阜阳'
```

运行结果:

['初心', 18, 96.5, True, ['安徽', '阜阳']]

['安徽', '阜阳']

['安徽', '阜阳']

['初心', 18]

[96.5, True]

['初心', 96.5, ['安徽', '阜阳']]

'阜阳'

从输出结果来看,在输出列表时,包括了左右两侧的方括号。如果不想输出全部的元素,也可以通过列表的索引获取指定的元素。

列表索引涉及范围索引时,默认索引包含左侧但不包含右侧,即"["模式。例如,list_demo [:2]表示索引值范围是[:2],索引值列表是 0、1,但不包括索引 2。

4.2.3　常用的列表操作方法

1. 列表对象支持的运算符操作

列表是可变序列,可以通过赋值运算符直接修改或删除列表元素。列表对象支持的运算符操作如表 4-3 所示。

表 4-3　列表对象支持的运算符操作

运算符	功能	说明	示例
=	赋值	赋值运算	list1 = [1,2,3,4,5] list2 = list1[:2]
+	合并	合并列表中元素,得到一个新的列表	list1 = [1,2,3] list2 = [4,5,6] list1+list2
*	重复	重复列表元素	list1 = 'a' * 3
in	成员测试	判断一个元素是否包含在列表中	list1 in list2

2. 列表对象常用的内置函数

列表对象常用的内置函数如表 4-4 所示。

表 4-4　列表对象常用的内置函数

运算符	功能
max()	返回列表元素中的最大值
min()	返回列表元素中的最小值
sum()	返回列表元素的和
len()	返回列表元素中的个数
zip()	将多个列表中的元素对应组合为元组,并返回包含这些元组的可迭代对象
enumerate()	返回包含索引和值的可迭代对象
map()	将函数映射到列表中的每个元素
filter()	根据指定函数的返回值对列表元素进行过滤

【**示例 4-10**】计算一组成绩的最高分、最低分和平均值。

```
list_score = [87, 82, 67, 98, 56]
print("最高分:",max(list_score))
print("最低分:",min(list_score))
```

55

```
s = sum(list_score)
n = len(list_score)
print("平均数:",round(s/n))
运行结果:
最高分:98
最低分:56
平均数:78
```

3. 列表对象的方法

对象是 Python 中最基本的概念,在 Python 中处理的一切信息都是对象。对象具有属性和方法,属性表示对象的特征,方法表示对象可以执行的操作。在 Python 中可以利用对象的属性和方法进行操作,调用格式如下:

对象名.属性名

对象名.方法名(参数)

在 Python 中,有些功能既可以使用函数实现,也可以使用对象方法实现。

列表对象的常用方法如表 4-5 所示。

表 4-5　列表对象的常用方法

方法	功能	说明	示例
append(object)	追加	追加元素至列表,默认追加在最后,用于追加单个元素	list_demo = ['a','b','c'] list_demo.append('d') print(list_demo) 输出:[a,b,c,d]
clear()	清空	清空整个列表	list_demo = ['a','b','c'] list_demo.clear() print(a list_demo) 输出:[]
count()	统计个数	获取指定元素出现的次数	list_demo = ['a','b','c'] num = list_demo.count('b') print(num) 输出:1
copy()	复制	复制(拷贝)列表为新列表	list_demo = ['a','b','c'] list_c = list_demo.copy() print(list_c) 输出:[a,b,c]
extend(iterable)	批量追加	将另外一份列表对象批量追加至列表中,用于列表的扩展	list_demo = ['a','b','c'] list_b = ['d','e'] list_demo.extend(list_b) print(list_demo) 输出:['a', 'b', 'c', 'd', 'e']

续表4-5

方法	功能	说明	示例
index(value)	查询值的索引	查询从列表中某个值第一个匹配项的索引值	list_demo=['a','b','c'] print(list_demo.index('b')) 输出：1
insert(index,object)	插入	将对象插入列表,与 append 不同的是可指定插入位置	list_demo=['a','b','c'] list_demo.insert(2,'d') print(list_demo) 输出：['a', 'b', 'd', 'c']
pop(index=-1)	按索引删除元素	移除列表中的一个(默认最后一个)元素,并且返回该元素的值。使用 index 值指定删除的位置	list_demo=['a','b','c'] print(list_demo.pop()) 输出：c print(list_demo) 输出：['a', 'b']
remove(value)	按值删除元素	移除列表中某个值的第一个匹配项	list_demo=['a','b','c'] list_demo.remove('b') print(list_demo) 输出：['a', 'c']
reverse()	反转列表	将列表反转	list_demo=['a','b','c'] list_demo.reverse() print(list_demo) 输出：['c', 'b', 'a']
sort (* , key=None, reverse=False)	排序列表	按列表元素大小排序,通过 reverse 参数可指定倒序排序	list_demo=['a','c','b'] list_demo.sort() print(list_demo) 输出：['a','b','c']

【示例 4-11】将成绩降序排列,并统计成绩为 80 分以上的人数。

```
list_score_1 = [87, 82, 67, 98, 56]
list_score_2 = [84, 89, 90]
list_score_1.extend(list_score_2)          # 合并两个列表
list_score_1.sort(reverse = True)          # 降序排序
print('成绩排序:', list_score_1)
n = 0
for sc in list_score_1:
    if sc >= 80:
        n = n + 1
print('80 分(含)以上的学生人数:', n)
```

运行结果:

成绩排序:[98, 90, 89, 87, 84, 82, 67, 56]

80 分(含)以上的学生人数:6

4.3 元组的创建与操作

元组与列表类似,也是由一系列按特定顺序排列的元素组成的,但它是不可变的序列。因此元组也被称为不可变列表。从形式上来看,元组中的所有元素都放在一对圆括号中,两个相邻元素之间使用逗号分隔;从内容上来看,可以将整数、实数、字符串、列表以及元组等任意类型的内容放入元组中,并且在同一个元组中,元素的类型可以不同,元素之间没有任何关系。

元组有很多用途,例如坐标(x,y)、数据库中的员工记录等,通常用于保存程序中不可修改的内容。元组和字符串一样,不可改变,即不能对元组中的一个独立元素赋值,也不能对单个元素值进行修改。但是元组也不是完全不能修改的,可以对元组进行整体重新赋值以修改元组元素。

4.3.1 创建元组

创建元组可通过两种方式:使用圆括号或 tuple()方法。

1. 使用"()"创建元组

在 Python 中,可以直接通过使用圆括号创建元组。创建元组时,圆括号内的元素用逗号分隔,其语法格式如下:

tuplename = (元素 1,元素 2,元素 3,…,元素 n)

其中 tuplename 表示元组的名称,可以是任何符合 Python 命名规则的非关键字标识符。元素 1,元素 2,元素 3,…,元素 n 表示元组中的元素,个数没有限制,只要是 Python 支持的数据类型即可。

从语法格式来看,元组使用一对圆括号将所有的元素括起来,但是圆括号并不是必需的,只要将一组值用逗号隔开,Python 就可以将其视为元组。若创建的元组只包括一个元素,则需要在定义元组时,于元素的后面加一个逗号。

【示例 4-12】创建个人爱好的元组。

```
tup_hobby = ('旅游','象棋','游泳','看书','唱歌','跑步')
print(tup_hobby)
```

运行结果:

('旅游','象棋','游泳','看书','唱歌','跑步')

2. 使用 tuple()方法创建

在 Python 中,可以通过 tuple()函数直接将 range()函数循环出来的结果转换为数组元组。

【示例 4-13】输出 20 以内 3 的倍数的数值元组。

```
number = tuple(range(3, 20, 3))
print('20 以内 3 的倍数数值元组:',number)
```

运行结果:

20 以内 3 的倍数数值元组:(3, 6, 9, 12, 15, 18)

4.3.2　获取元组元素

在元组中获取对象的方法与列表相同,支持双向索引和切片访问。

【示例 4-14】使用两种方式输出"中国古代四大发明"。

```
inventions = ('造纸术','指南针','火药','印刷术')
# 方式一:直接使用 for 循环遍历。
for name in inventions:
    print(name,end = ' ')
print()
# 方式二:使用 for 循环和 enumertate()函数结合遍历。
for index,item in enumerate(inventions):
    print(index + 1,item)
```

运行结果:

```
造纸术 指南针 火药 印刷术
1 造纸术
2 指南针
3 火药
4 印刷术
```

4.3.3　元组操作

元组的不可变性导致其无法像列表一样可以实现对象的追加、删除和清空等操作,仅能查看相关的操作。元组操作方法及描述如表 4-6 所示。

表 4-6　元组操作方法及描述

方法	功能	说明	示例
count(tup_value)	计数	查看元组出现的次数	tup_demo＝ ('a','b','c') print(tup_demo. count('b')) 输出:1
index(tup_value)	查看索引	查看特定值第一次出现的索引位置	tup_demo＝ ('a','b','b','c') print(tup_demo. index('b')) 输出:2
len(obj)	查看元组长度	查看元组中有多少个对象	tup_demo＝ ('a','b','c') print(len(tup_demo)) 输出: 3

与列表类似,元组对象也支持"＋""＊"和"in"运算符。"＋"运算符用来执行合并操作,"＊"运算符用来执行重复操作,结果都会生成一个新的元组。"in"运算符用于测试元组中是否包含某个元素。

元组也支持 len()、max()、min()、sum()、zip()、enumerate()等函数,以及 count()、index()等对象方法。元组属于不可变序列,因此不支持 append()、extend()、insert()、remove()、 pop()等操作。

元组和列表有很多相似的使用方法,那么何时使用元组呢?

(1)相对于列表而言,元组是不可变的,因此元组可以作为字典的键或者集合的元素,而列表则不可以。

(2)元组放弃了对元素的增删操作(内存结构设计上变得更精简),换取的是性能上的提升,因此创建元组比创建列表更快,存储空间比列表占用更小。而且,由于元组中的元素不允许修改,这也使得代码更加安全。

(3)函数返回值通常使用元组。很多内置函数的返回值也是包含若干元组的可迭代对象,例如 enumerate()、zip()等函数。enumerate()函数会返回一个 enumerate 对象,其中的每个元素都是包含索引和值的元组(索引默认从 0 开始)。zip()函数会返回一个 zip 对象,其中每个元素都是由两个序列中相同位置上的元素构成的元组。

4.4　字典的创建与操作

字典也称映射,属于不重复且无序的数据结构,由键/值对组成的非序列可变集合。字典内部的数据存储是以 key:value(键/值对,中间是冒号)的形式表示数据对象关系的。在一个字典中,键必须是唯一的,而值可以有多个。

具体的语法格式如下:

dict = {key1 : value1, key2 : value2,…}

键/值对用冒号分隔,而各个元素之间用逗号分隔,所有元素都包括在花括号"{}"中。字典中的键/值对是没有顺序的。

注意:

(1)字典中元素的"键"可以是 Python 中任意的不可变类型的数据,例如数字、字符串、元组等,但不能使用列表、集合、字典或其他可变类型作为字典的"键"。

(2)字典的键不可以重复,但值是可以重复的。

(3)不包含任何元素的字典为空字典。

字典的主要特征如下:

(1)通过键而不是通过索引读取值。字典也称为关联数组或者散列表(hash),它通过键将一系列的值联系起来,这样就可以通过键从字典中获取指定的项,但不能通过索引来获取。

(2)字典是任意对象的无序集合。字典是无序的,各项是从左到右随机排序的,即保存在字典中的项没有特定的顺序,因此可以提高查找效率。

(3)字典是可变的,并且可以任意嵌套。字典可以在原处增长或者缩短(无须生成一份拷贝),并且它支持任意深度的嵌套(即它的值可以是列表或者其他的字典)。

(4)字典中的键必须唯一。不允许同一个键出现两次,如果出现两次,则后一个值会被记住。

(5)字典中的键必须不可变。字典中的键是不可变的,所以可以使用数字、字符串或者元组,但不能使用列表。

创建字典时,每个元素都包含两个部分:"键"和"值"。

1. 创建字典

创建字典可通过两种方式:使用花括号或 dict()函数方法。

字典的 key 必须是不可变对象,如字符串、元组等;而 value 可以是任意对象,包括字典本身,因此字典也可以嵌套。

（1）通过映射函数创建字典。通过映射函数创建字典的语法结构如下:

dictionary = dict(zip(list1,list2))

其中,zip()函数用于将多个列表或者元组对应位置的元素组合为元组,并返回包含这些内容的 zip 对象。如果想得到元组,可以使用 tuple()函数将 zip 对象转换为元组;如果想得到列表,则可以使用 list()函数将其转换为列表。

（2）通过给定的关键字参数创建字典。通过给定的关键字参数创建字典的语法结构如下:

dictionary = dict(key1 = value1,key2 = value2,…,keyn = valuen)

2. 获取元素

字典内元素的获取与元组和列表不同,它不是通过索引实现的,而是通过 key 实现的。

由于字典属于无序序列,不支持索引访问。字典中的每个"键/值"对形式的元素都表示一种映射关系,可以根据"键"获取对应的"值",即按"键"访问。

字典有多种获取 key 和 value 的方法。字典的 get 方法用于返回指定 key 值对应的 value 值,如果没有则返回默认值。具体请见表 4-7。

表 4-7　字典的常用方法及描述

方法	功能	说明	示例
get(key,[default])	返回指定键的值	返回指定键的值,如果值不在字典中,则返回 default	dict = {'k1':'6','k2':8} dict.get('k1') print(dict.get('k1')) 输出:6
items()	遍历所有元素	以列表返回可遍历的(键、值)元组数据	dict = {'k1':'6','k2':8} print(dict.items()) 输出:dict_items([('k1', '6'), ('k2', 8)])
keys()	返回所有键值	以列表返回一个字典中所有的键	dict = {'k1':'6','k2':8} print(dict.keys()) 输出:dict_keys(['k1', 'k2'])
values()	返回字典所有值	以列表返回字典中的所有值	dict = {'k1':'6','k2':8} print(dict.values()) 输出:dict_values(['6', 8])
pop(key,[default])	删除 key 对应的值	删除字典给定 key 对应的值,返回值为被删除的值。如果 key 不存在,则返回 default 值	dict = {'k1':'6','k2':8} dict.pop('k1') print(dict) 输出:{'k2':8}
update(dict)	更新字典	将另一个字典中的信息按新字典 key 更新到现有字典中	dict_1 = {'k1':'6','k2':8} dict_2 = {'k1':'5'} dict_1.update(dict_2) print(dict_1) 输出:{'k1': '5', 'k2': 8}

续表4-7

方法	功能	说明	示例
setdefault(key, default=None)	查看索引	如果 key 不存在字典中,则设置默认值,与 get 方法类似	dict = {'k1':'6','k2':8} dict. setdefault('k3',0) print(dict) 输出:{'k1': '6', 'k2': 8, 'k3': 0}
copy()	复制	复制字典对象	dict = {'k1':'6','k2':8} copy_dict = dict. copy() 输出:{'k1': '6', 'k2': 8}
clear()	删除所有元素	删除字典内的所有元素	dict = {'k1':'6','k2':8} print(dict. clear()) 输出:None

【示例 4-15】有以下学号和姓名的学生信息。

2201,Berry;2208,Andy;2212,'Darling'

建立字典,存储学生的学号和姓名信息。当输入某个学号时,可以自动输出该学号对应的姓名;如果输入的学号不存在时,则输出"没有这个学号"。要求:使用循环方式连续执行 3 次。

```python
std_dict = {'2201':'Berry', '2208':'Andy', '2212':'Darling'}
for i in range(3):
    id = input("请输入需要查找的学号:")
    if id in std_dict.keys():          # 判断输入的学号是否在字典中
        print('姓名:' + std_dict[id])   # 根据学号查找姓名
    else:
        print('没有这个学号')
```

运行结果:

请输入需要查找的学号:2201

姓名:Berry

【示例 4-16】字典常用方法的综合应用。

某学校要进行全国计算机等级考试,在 Python 程序设计上机考核环节,需要随机生成 10 个计算机号,计算机编号以 6602020 开头,后面 3 位依次是 (001,002,003,010)。请利用字典操作生成计算机编号,并默认每个卡号的初始密码为"python"。其中,输出计算机编号和密码信息,格式如下:

计算机编号   登录密码

6602020001   python

具体实现:

```python
# 1. 定义计算机编号默认前 7 位
head = '6602020'
# 2. 生成按题目要求的 10 个卡号,并存入列表中
computerNo = []
for i in range(1,11):
```

```
        tail = '%.3d' % (i)
        num = head + tail
        computerNo. append(num)
# 3. 将编号存入字典
num_dict = {}
for i incomputerNo：
        num_dict[i] = 'python'
# 4. 输出计算机编号和登录考试系统密码
print('计算机编号\t\t登录密码')
for key,value in num_dict. items()：
        print('%s\t\t %s' % (key,value))
```

运行结果：

计算机编号　　　　　登录密码
6602020001　　　　python
6602020002　　　　python
6602020003　　　　python
6602020004　　　　python
6602020005　　　　python
6602020006　　　　python
6602020007　　　　python
6602020008　　　　python
6602020009　　　　python
6602020010　　　　python

4.5　集合的创建与操作

Python 中的集合概念与数学中的类似,也是用于保存不重复元素的。它有可变集合 (set)和不可变集合(frozenset)两种。其中,本节所要介绍的 set 集合是无序可变序列,而另一种不做介绍。在形式上,集合的所有元素都放在一对花括号中,两个相邻元素间使用逗号分隔。集合最好的应用就是去重,因为集合中的每个元素都是唯一的。

由于集合是一个由唯一元素组成的非排序集合体。也就是说,集合中的元素没有特定顺序且不重复,因此集合不支持索引和切片访问。

4.5.1　创建集合

创建集合可以通过两种方式:使用花括号或 set()函数。如果要创建一个空集合,则必须使用 set()函数,因为使用"{}"创建的是空字典。

4.5.2　集合操作

集合虽然无法通过索引或者 key 找到特定的元素,但可用于多个集合的对比、组合等操作。集合常用的操作方法如表 4-8 所示。

表 4-8　集合常用的操作方法

方法	功能	说明	示例
add(obj)	增加元素	向集合内增加一个元素	set_demo = {1,4,7} set_demo. add(2) print(set_demo) 输出：{1, 2, 4, 7}
intersection(set)	取交集	取两个结合的交集	s1 = {1,4,7} s2 = {2,1,8} print(s1. intersection(s2)) 输出：{1}
symmetric_difference()	取不重复集合	返回两个集合中不重复的 元素的集合	s1 = {1,4,7} s2 = {2,1,8} print(s1. symmetric_difference(s2)) 输出：{2, 4, 7, 8}

4.5.3　集合推导式

集合推导式的写法类似于列表推导式,示例如下:

set_demo = {i for i in range(5)}

【示例 4-17】集合的综合应用。

某公司人力资源部想在单位做一项关于工作满意度的问卷调查。为了保证样本选择的客观性,该部门将公司全体人员按顺序编号,先用计算机生成了 N 个 1~200 之间的随机整数($N \leqslant 200$)。N 是用户输入的,对于其中重复的数字,只保留 1 个,把其余相同的数字去掉。不同的数对应着不同的员工编号,然后再把这些数从小到大排序,按照排好的顺序寻找对应的员工做调查,请你协助人力资源部的负责人完成去重与排序工作。

```python
import random
# 接收用户输入
num = int(input('请输入需要选择的样本数:'))
# 定义空集合;用集合便可以实现自动去重(集合里面的元素是不可重复的)
sampleNo = set([])
# 生成 N 个 1~200 的随机整数
for i in range(num):
    num = random.randint(1,100)
    # add:添加元素
    sampleNo.add(num)
print("抽取的员工编号:",sampleNo)
# sorted:集合的排序
print("抽取的员工升序编号:",sorted(sampleNo))
```

运行结果：

请输入需要选择的样本数：9

抽取的员工编号：{2，68，71，44，17，82，51，50，61}

抽取的员工升序编号：[2，17，44，50，51，61，68，71，82]

本案例中，通过集合去重，即每生成一个随机数便将其加入定义的空集合中，最后通过 sorted()函数可以对集合进行排序。

4.6　推导式与生成器推导式

推导式 comprehensions(又称解析式)，是 Python 的一种独有特性。推导式是可以从一个数据序列构建另一个新的数据序列的结构体。Python 中共有 3 种推导，Python 2 和 Python 3 都支持列表推导式、字典推导式以及集合推导式。推导式的最大优势是化简代码，主要适合于创建或控制有规律的序列。

4.6.1　列表推导式

使用列表推导式可以快速生成一个列表，或者根据某个列表生成满足指定需求的列表。列表推导式通常有以下几种常用的语法格式。

1. 生成指定范围的数值列表

语法格式如下：

listname = [expression for var in range]

参数说明如下：

(1)listname：表示生成的列表名称。

(2)expression：表达式，用于计算新列表的元素。

(3)var：循环变量。

(4)range：采用 range()函数生成的 range 对象。

【示例 4-18】要生成一个包含 5 个随机数的列表，要求随机数为 1~10(包括 10)。

```
import random    # 导入 random 标准库,使用随机函数
randnum = [ random.randint(1,10) for i in range(5)]
print("由随机数生成的列表:",randnum)
```

运行结果：

由随机数生成的列表：[7，8，3，7，5]

2. 根据列表生成指定需求的列表

语法格式如下：

newlist = [expression for var in oldlist]

参数说明如下：

(1)newlist：表示新生成的列表名称。

(2)expression：表达式，用于计算新列表的元素。

(3)var：变量，值为后面列表的每个元素值。

(4)oldlist:用于生成新列表的原列表。

【示例 4-19】有一组不同配置的计算机形成的价格列表,应用列表推导式生成一个 95 折后的价格列表。

```
price = [3500,3800,5600,5200,8700]
sale =[int(i * 0.95) for i in price]
print("原价格:",price)
print("95 折后的价格:",sale)
```

运行结果:

原价格:[3500, 3800, 5600, 5200, 8700]

95 折后的价格:[3325, 3610, 5320, 4940, 8265]

3. 从列表中选择符合条件的元素组成新的列表

语法格式如下:

```
newlist = [expression for var in oldlist if condition]
```

此处的 if 主要起条件判断作用,oldlist 数据中只有满足 if 条件的才会被留下,最后统一生成一个数据列表。

参数说明如下:

(1)newlist:表示新生成的列表名称。

(2)expression:表达式,用于计算新列表的元素。

(3)var:变量值为后面列表的每个元素值。

(4)oldlist:用于生成新列表的原列表。

(5)condition:条件表达式,用于指定筛选条件。

【示例 4-20】有一组不同配置的计算机形成的价格列表,应用列表推导式生成一个高于 5 000 元的价格列表。

```
price = [3500,3800,5600,5200,8700]
sale =[i for i in price if i< 5000]
print("原列表:",price)
print("价格低于 5000 的列表:",sale)
```

运行结果:

原价格:[3500, 3800, 5600, 5200, 8700]

原列表:[3500, 3800, 5600, 5200, 8700]

价格低于 5000 的列表:[3500, 3800]

4. 多个 for 实现列表推导式

多个 for 的列表推导式可以实现 for 循环嵌套功能。

【示例 4-21】多个 for 实现列表推导式应用。

求(x,y),其中 x 是 0~5 的偶数,y 是 0~5 的奇数组成的元组列表。

```
list3 = [(x,y) for x in range(5) if x % 2 = = 0 for y in range(5) if y % 2 = = 1]
print(list3)
```

运行结果：

$[(0,1),(0,3),(2,1),(2,3),(4,1),(4,3)]$

4.6.2　元组的生成器推导式

元组一旦创建,没有任何方法可以修改元组中的元素,只能使用 del 命令删除整个元组。Python 内部对元组做了大量优化,访问和处理速度比列表快。

生成器推导式的结果是一个生成器对象,而不是列表,也不是元组。使用生成器对象的元素时,可以根据需要将其转化为列表或元组,使用__next__()或者内置函数访问生成器对象,但无论用何种方法访问其元素,当所有元素访问结束以后,如果需要重新访问其中的元素,必须重新创建该生成器对象。

生成器对象创建与列表推导式不同的地方就是,生成器推导式是用圆括号创建。

使用元组推导式可以快速生成一个元组,其表现形式和列表推导式类似,只是将列表推导式中的方括号修改为圆括号。

【示例4-22】使用元组推导式生成一个包含 5 个随机数的生成器对象。

```
import random      # 导入 random 标准库
randnum = (random.randint(1,10) for i in range(5))
print("由随机数生成的元组对象:",randnum)
```

运行结果：

由随机数生成的元组对象：<generator object <genexpr> at 0x0000000001DE0C78>

从上面的执行结果可以看出,使用元组推导式生成的结果并不是一个元组或者列表,而是一个生成器对象,这一点和列表推导式是不同的。如果使用该生成器对象,可以将其转换为元组或者列表。其中,转换为元组使用的是 tuple()函数,而转换为列表则使用 list()函数。

【示例4-23】使用元组推导式生成 1 个包含 5 个随机数的生成器对象,然后将其转换为元组并输出。

```
import random      # 导入 random 标准库
randnum = (random.randint(1,10) for i in range(5))
randnum = tuple(randnum)
print("转换后的元组:",randnum)
```

运行结果：

转换后的元组：$(10,7,3,10,4)$

要使用通过元组推导器生成的生成器对象,还可以直接通过 for 循环遍历或者直接使用有关方法进行遍历。

4.6.3　字典推导式

字典推导式的基础模板如下：

```
{ key:value for key,value in existing_data_structure }
```

这里和 list 有所不同,因为 dict 里面有 2 个关键的属性:key 和 value。字典推导式的作用是快速合并列表为字典或提取字典中的目标数据。

1. 利用字典推导式创建一个字典

【示例 4-24】生成字典 key 是 1～5 的数字，value 是该数字的平方。

```python
dict1 = {i: i * * 2 for i in range(1, 5)}
print(dict1)
```

运行结果：

```
{1: 1, 2: 4, 3: 9, 4: 16}
```

2. 将两个列表合并为一个字典

【示例 4-25】利用字典推导式合并为一个字典示例。

```python
list1 = ['name', 'age', 'gender']
list2 = ['Maomao', 2, 'male']
dict1 = {list1[i]: list2[i] for i in range(len(list1))}
print(dict1)
```

运行结果：

```
{'name': 'Maomao', 'age': 2, 'gender': 'male'}
```

将两个列表合并为一个字典，要注意如下两点：

(1)如果两个列表数据个数相同，len 统计任何一个列表的长度都可以。

(2)如果两个列表数据个数不同，len 统计数据多的列表时会报错，而 len 统计数据少的列表时不会报错。

3. 提取字典中目标数据

【示例 4-26】提取计算机价格大于等于 2 000 的字典数据。

```python
goods_list = {'MAC': 6680, 'HP': 1950, 'DELL': 2010, 'Lenovo': 3990, 'acer': 1990}
new_goods_list = {key: value for key, value in goods_list. items() if value > = 2000}
print(new_goods_list)
```

运行结果：

```
{'MAC': 6680, 'DELL': 2010, 'Lenovo': 3990}
```

4.6.4　集合推导式

集合推导式跟列表推导式是相似的，唯一的区别就是它使用的是花括号。

【示例 4-27】将名字去重并把名字的格式统一为首字母大写。

```python
names = ['Bob', 'JOHN', 'alice', 'bob', 'ALICE', 'James','Bob','JAMES','jAMeS']
new_names = {n[0]. upper() + n[1:]. lower() for n in names}
print(new_names)
```

运行结果：

```
{'Bob', 'James', 'John', 'Alice'}
```

4.7　数据结构的判断与转换

判断数据结构可使用 type 或 isinstance 方法。在不同数据结构间转换时，因为不同数据结构的特性是不同的,所以不是所有的数据结构都能等值(保持原值不变)转换。

4.7.1　列表和元组的转换

列表与元组之间只需通过 list 或 tuple 方法转换即可。例如,先通过 a＝['a','b','c']定义一个列表,然后使用 tuple(a)的方法将其直接转换为元组,结果为('a','b','c')。

4.7.2　列表、元组和集合的转换

列表和元组可直接使用 set 方法转换为集合。例如,先通过 a＝('a','b','c')定义一个元组,然后使用 set(a)方法将其直接转换为集合,结果为{'a','b','c'}。需要注意的是集合会将列表或元组中重复的值去掉。

4.8　字符串操作与正则表达式应用

4.8.1　字符串的常见操作

字符串的本质是字符序列,在 Python 中用引号括起来的一个或一串字符就是字符串,支持双向索引和切片访问。字符串属于不可变序列,不能直接修改字符串。

1. 字符串的运算

字符串子串可以用分离操作符([]或者[:])选取,Python 特有的索引规则为:第一个字符的索引是 0,后续字符索引依次递增,或者从右向左编号,最后一个字符的索引号为−1,前面的字符依次减 1。

字符串的常用运算示例如表 4-9 所示。

表 4-9　字符串的运算示例

运算符	说明	示例	结果
＋	连接操作	str_1 = 'I like 'str_2 = 'Python'print(str_1 ＋ str_2)	I like Python
*	重复操作	str= 'Python'print(str * 2)	PythonPython
[]	索引	str= 'Python'str[2]print(str[−3])	th
[:]	切片	str = 'Python'print(str[2:5])print(str[−4:−1])	thotho

注:如果 * 后面的数字是 0,就会产生一个空字符串。字符串不允许直接与其他类型的数据拼接。若字符串与数字拼接,则需要 str()函数将数字转换为字符串。

2. 字符串的常见属性

字符串的常见方法属性,见表 4-10。

表 4-10　字符串的方法描述

转义字符	说明
\n	换行
\\	反斜杠
\"	双引号
\t	制表符

3. 字符串对象的常用方法

字符串对象本身也有大量的操作方法,其中常用方法如表 4-11 所示。

表 4-11 字符串对象的常用方法

方法	功能
split()	基于指定分隔符将当前字符串分割成若干子字符串,不指定分隔符时默认使用空白字符
join()	将几个字符串连接为一个字符串,与"+"拼接字符串的区别是 join() 将多个字符串采用固定的分隔符连接在一起
index()	返回第一次出现指定字符串的位置(索引),如果不存在,则抛出异常
rindex()	与 index() 方法相似,只是要从右边开始查找
find()	返回第一次出现指定字符串的位置(索引),如果不存在,则返回 −1
rfind()	返回最后一次出现指定字符串的位置(索引),如果不存在,则返回 −1
replace()	用新的字符串替换原有的字符串,并返回被替换后的字符串;若未找到,则返回原字符串
count()	统计指定字符串在另一个字符串中出现的次数
strip()	删除当前字符串首尾的指定字符,默认删除首尾的空白字符
lstrip()	用来删除字符串左侧的指定字符
rstrip()	用来删除字符串右侧的指定字符
title()	返回每个单词的首字母大写的字符串
startswith()	检索字符串是否以指定字符串开头。如果是,则返回 True;如果否,则返回 False
endswith()	检索字符串是否以指定字符串结尾。如果是,则返回 True;如果否,则返回 False
upper()	返回大写的字符串
lower()	返回小写的字符串

在 Python 中,数字、英文、小数点、下划线和空格占一个字节;一个汉字可能会占 2~4 个字节,占几个字节取决于所采用的编码。汉字在 GBK/GB2312 编码中占 2 个字节,在 UTF-8/Unicode 编码中一般占用 3 个(或 4 个)字节。

【示例 4-28】在技术平台的会员注册中,要求会员名必须唯一,并且不区分字符的大小写,比如 jack 和 JACK 被认为是同一位用户。

```
#假设已经注册的会员名称保存在一个字符串中,以"@"进行分隔
username_1 = '@Berry@berry@strong@Strong@jack|'
username_2 = username_1.lower()     # 将会员名称字符串全部转换为小写
regname_1 = input('输入要注册的会员名称:')
regname_2 = '@' + regname_1.lower() + '@'     # 将要注册的会员名称全部转换为小写
ifregname_2 in username_2:     # 判断输入的会员名称是否存在
    print('会员名',regname_1,'已经存在!')
else:
    print('会员名',regname_1,'可以注册!')
```

运行结果：

输入要注册的会员名称：jack

会员名 jack 可以注册！

4.8.2　正则表达式处理字符串的步骤

正则表达式是处理字符串的强大工具，拥有自己独特的语法和处理引擎。正则表达式是由特殊符号组成的字符串，其中可包含一种或多种匹配模式。

Python 内置的字符串函数可以实现简单的字符串处理，但在复杂的文本场景下，正则表达式更加有效。

在 Python 中，使用正则表达式的一般步骤如下：

(1)根据正则表达式的语法创建正则表达式字符串，即模式字符串。

在 Python 中使用正则表达式时，是将其作为模式字符串使用的。例如，将匹配一个小写字母的正则表达式表示为模式字符串，可以使用引号将其括起来，例如，'[a-z]'。

在创建模式字符串时，可以使用单引号、双引号或者三引号，但更加推荐使用单引号，不建议使用三引号。

(2)将正则表达式字符串编译为 re.Pattern(模式)实例。

Python 提供了 re 模块，用于实现正则表达式的操作。在实现时，可以先使用 re 模块的 compile()方法将模式字符串转换为 Pattern 对象，再使用该对象提供的方法[例如，search()、match()、findall()等]进行字符串处理，也可以直接使用 re 模块提供的方法[例如，search()、match()、Findall()等]进行字符串处理。

re 模块在使用时，需要先应用 import 语句引入，具体代码如下：

import re

用 re 模块的 compile()方法将正则表达式字符串(也称为模式字符串)转换为 Pattern 对象。

compile()方法的语法如下：

re.compile(strPattern, flag)

参数说明如下：

strPattern：表示模式字符串，由要匹配的正则表达式转换而来。

flags：可选参数，表示标志位，用于控制匹配方式，如是否区分字母的大小写。flags 的可选值如下。

re.I (re.IGNORECASE)：忽略大小写。

re.M (MULTILINE)：多行模式，改变'^'和'$'的行为。

re.S (DOTALL)：点任意匹配模式，改变'.'的行为。

re.L (LOCALE)：使预定字符类 \w \W \b \B \s \S 取决于当前区域设定。

re.U (UNICODE)：使预定字符类 \w \W \b \B \s \S \d \D 取决于 unicode 定义的字符属性。

re.X (VERBOSE)：详细模式。这个模式下正则表达式可以是多行的，忽略空白字符，并可以加入注释。

返回值：Pattern 对象。该对象提供了 search()、match()、findall()、finditer()等方法用于

匹配字符。

(3)使用 Pattern 对象或者 re 模块的方法(如果使用该方法,则步骤 2 可以省略)处理文本并获得匹配结果,匹配结果为一个 match(匹配)对象。

(4)通过 match 对象提供的相应属性和方法获得信息。

【示例 4-29】匹配字符串开头的一个字母。

```
import re
a = "study"
patt = "[a-z]"
res = re.search(patt,a)
print(res.group())
patt = re.compile("^[a-z]")
res = re.match(patt,a)
print(res.group())
```

运行结果:

```
s
s
```

4.8.3 Python 支持的正则表达式语法

正则表达式通过不同的字符表示不同的语法规则,包括表示匹配对象的规则、匹配次数的规则和匹配模式的规则。

1. 匹配对象的规则

匹配对象的规则是指通过什么方式表示要匹配的字符串本身,如数字、字符。常用的匹配对象的规则如表 4-12 所示。

表 4-12 常用的匹配对象的规则

元字符	说明	示例
.	匹配除换行符以外的任意字符	'la.e':匹配 la 和 e 之间可以有任意一个字符,比如 lake、lame 等
\	表示转义字符,将正则表达式中的特殊符号转义为普通字符	'lo\.e'表示模式本身就是'lo.e',其中的".."不再表示任意字符对象
[...]	表示字符规则的集合。其中的字符集可以逐个列出,也可以列出范围	'[0-3]'表示规则包含 0~3 共 4 个字符 '[ov]':匹配"love"中的 o、v
[^...]	将^放在字符集的开始位置,则表示排除字符集中所列字符	'[^0-3]':匹配"1234"中的 4 字符 '[^ov]':匹配"love"中的 l、e
\d	匹配数字,相当于[0-9]	'\d':匹配 O2O 中的 2
\D	匹配非数字,相当于[^0-9]	'\D':匹配 O2O 中的 O、O
\s	匹配任意的空白符,包括\t 和\n,相当于[\t\n\r\f\v]	'\s':匹配"ho\nbby"中的\n

续表4-12

元字符	说明	示例
\S	匹配非空白符，相当于[^\t\n\r\f\v]	'\S':匹配"ho\nbby"中的 hobby
\w	匹配字母、数字、下画线和汉字，相当于[a-zA-Z0-9]	'\w':匹配 O2O\n 中的 O2O
\W	匹配非字母、数字、下画线和汉字，相当于[^a-zA-Z0-9]	'\W':匹配 O2O\n 中的\n
\b	匹配单词的开始或结束，单词的分界符通常是空格、标点符号或者换行	\bw:匹配"what is this? word"中 what 和 word 中的 w s\b:匹配"what is this? word"中 is 和 this 中的 s
\B	与\b相反，在内容左侧时表示匹配单词的结束；在内容右侧时表示匹配单词的开始，单词的分解符通常是空格，标点符号或者换行	w\B:匹配"what is this? word"中 what 和 word 中的 w \Bs:匹配"what is this? word"中 is 和 this 中的 s

2. 匹配次数的规则

匹配次数的规则是指匹配对象多少次，常用的表示匹配次数的规则如表 4-13 所示。

表 4-13 常用的匹配次数的规则

元字符	说明	示例
*	匹配前边的字符零次或更多次	go * gle,该表达式可以匹配的范围从 ggle 到 goo…gle
+	匹配前边的字符一次或更多次	go+gle,该表达式可以匹配的范围从 gogle 到 goo…gle
?	匹配前边的字符零次或一次	colou? r,该表达式可以匹配 color 和 colour
{n}	匹配前边的字符 n 次	go{2}gle,该表达式只匹配 google
{n,m}	匹配前边的字符 n 到 m 次	go{2,}gle,该表达式可以匹配的范围从 google 到 goo…gle

3. 匹配模式的规则

匹配模式的规则是指匹配以何种模式实现，如开头、结尾。常用的表示匹配模式的规则如表 4-14 所示。

表 4-14 常用的匹配模式的规则

元字符	说明	示例
^	表示匹配字符串的开头规则。在多行模式中,匹配每一行的开头	'^lo'表示字符串以 lo 开头,因此'love'可匹配该模式
$	表示匹配字符串结尾规则。在多行模式中,匹配每一行的末尾	've$'表示字符串以 ve 结尾,因此'love'可匹配该模式
|	表示多个规则中只要匹配一个规则即可	'[,|!]'表示规则包括感叹号和逗号,匹配任意一个字符即可

【示例 4-30】使用正则表达式验证用户输入的手机号码是否合法。

```python
import re                                    # 导入 Python 的 re 模块
mobile = input('请输入中国移动手机号码:')
pattern = r'(13[4-9]\d{8})|(15[01289]\d{8})$'
match = re.search(pattern, mobile)           # 进行模式匹配
if match = = None：                          # 判断是否为 None,为真表示匹配失败
    print(match.group(),'不是有效的中国移动手机号码。')
else：
    print(match.group()，'是有效的中国移动手机号码。')
```

运行结果：

请输入中国移动手机号码:13910329870

13910329870 是有效的中国移动手机号码。

4.8.4 使用正则表达式处理字符串

Python 提供了 re 模块,用于实现正则表达式的操作,使用正则表达式需要导入 Python 内置的 re 库。该库包含多个函数,这里介绍常用的函数 re.match()、re.findall()、re.split() 和 re.sub()的用法。

4.8.4.1 使用 re.match()进行匹配

match()方法用于指定文本模式和待匹配的字符串。从字符串的开始处进行匹配,如果在起始位置匹配成功,则返回 match 对象,否则返回 None。其语法格式如下：

re.match(pattern, string, [flags])

参数说明如下：

(1)pattern:表示模式字符串,由要匹配的正则表达式转换而来。

(2)string:表示待匹配的字符串。

(3)flags:可选参数,表示标志位,用于控制匹配方式,如是否区分字母大小写。常用的标志如表 4-15 所示。

表 4-15　常用的标志

标志	说明
A 或 ASCII	对于\w、\W、\b、\B、\d、\D、\s 和\S 只进行 ASCII 匹配(仅适用于 Python 3.x)
I 或 IGNORECASE	执行不区分字母大小写的匹配
M 或 MULTILINE	将^和$ 用于包括整个字符串的开始和结尾的每一行(默认情况下,仅适用于整个字符串的开始和结尾处)
S 或 DOTALL	使用".”字符匹配所有字符,包括换行符
X 或 VERBOSE	忽略模式字符串中未转义的空格和注释

在使用 match()方法时,如果匹配成功,则 match()方法返回 match 对象,然后可以调用对象中的 group()方法获取匹配成功的字符串,如果文本模式为一个普通的字符串,那么 group()方法返回的就是文本模式本身。

【示例 4-31】 re. match()方法的应用示例。

假设字符串 id_info 中的规则包含了 ID 值、用户等级、交税金额、自定义维度和日期。其中,ID58 为 ID 值,该 ID 后面的值为 1～＋∞的整数;high 为用户等级,这是一个字符串;3690 为交税金额,为整数;20210930 为交税日期,为固定的 8 位长度。

```
import re
id_info = "ID58high3690cd520210930"     # 定义字符串
re_match = re. match('^ ID(\d + )(\D * )(\d * )(\w{3})(\d{8})',id_info)
print((re_match. groups()))
```

运行结果:

```
('58', 'high', '3690', 'cd5', '20210930')
```

4. 8. 4. 2　使用 re. findall()函数进行匹配

findall()方法用于在整个字符串中搜索所有符合正则表达式的字符串,并以列表的形式返回(列表的每一个元素是一个分组的结果。如果不包括或者只包括一个分组,则每个元素都是匹配的字符串;而如果包括多个分组,则每个元素都是一个元组,空匹配也会包含在结果里)。如果匹配成功,则返回包含匹配结果的列表;否则返回空列表。其语法格式如下:

```
findall(string[, pos[, endpos]])
```

参数说明如下:

(1)string:待匹配的字符串。

(2)pos:可选参数,指定字符串的起始位置,默认为 0。

(3)endpos:可选参数,指定字符串的结束位置,默认为字符串的长度。

【示例 4-32】 利用 findall()方法搜索 IP 地址。

```
import re
pattern = r'([1-9]{1,3}(\. [0-9]{1,3}){3})'
str1 = '127. 0. 0. 1 202. 205. 80. 132'
match = re. findall(pattern, str1)
for i in match:
    print(i[0])
```

运行结果:

```
127. 0. 0. 1
202. 205. 80. 132
```

4. 8. 4. 3　使用 re. split()函数拆分字符串。

split()方法可以将字符串中与模式匹配的字符串都作为分隔符来分隔字符串,返回一个列表形式的分隔结果,每一个列表元素都是分隔的子字符串。即 re. split()函数按照指定的 pattern 格式,分割 string 字符串,返回一个分割后的列表。其语法格式如下:

```
re. split(pattern, string,maxsplit = 0, flags = 0)
```

函数参数说明如下:

(1)pattern:生成的正则表达式对象,或者自定义也可。

(2)string:要匹配的字符串。

（3）maxsplit：指定最大分割次数，不指定将全部分割。

【示例4-33】使用 re.split 拆分字符串。

```
import re
strs = "I like to write in,Python"    # 定义字符串
print("输出分隔后的字符串:",re.split('[ |! |,]', strs))
```

运行结果：

输出分隔后的字符串：['I', 'like', 'to', 'write', 'in', 'Python']

[]中的空格分隔符，不能写为' '，否则将被认为该分割符是两个单引号中间加空格。

4.8.4.4　使用 re.sub()函数替换字符串

re 库的 replace()方法也能实现替换操作，但只局限于固定对象的替换，正则表达式可实现基于规则的替换。其语法格式如下：

sub(pattern,repl,string,count = 0,flag = 0)

函数参数说明如下：

（1）pattern：正则表达式的字符串。

（2）repl：被替换的内容。

（3）string：正则表达式匹配的内容。

（4）count：由于正则表达式匹配的结果是多个的，使用 count 可限定替换的个数从左向右，默认值是 0，替换所有匹配到的结果。

（5）flags：是匹配模式，可以使用按位或者"|"表示同时生效，也可以在正则表达式字符串中指定。

【示例4-34】利用 sub()函数字符串替换示例。

```
import re
ret = re.sub(r"\d + ", '998', "python = 997,java = 996")
print(ret)
```

运行结果：

python = 998,java = 998

4.8.4.5　使用 search()函数匹配

通常使用 search()方法，该方法的参数与 match()方法的参数一致。其语法格式如下：

re.search(pattern, string, flags = 0)

函数参数说明如下：

（1）pattern：匹配的正则表达式。

（2）string：要匹配的字符串。

（3）flags：标志位，用于控制正则表达式的匹配方式，如是否区分大小写、多行匹配等。

匹配成功 re.search()方法返回一个匹配的对象，否则返回 None。可以使用 group(num)或 groups() 匹配对象函数来获取匹配表达式。

group(num＝0)匹配的整个表达式的字符串，group()函数可以一次输入多个组号，在这种情况下它将返回一个包含所对应值的元组。

groups()函数返回一个包含所有小组字符串的元组。

【示例 4-35】字符串搜索示例。

```
import re
line = "Cats are smarter than dogs";
searchObj = re. search(r'(. * ) are (. * ?). * ', line, re. M | re. I)
ifsearchObj:
    print("searchObj. group() : ", searchObj. group())
    print("searchObj. group(1) : ", searchObj. group(1))
    print("searchObj. group(2) : ", searchObj. group(2))
else:
    print("Nothing found!!")
```

运行结果:

searchObj. group() :Cats are smarter than dogs

searchObj. group(1) :Cats

searchObj. group(2) :smarter

re. match()方法与 re. search()方法的区别:re. match()方法只匹配字符串的开头,如果字符串的开头不符合正则表达式,则匹配失败,函数返回 None;而 re. search()方法匹配整个字符串,直到找到一个合适的匹配。

【示例 4-36】re. match()方法与 re. search()方法的区别示例。

```
import re
line = "Cats are smarter than dogs";
matchObj = re. match(r'dogs', line, re. M | re. I)
ifmatchObj:
    print("match -->matchObj. group() : ", matchObj. group())
else:
    print("No match!!")
matchObj = re. search(r'dogs', line, re. M | re. I)
ifmatchObj:
    print("search -->searchObj. group() : ", matchObj. group())
else:
print("No match!!")
```

运行结果:

No match!!

search -->searchObj. group() :dogs

☒ 本章小结

本章介绍了列表、元组、字典、集合、字符串等序列数据结构的特点和常用操作,主要内容如下。

(1)列表是有序可变序列,使用方括号"[]"作为定界符。元组是有序不可变序列,使用圆括号"()"作为定界符。字典是无序可变序列,使用花括号"{}"作为定界符,是一种"键/值"对的映射类型。集合是无序可变序列,使用花括号"{}"作为定界符。字符串是有序不可变序列,使用引号作为定界符。这些序列结构可以存储不同类型的数据。

(2)列表推导式提供了一种简洁的方法以创建列表,使用描述、定义的方式,结合循环和条件判断自动生成列表,具有强大的表达功能,是 Python 程序开发中应用最多的技术之一。

(3)列表、元组和字符串都支持双向索引和切片访问,字典支持按"键"访问,集合不支持索引和切片访问。

(4)字典的"键"和集合的元素都是唯一的,并且都必须是不可变的数据类型。

(5)序列对象可以被运算符、函数或对象方法操作。

(6)正则表达式使用的 4 个步骤以及正则表达式的语法和操作方法。

☒ 思考题

1. 编写代码,要求实现下面每一个功能。

li = ['swim', 'sing', 'dance']

(1)计算列表长度并输出。

(2)列表中追加元素'reading',并输出添加后的列表。

(3)请在列表的第 1 个位置插入元素'draw',并输出添加后的列表。

(4)请修改列表的第 2 个位置元素'play',并输出修改后的列表。

(5)请在列表中删除元素'sing',并输出删除后的列表。

(6)请删除列表中的第 2 个元素,并输出删除后的元素的值和删除元素后的列表。

(7)请使用 for 循环输出列表中的所有元素。

2. 利用循环语句,依次从键盘输入 6 个整数,并添加到列表 nums 中,然后完成下列操作。

(1)使用列表推导式建立 3 个列表 pos_list、neg_list、zero_list 分别保存正数、负数和零。

(2)统计正数、负数和零的个数,并依次输出统计结果。

3. 有如下元组,请按照功能要求实现每一个功能。

hobby = ('swim', 'sing', 'dance')

(1)计算元组的长度并输出。

(2)获取元组的第 2 个元素,并输出。

(3)获取元组的第 1~2 个元素,并输出。

(4)请用 for 输出元组的元素。

(5)请使用 enumerate 输出元组元素和序号(从 10 开始)。

4. 已知字典 dic_info={'姓名':'初心','地址':'北京','电话号码':'13456789128'}。

(1)分别输出字典 dic_info 中所有的"键"(key)、"值"(value)的信息。

(2)将字典 dic_info 中所有的"键"(key)、"值"(value)的信息分别以列表形式输出。

(3)输出字典 dic_info 中地址的值。

(4)修改字典 dic_info 中电话号码的值为'18987965858'。

(5)添加键值对"班级":'python',并输出。

(6)用两种方法删除字典 dic_info 中的地址键/值对。

(7)返回"工资"键对应的"值"信息,并观察返回后的结果。

（8）随机删除字典 dic_info 中的一个"键/值对"。

（9）清空字典 dic_info。

5. 编写英文月份词典。

有一位三年级的小朋友,总是记不住1～12月的英文单词。请你编写一个小工具,输入月份,就能输出对应的单词(提示:可以使用列表和索引)。

6. 输入一年中的某一天,判断这一天是这一年的第几天(输入格式:YYYY-MM-DD)。

7. 修改用户登录系统:用户名和用户密码存放在两个列表里。用 admin 超级用户登录后,可以进行添加,删除,查看用户的操作,退出。

（1）后台管理员 admin 密码 admin。

（2）管理员才能看到会员信息。

（3）会员信息包含:添加会员信息、删除会员信息和查看会员信息。

8. 某单位需要从编号100～999中抽取6名幸运儿现场观看冬奥会的滑冰比赛(生成一组100～999的不重复的随机数)。

9. 输入身份证号码,获取前两位数字对应的省份。

10. 统计《水调歌头·明月几时有》中每个字符出现的次数。

明月几时有? 把酒问青天。

不知天上宫阙,今夕是何年。

我欲乘风归去,又恐琼楼玉宇,高处不胜寒。

起舞弄清影,何似在人间。

转朱阁,低绮户,照无眠。

不应有恨,何事长向别时圆?

人有悲欢离合,月有阴晴圆缺,此事古难全。

但愿人长久,千里共婵娟。

11. 统计需要取快递人员的名单。

双十一过后,某公司每天都能收到很多快递,门卫小李想要编写一个程序统计一下收到快递的人员名单,以便统一通知。现在请你帮他编写一段 Python 代码,统计出需要取快递的人员名单(提示:可以通过循环一个一个地录入有快递的人员姓名,并且添加到集合中,由于集合有去重功能,这样最后得到的就是一个不重复的人员名单)。

12. 替换出现的违禁词。

在电商平台中,商品评价将直接影响着用户的购买欲望。对于出现的差评,好的解决方法就是及时给予回复。为了规范回复内容,在京东平台中会自动检查是否出现违禁词。本任务要求:编写一段 Python 代码,实现替换一段文字中出现的违禁词(提示:违禁词可以设置为唯一、神效等)。

13. 提取 E-mail 地址。

在发送电子邮件时,必须提供正确的 E-mail 地址。本任务要求:编写一段 Python 代码,从一段文本中提取出全部的 E-mail 地址(提示:E-mail 地址的规则为"收件人的用户名＋@＋邮件服务器名",其中邮件服务器名可以是域名或十进制表示的 IP 地址)。

14. 计算时间。要求是输入一个时间(时:分:秒),输出该时间在5分30秒后的时间。

第 5 章　函数

　　函数是一段封装好的、可以实现某种特定功能的 Python 程序,用户不需要关心程序的实现细节,通过函数名及其参数直接调用即可。

　　函数是实现特定功能的代码段,Python 内置了丰富的函数资源,在程序中调用这些函数可以完成很多工作。程序开发人员也可以根据实际应用的需要,将常用的功能自定义为函数,从而方便随时调用,并能提高应用程序的模块性和代码的重复利用率(复用率)。

　　有了函数,可将大块的代码巧妙合理地分割成容易管理(相同功能)和维护的小块。因此,函数最大的优点是增强了代码的重复利用性(重用性)和可读性。

　　Python 不但内置了很多有用的函数,可以直接调用,而且能灵活地自定义函数。

　　本章将对如何定义和调用函数以及函数的参数、变量的作用域、函数的递归与调用、函数式编程等进行详细介绍。

5.1　内置函数

　　Python 中内置了丰富的函数资源,可以用来进行数据类型转换与类型判断、统计计算、输入/输出操作等,使用“dir(__builtins__)”可以查看内置函数。

　　内置函数可以在程序中直接调用,其语法格式如下:

　　函数名(参数 1,参数 2,参数 3,…)

　　内置函数说明如下:

　　(1)调用函数时,函数名后面必须加一对圆括号。

　　(2)函数通常都有一个返回值,表示调用的结果。

　　(3)不同函数的参数个数不同,有的是必选的,有的是可选的。

　　(4)函数的参数值必须符合所要求的数据类型。

　　(5)函数可以嵌套调用,即一个函数可以作为另一个函数的参数。

　　前面章节中使用的 input()和 print()就是内置函数,Python 内置的标准函数可以直接使用。

5.2　自定义函数与调用

　　Python 除了可以直接使用标准函数外,还支持自定义函数。即通过将一段有规律的、重复的代码定义为函数,来达到"一次编写,多次调用"的目的。使用自定义函数可以提高代码的重复利用率。

5.2.1　函数的定义

函数定义的语法格式如下所示:

def function_name(argurnents)

关于函数定义的说明如下:

(1)函数代码块以 def 关键词开头,后接函数标识符名称和圆括号。

(2)function_name 是用户自定义的函数名称。

(3)arguments 是零个或多个参数,且任何传入参数必须放在圆括号内。如果有多个参数,则必须用英文逗号分隔。即使没有任何参数,也必须保留一对空的圆括号。括号后边的冒号表示缩进的开始。

(4)最后必须跟一个冒号,函数体从冒号开始,并且缩进。

(5)function_block 是实现函数功能的语句块。

(6)在函数体中,可以使用 return 语句返回函数代码的执行结果,返回值可以有一个或多个。如果没有 return 语句,则默认返回 None(空对象)。

(7)注释语句是可选的,主要用于说明函数的功能及参数含义等信息。

(8)如果想定义一个什么也不做的空函数,则可以使用 pass 语句作为占位符。

5.2.2　函数的调用

调用函数也就是执行函数。如果把创建的函数理解为创建一个具有某种用途的工具,那么调用函数就相当于使用该工具。

如果定义一个函数,但不调用,那么这个函数中的代码就不会运行。调用函数的语法如下:

function_name (argurnents)

参数说明如下:

function_name:函数名称,要调用的函数名称,必须是已经创建好的。

argurnents:可选参数,用于指定各个参数的值。如果需要传递多个参数值,则各个参数值间使用逗号分隔;如果该函数没有参数,则直接写一对圆括号即可。

5.2.3　函数的返回值

截至目前,创建的函数都只是暂时做一些事,做完了就会结束。但实际上,有时还需要对事情的结果进行获取。这就可以为函数设置返回值,从而将函数的处理结果返回给调用它的程序。

在 Python 中,可以在函数体内使用 return 语句为函数指定返回值。该返回值可以是任意类型,并且无论 return 语句出现在函数的什么位置,只要得到执行,就会直接结束函数的执行。

return 语句的语法如下:

return [value]

参数说明如下：

value 为可选参数，用于指定要返回的值，可以返回一个值，也可以返回多个值。为函数指定返回值后，在调用函数时，可以把它赋给一个变量（如 result），用于保存函数的返回结果。如果返回一个值，那么 result 中保存的就是返回的该值，它可以为任意类型。如果返回多个值，那么在 result 中保存的是一个元组。

当函数中没有 return 语句时，或者省略了 return 语句的参数时，将返回 None，即返回空值。

【示例 5-1】自定义函数名称为 fun_area 的函数，用于计算矩形的面积。该函数包括两个参数，分别为矩形的长和宽，返回值为矩形的面积。

```
#计算矩形面积的函数
def fun_area(width,height):
    if str(width).isdigit() and str(height).isdigit():      # 验证数据是否合法
        area = width * height    # 计算矩形面积
    else:
        area = 0
    return area      # 返回矩形的面积


w = 20      # 矩形的长
h = 15      # 矩形的宽
area = fun_area(w,h)      # 调用函数
print(area)
运行结果：
300
```

5.3 函数参数类型

在使用函数时，经常会用到形式参数和实际参数，两者都称为参数，下面将先通过形式参数与实际参数的作用来讲解二者之间的区别。

形式参数即形参，在使用 def 定义函数时，函数名后面的括号里的变量称作形式参数。

在调用函数时提供的值或者变量称作实际参数，实际参数简称实参。

形参和实参之间就像剧本选主角一样，剧本的角色相当于形式参数，而表演角色的演员就相当于实际参数。

定义函数时不需要声明形参的数据类型，Python 解释器会根据实参的类型自动推断形参的类型。

函数是可以传递参数的，当然也可以不传递参数。同样，函数可以有返回值，也可以没有返回值。

根据实际参数的类型不同，可以分为将实际参数的值传递给形式参数和将实际参数的引用传递给形式参数两种情况。其中，当实际参数为不可变对象时，进行的是值传递；当实际参数为可变对象时，进行的是引用传递。实际上，值传递和引用传递的基本区别就是：进行值传

递后,当改变形式参数的值时,实际参数的值不变;而在进行引用传递后,当改变形式参数的值时,实际参数的值也会一同改变。

5.3.1　固定(位置)参数传递

直接将实参赋给形参,根据位置做匹配,即严格要求实参的数量与形参的数量以及位置均相同。即调用函数时,实参和形参的数量必须相同,位置顺序也必须一致,即第 1 个实参传递给第 1 个形参,第 2 个实参传递给第 2 个形参,依此类推。

【示例 5-2】根据身高、体重计算 BMI 指数。

定义一个 fun_bmi()函数,该函数包括 3 个参数,分别用于指定姓名、身高和体重,再根据公式:BMI＝体重/(身高＊身高),计算 BMI 指数,并输出结果。

```
def fun_bmi(person,height,weight):
    print(person + "的身高为:" + str(height) + "米;体重:" + str(weight) + "千克")
    bmi = weight/(height * height)
    print(person + "的BMI指数为:" + str(bmi))
    # 判断身材是否正常
    if bmi < 18.5:
        print("你的体重过轻!")
    if bmi >= 18.5 and bmi < 24.9:
        print("正常范围,注意保持。")
    if bmi >= 24.9 and bmi < 29.9:
        print("你的体重过重!")
    if bmi >= 29.9:
        print("肥胖!")
# 函数定义
fun_bmi("李福", 1.78, 75)
```

运行结果:

李福的身高为:1.78 米;体重:75 千克

李福的 BMI 指数为:23.671253629592222

正常范围,注意保持。

5.3.2　默认参数传递

Python 支持默认值参数,即在定义函数时可以为形参设置默认值。调用带有默认值参数的函数时,如果没有给设置默认值的形参传值,则函数会直接使用默认值,也可以通过传递实参替换默认值。

根据键/值对的形式做实参与形参的匹配,通过这种形式直接根据关键字进行赋值,同时这种传参方式还有个优势,即调用函数时不要求输入参数在数量上的相等。

需要注意的是,定义函数时,默认值参数必须出现在形参表的最后,即任何一个默认值参数的右边都不能再出现没有默认值的普通位置参数,否则会提示语法错误。

默认值参数的定义格式如下。

```
def 函数名(…,形参名＝默认值):
    函数体
```

【示例 5-3】自定义函数 user_info,定义时设置默认参数,调用时验证其功能。

```
# 定义函数
def user_info(name,age,gender = '女'):
    print(f"您的名字是{name},年龄是{age},性别是{gender}")
# 调用函数
user_info('Tom',20)
user_info('Jack',18,'男')
```

运行结果:

您的名字是 Tom,年龄是 20,性别是女

您的名字是 Jack,年龄是 18,性别是男

定义函数时,为形式参数设置默认值时要注意,默认参数必须指向不可变对象。若使用可变对象作为函数参数的默认值,多次调用可能会导致意料之外的情况。

5.3.3　未知参数个数(可变)传递

对于某些函数,不知道传进来多少个参数,只知道对这些参数进行如何处理。Python 允许创造这样的函数,即未知参数个数的传递机制,只需要在参数前面加个"＊"就可以了。

通过 ＊arg 和 ＊＊kwargs 这 2 个特殊语法可以实现可变长参数。

＊arg 表示元组变长参数(参数名的前面有 1 个"＊"),可以以元组形式接收不定长度的实参。

＊＊kwargs 表示字典变长参数(参数名的前面有 2 个"＊"),可以以字典形式接收不定长度的键值对。

【示例 5-4】自定义函数 get_score,利用可变长参数,根据姓名同时查询多人的成绩。

```
def get_score( ＊names):
    result = []
    for name in names:
        score = std_sc.get(name, -1)
        result.append((name, score))
    return result


std_sc = {'Merry': 95, 'Jack': 76, 'Rose': 88, 'Xinyi': 65}
print(get_score('Merry'))
print(get_score('Jack', 'Rose'))
print(get_score('Merry', 'Xinyi', 'Jack'))
```

运行结果:

[('Merry', 95)]

[('Jack', 76), ('Rose', 88)]

[('Merry', 95), ('Xinyi', 65), ('Jack', 76)]

如果想要使用一个已经存在的列表作为函数的可变参数,可以在列表的名称前加"＊"。比如:

schoolname=['清华大学','北京大学','中国农业大学']

printschool(＊schoolname)

使用可变参数需要考虑形参位置的问题。如果在函数中,既有普通参数,也有可变参数,通常可变参数会放在最后。若可变参数放在函数参数的中间或者最前面,只是在调用函数时,将可变参数后面的普通参数用关键字参数形式传递参数。如果可变参数在函数参数的中间位置,而且为可变参数后面的普通参数传值时也不考虑使用关键字参数,那么就必须为这些普通参数指定默认值。

如果想要使用一个已经存在的字典作为函数的可变参数,可以在字典的名称前加"＊＊"。在传递参数时,字典和列表(元组)的主要区别是字典前面需要加 2 个星号(定义函数与调用函数时都需要加 2 个星号),而列表(元组)前面只需要加 1 个星号。

5.3.4　关键字参数传递

关键字参数是指使用形式参数的名字来确定输入的参数值。通过该方式指定实际参数时,不再需要与形式参数的位置完全一致,只要将参数名书写正确即可。这样可以避免用户需要牢记参数位置的麻烦,使得函数的调用和参数传递更加灵活方便,可以让函数更加清晰、容易使用,同时也清除了参数的顺序需求。

调用函数时,可以通过"形参名＝值"的形式传递参数,称为关键字参数。与位置参数相比,关键字参数可以通过参数名明确指定为哪个参数传值,因此参数的顺序可以与函数定义中的不一致。

使用关键字参数传参时,必须正确引用函数定义中的形参名称。

【示例 5-5】定义一个函数,可以通过关键字传递实际参数。

```
def user_info(name,age,gender):
    print(f"您的名字是{name},年龄是{age},性别是{gender}")
# 函数调用
user_info('Tom',age=20,gender='女')
user_info('Jack',gender='男',age=18)
```

运行结果:

您的名字是 Tom,年龄是 20,性别是女

您的名字是 Jack,年龄是 18,性别是男

当位置参数与关键字参数混用时,位置参数必须在关键字参数的前面,关键字参数之间可以不区分先后顺序。

5.4　变量的作用域

变量的作用域是指程序代码能够访问该变量的区域,如果超出该区域,再访问时就会出现错误。在程序中,一般会根据变量的"有效范围"将变量分为"全局变量"和"局部变量"。

5.4.1 局部变量

局部变量是指在函数内部定义并使用的变量,只在函数内部有效。即函数内部的名字只在函数运行时才会创建,在函数运行完毕之后,所有的名字就都不存在了。所以,如果在函数外部使用函数内部定义的变量时,就会显示 NameError 异常。

【示例 5-6】局部变量的使用示例。

```
def my_add(x, y):
    print("x = " + str(x) + ";" + "y = " + str(y))
    s = x + y
    return s
```

在函数内部定义的变量一般为局部变量,其作用范围限定在这个函数内,当函数执行结束后,局部变量会自动删除,不可以再访问。

5.4.2 全局变量

与局部变量对应,全局变量为能够作用于函数内外的变量。全局变量主要有以下两种情况:

(1)如果一个变量在函数外定义,那么不仅在函数外可以访问,在函数内也可以访问。在函数体以外定义的变量是全局变量。

(2)如果一个变量在函数体内定义,并且使用 global 关键字修饰后,该变量也就变为全局变量。在函数体外也可以访问该变量,并且在函数体内还可以对其进行修改。

在函数外部定义的变量称为全局变量,其作用范围是整个程序。全局变量可以在当前程序及所有函数中引用。

【示例 5-7】全局变量的使用示例,其中 global_num 是全局变量,my_add2()函数内部定义的 local_num 是局部变量。

```
def my_add2():
    local_num = 3    # 局部变量
    return global_num + local_num


global_num = 5    # 全局变量
print(my_add2())    # 结果:8
print(global_num)    # 结果:5
print(local_num)    # 报错,local_num 没有定义
```

当函数内的局部变量和全局变量重名时,该局部变量会在自己的作用域内暂时隐藏同名的全局变量,即局部变量起作用。

【示例 5-8】global 关键字使用示例。

```
def my_add4():
    global x    # 声明全局变量
    print(x)    # 结果:5
    x = 3    # 修改变量值
```

```
        return x + x


x = 5
print(my_add4())              # 结果:6
print(x)                      # 结果:3
```

通过 global 关键字可以在函数内定义或者使用全局变量。如果要在函数内部修改一个定义在函数外部的变量值,则必须使用 global 关键字将该变量声明为全局变量,否则会自动创建新的局部变量。

【示例 5-9】在函数内使用 global 关键字声明了对全局变量 x 的操作,将其值修改为 3。

```
def my_sum( * nums):
    print('nums:',nums)
    s = 0
    for n innums:
        s + = n
    return s


def my_sum2( * * nums):
    print('nums:',nums)
    s = 0
    for key innums:
        s + = nums[key]
    print('sum =',s)
```

5.5 函数的递归与嵌套

5.5.1 函数的递归

程序调用自身的编程方法称为递归(recursion)。递归调用是函数调用的一种特殊情况。函数反复地自身调用,直到某个条件满足时就不再调用了,然后一层一层地返回,直到该函数第一次调用的位置。

递归作为一种算法在程序设计语言中被广泛应用。一个过程或函数在其定义或说明中有直接或间接调用自身的一种方法,通常可以把一个大型复杂的问题层层转化为一个与原问题相似的、规模较小的问题进行求解。递归策略只需要少量的程序就可以描述出解题过程所需要的多次重复计算,大幅减少了程序的代码量。

递归必须有边界条件,即递归停止的条件。递归要有停止条件,否则函数将永远无法跳出递归,成了死循环。

【示例 5-10】应用递归函数计算 5!。

```
def fn(num):
    if num = = 1:
```

```
        result = 1
    else：
        result = fn(num-1) * num
    return   result
n = int(input("请输入一个正整数："))
print("%d！ = "%n, fn(n))
```

运行结果：

请输入一个正整数：5

5！ = 120

接下来,通过图来描述阶乘 5！算法的执行原理,如图 5-1 所示。

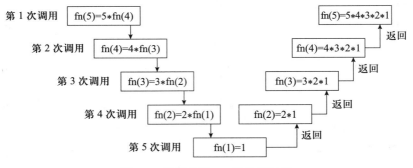

图 5-1   计算阶乘 5！的执行过程

由上述案例可以看出,递归函数具有如下特征。

(1)递归函数必须有一个明确的结束条件。

(2)递归的递推(调用)和回归(返回)过程,与入栈和出栈类似。这是因为在计算机中,函数的调用其实就是通过栈这种数据结构实现的。每调用一次函数,就会执行一次入栈,每当函数返回,就执行一次出栈。由于栈的大小是有限的,因此,递归调用的次数过多,会导致栈内存的溢出。

递归结构往往消耗内存较大,能用迭代解决的问题尽量不要用递归。

5.5.2   函数的嵌套

函数的嵌套是指在函数中调用另外的函数。这是函数式编程的重要结构,也是在编程中最常用的一种程序结构。

【示例 5-11】函数的嵌套调用示例。

```
# 计算三个数之和
def sum_num(a, b, c)：
    return a + b + c


# 求三个数平均值
def average_num(a, b, c)：
    sumResult = sum_num(a, b, c)
```

```
returnsumResult / 3

result = average_num(1, 2, 3)
print(result)
```
运行结果：
```
2.0
```

5.6 函数式编程

函数式编程（functional programming）是一种抽象程度较高的编程范式，它的一个重要特点是编写的函数中没有变量。这就解决了在函数中定义、使用变量导致的输出不确定等问题。

函数式编程的另一个特点是可以把函数作为参数传入另一个函数。然而，Python 的函数式编程中允许使用变量，因此 Python 不是纯函数式编程语言，它对函数式编程提供部分支持。

函数式编程编写的代码将数据、操作、返回值等都放在一起，使代码更加简洁。例如，在循环中不会定义太多的变量，大大简化了代码。

5.6.1 lambda 匿名函数

匿名函数是指不一定显式地给出函数名称的函数，调用一次或几次后就不再需要的函数，属于"一次性"函数。Python 中允许用 lambda 关键字通过表达式的形式定义一个匿名函数。lambda 表达式的首要用途是指定短小的回调函数。

lambda 表达式可以用来声明匿名函数，即没有函数名称的、临时使用的短小函数，尤其适用于将一个函数作为另一个函数的参数的场合。

匿名函数体比 def 定义的函数简单得多，在 lambda 表达式中只能封装有限的逻辑。除此之外，lambda 函数拥有自己的命名空间，且不能访问自有参数列表之外或全局命名空间中的参数。

匿名函数的语法格式如下：

［返回的函数名］= lambda 参数列表：函数返回值表达式语句

参数说明如下：

（1）函数名是可选项。如果没有函数名，则表示这是一个匿名函数。

（2）可以接收多个参数，但只能包含一个表达式，表示式中不允许包含复合语句（带冒号和缩进的语句）。

（3）lambda 表达式拥有自己的命名空间，不能访问自有参数列表外或全局命名空间内的参数。

（4）lambda 表达式相当于只有一条 return 语句的短小函数，表达式的值作为函数的返回值。

函数的参数是 lambda 表达式的参数，表达式的计算结果相当于函数的返回值。lambda 表达式尤其适合需要一个函数作为另一个函数参数的场合。

例如，"func= lambda x：<expression（x）>"通过 lambda 表达式的形式创建了一个函数，这个函数有一个参数"x"，真正对"x"的处理是冒号后面的"<expression（x）>"。这与通过"def"关键字定义一个函数是一样的。

【示例 5-12】假如要编写函数实现计算多项式 x^2+y^2 的值,可以简单地定义一个 lambda 函数来完成这个功能,并进行调用。

```
Sum_of_squares = lambda x, y: x * x + y * y
print(Sum_of_squares(3,4))
```

运行结果:

25

总体来看,函数和匿名函数在简单功能的实现上差别不大。但是,当功能复杂时,用函数实现会更加有效。例如,功能带有循环、条件、复制等多种操作,此时用匿名函数只能勉强实现部分功能,复杂的逻辑无法表达出来,所以匿名函数在写法、可理解性、灵活性和功能上都差很多。因此,二者在不同的应用场景下各有优势。

使用 lambda 表达式时,需要定义一个变量,用于调用该 lambda 表达式,否则将输出对象的地址。

与 def 定义的函数相比,与 lambda 创建的匿名函数有如下区别:

(1)def 创建的函数是有函数名称的,lambda 没有函数名。

(2)lambda 返回的结果通常为一个对象或者一个表达式,它不会将结果赋值给一个变量,而 def 可以。

(3)lambda 只是一个表达式,函数体比 def 简单很多。

(4)lambda 表达式的冒号后面只有一个表达式,def 可以有多个。

(5)像 if、while、for 等语句不能用于 lambda,而 def 可以。

5.6.2 map()函数

map()函数用于快速处理序列中的所有元素。map()函数需要两个参数,第一个是具体处理序列的函数,称为映射函数;第二个是序列,序列可以是多个,具体须根据映射函数的需要来决定。对序列中每个元素进行操作,最终获取新的序列。

map()函数的语法格式如下:

结果序列 = map(映射函数,序列 1[,序列 2,…])

【示例 5-13】假设有两个整数序列,且需要对序列中对应的元素求和。

```
result = map(lambda x,y:x + y, [0,1,2,3,4],[5,6,7,8,9])
print("输出 map 对象:\n",result)
print("输出 map 对象列表:\n",list(result))
```

运行结果:

输出 map 对象:

<map object at 0x00000000026A23C8>

输出 map 对象列表:

[5,7,9,11,13]

在上述例子中,第 1 行的映射函数是由 lambda 表达式定义的两个数求和,需要两个参数,因此有两个序列,这里是两个列表。若对一个列表求绝对值,比如 list(map(abs,[-1,3,4,-5])),只需一个列表就可以了。

map()函数将两个列表对应的元素分别相加之后,返回一个 map 对象"＜map object at 0x00000000026A23C8＞",可以将这个对象转换成一个列表,运行列表果为"[5,7,9,11,13]"。

5.6.3 reduce( )函数

在 Python 3 中,reduce( )函数被放到了 functools 模块中,因此在使用之前需要从 functools 库中导入。它可以接收一个函数或匿名函数和一个列表对象,把函数或匿名函数依次作用在列表的每两个元素上,并进行操作,再将得到的元素与第 3 个元素进行操作,依此类推到一个结果并返回。reduce( )函数可以替换 for 循环,实现功能迭代计算。

reduce( )函数常用于将序列中的元素从左到右依次传递给映射函数处理。reduce( )函数的应用模式为 reduce(函数,可迭代对象)。其中函数名为预先定义好的函数或直接由 lambda 定义的匿名函数表达式,函数或匿名函数必须接收 2 个参数。可迭代对象为可以直接迭代取出的序列对象,如列表、元组和生成器。

reduce( )函数首先取出序列的第 1 个和第 2 个元素作为参数传递给函数,得到的返回结果与第 3 个参数一起作为参数传递给函数。依此类推,直到所有的序列元素处理完毕,得到的最终结果就是 reduce( )函数的最终返回结果。

reduce( )函数的语法格式如下:

结果序列 = reduce(映射函数,序列 1[,序列 2,…])

【示例 5-14】利用 reduce( )函数对序列求和。

```
from functools import reduce
print(reduce(lambda x,y:x + y, [1,2,3,4]))
```

运行结果:

```
10
```

在上述例子中,reduce( )函数首先根据 lambda 表达式定义的函数,将列表中的前两个元素取出来,并执行求和操作,得到的值为"3";然后将"3"与第 3 个元素"3"传递给 lambda 表达式,得到的值为"6";依此类推,最终得到的值为列表所有元素的和"10"。

对比 reduce( )与 map( )函数的差异点:在功能上,reduce( )函数实现了对每两个元素的操作,然后与后续元素做操作,map( )函数实现了对每个元素的单独操作;在函数或匿名函数的定义上,reduce( )函数要求必须传入 2 个参数,而 map( )函数要求 1 个参数。在返回结果上,reduce( )函数是一个对象,具体类型取决于函数或匿名函数定义;map( )函数则是一个可迭代对象。

5.6.4 filter( )函数

filter( )函数是对序列中的元素进行筛选,最终获取符合条件的序列。它的使用形式与 map( )函数很像,都是由两部分构成的。第一部分是过滤函数,返回值是一个布尔值;第二部分是待处理的序列,序列中的每个元素会依次传递给过滤函数,过滤函数返回为 True 的所有元素组成结果序列,作为 filter( )函数的返回值。

filter( )函数的语法格式如下:

结果序列 = filter(映射函数,序列 1[,序列 2,…])

【示例 5-15】通过 filter( )函数在一个列表中过滤奇数。

```
result = filter(lambda x:x%2, [1,4,7,2,5,8,3,6,9])
print("输出 filter 对象:\n",result)
print("输出 filter 对象奇数列表:\n",list(result))
```
运行结果：

输出 filter 对象：

＜filter object at 0x0000000001D465C0＞

输出 filter 对象奇数列表：

[1, 7, 5, 3, 9]

过滤函数仍然通过 lambda 表达式定义，并对列表中的所有元素依次处理，最终返回 filter 对象"＜filter object at 0x0000000001D465C0＞"。将 filter 对象转换为列表，得到的结果为"[1, 7, 5, 3, 9]"。

总体来看，map()函数用于全体处理每个元素；reduce()函数用于全体元素的积累操作，例如累加、累减、组合等；filter()函数用于基于不同条件的过滤，如类型、数值大小、字母或数字等。以上三者用途不同。

5.6.5 zip()函数

zip()函数将对序列中的元素执行打包操作。它将几个列表作为参数，依次将对应位置上的元素打包成元组，并且将生成的所有元组放到一个列表中返回。

zip()函数的语法格式如下：

返回列表 = filter(列表 1[,列表 2,…])

【示例 5-16】zip()函数的应用。

```
result = zip([0,1,2,3,4],[5,6,7,8,9])
print("输出 zip 对象:\n",result)
print("输出 zip 对象列表:\n",list(result))
```
运行结果：

输出 zip 对象：

＜zip object at 0x00000000028E96C8＞

输出 zip 对象列表：

[(0, 5), (1, 6), (2, 7), (3, 8), (4, 9)]

在上述例子中，zip()函数将 2 个列表"[0,1,2,3,4],[5,6,7,8,9]"对应下标的元组打包成 5 个元组，最终返回 1 个 zip 对象"＜zip object at 0x00000000028E96C8＞"。如果将这个 zip 对象转换成列表，则得到打包之后的结果为"[(0, 5), (1, 6), (2, 7), (3, 8), (4, 9)]"。

☒ 本章小结

本章介绍了函数的定义与使用，主要内容如下：

(1)函数能够提高应用程序的模块性和代码的重复利用率。

(2)定义函数时通常需要指定若干形参，调用函数时需要通过实参传递数据，Python 解释器会根据实参的数据类型自动推断形参的类型。传递不同的实参可以得到不同的返回结果，增加了程序的灵活性。

（3）传递参数时，既可以使用位置参数，也可以使用关键字参数。关键字参数作用是可以让函数更加清晰、容易使用，同时也清除了参数的顺序需求。前者要求实参和形参的顺序必须严格一致，实参和形参的数量必须相同；后者可以按形参名称赋值，参数的顺序可以与函数定义中的不一致。

（4）定义函数时可以为参数设置默认值，默认值参数的作用是当调用函数时没有传递参数，就会使用默认值作为缺省参数对应的值。默认值参数必须出现在形参表的最后。调用函数时，如果没有传值，则函数会直接使用该参数的默认值。

（5）不定长参数的作用是当调用函数不确定参数个数时，可以使用不定长参数。调用函数时，如果需要传递不同数目的参数，则可以在函数定义中使用可变长参数。

（6）变量作用域规定了变量起作用的代码范围。通常，在函数体中使用的变量为局部变量，在函数体外使用的变量为全局变量。通过 global 关键字可以在函数内定义或者使用全局变量。

（7）lambda 表达式相当于只有一条 return 语句的函数，通常声明为匿名函数，作为另一个函数的参数。

（8）递归调用是函数调用自身的一种特殊应用。递归必须有边界条件，即递归终止的条件。

（9）map() 函数通过映射快速处理序列中的所有元素。

（10）reduce() 函数是将一个数据集合（列表、元组等）中所有的数据进行下列操作：用传给 reduce() 中的函数 func() 先对集合中的第 1、2 个数据进行操作，得到结果后再与第 3 个数据用 func() 函数运算，最后得到一个结果。

（11）filter() 函数的功能是用于过滤序列，去掉不符合条件的元素，最后返回的结果包含调用结果为 True 的元素，即返回一个 filter() 对象。

（12）zip() 函数将对序列中的元素执行打包操作。

思考题

1. 人民币的汇率换算。随着我国和世界经济发展的融合度越来越高，人民币和其他国家的货币交换越来越频繁。请编写一段 Python 代码，实现输入人民币金额后，输出对应的美元、英镑、欧元和日元的金额。

2. 模拟歌手打分程序。在歌咏比赛中，打分流程为评委对歌手打分，计算平均分时，需要去掉一个最高分，去掉一个最低分，然后输出平均分。本任务要求：帮助组委会编写一个歌手打分程序，输入评委的打分（评委至少有 3 人），输出平均分，核心部分用带可变参数的函数实现。

3. 应用 lambda 表达式对商品信息进行排序。

假设采用爬虫技术获得某商城的秒杀商品信息[('斯凯瑞童年故事',22.50,120),('Python 程序设计',65.10,89.80),('四世同堂',23.40,36.00),('黑猫警长',22.50,128)]，并保存在列表中，现需要对这些信息进行排序，排序规则是优先按秒杀金额升序排列，有重复的再按折扣比例降序排列。本任务要求编写一段 Python 代码，应用 lambda 表达式实现对商品信息按指定的规则进行排序。

4. 假设用户输入的英文名字不规范,没有按照首字母大写,其余字母小写的规则。利用 map()函数,把一个 list(包含若干不规范的英文名字)变成一个包含规范英文名字的 list。

input:['adam', 'LISA', 'barT']

output:['Adam', 'Lisa', 'Bart']

5. 请利用 filter()过滤出 1～100 中平方根是整数的数据,结果应该如下:

[1, 4, 9, 16, 25, 36, 49, 64, 81, 100]

6. 一个数如果恰好等于它的因子之和,这个数就称为"完数"。例如,6=1+2+3。请编程找出 1 000 以内的所有完数。

7. 使用元组记录某地一周的最高温度和最低温度,统计这一周的最高温度、最低温度和每日平均温度,并依次输出统计结果。

第6章 面向对象编程基础

面向对象编程（object oriented programming，OOP）是一种程序设计思想。自 20 世纪 60 年代提出面向对象的概念至今，它已经发展成为一种比较成熟的编程思想，并且逐步成为目前软件开发领域的主流技术。比如，我们经常听说的面向对象编程就是主要针对大型软件设计而提出的，它可以使软件设计更加灵活，并且能更好地进行代码复用。这些优势主要来自于面向对象程序设计的三个基本特性：封装性、继承性、多态性。

Python 从设计之初就已经是一门面向对象的语言，它可以很方便地创建类和对象。本章将详细介绍面向对象程序设计的相关内容。

6.1 类和对象

6.1.1 类

类是用来描述具有相同属性和方法的对象的集合。它定义了该集合中每个对象所共有的属性和方法。如人类、电器类、蔬菜类、水果类。

在 Python 使用 class 关键字定义类时，关键字之后有一个空格，然后类的名称，最后一个冒号，换行定义类的内部实现。

6.1.2 对象

对象是某个具体的实物，也可以说万物皆对象，对象拥有自己的特征和行为，如你手中的手机、你身边的某台计算机、你用的水杯等等。

从概念层面讲，就是某种事物的抽象（功能）。抽象原则包括数据抽象和过程抽象两个方面：数据抽象就是定义对象的属性，过程抽象就是定义对象的操作。

6.1.3 类和对象的关系

类是对象的类型，对象是类的实例，二者相辅相成。类是抽象的概念，而对象是一个你能够摸得着、看得到的实体。

类与对象的关系：用类去创建（实例化）一个对象。开发中，先有类，才有对象。

6.2　类的定义和实例化

类是一个数据结构,类定义数据类型的数据(属性)和行为(方法)。对象是类的具体实体,也可以称为类的实例(instance)。

在 Python 中,类称为类对象(class object);类的实例称为实例对象(instance object),如 Student 类。而实例是根据类创建出来的一个具体的"对象",每个对象都拥有相同的方法,但各自的数据可能不同。

6.2.1　类的定义

在 Python 中,通过 class 关键字定义类,在使用类时一般需要先实例化,然后才能调用实例化后的类的方法和属性等。

定义类的语法格式如下。

class ClassName:

　　　类体

class 后面紧接着是类名,比如 ClassName,类名通常是以大写字母开头的单词。类名为有效的标识符,命名规则一般为多个单词组成的名称,每个单词除第一个字母大写外,其余的字母均小写。

类体由缩进的语句块组成。

定义在类体内的元素都是类的成员。类的主要成员包括两种类型,即描述状态的数据成员(属性)和描述操作的函数成员(方法)。

定义类时,用变量形式表示的对象属性称为数据成员或者属性(成员变量),用函数形式表示的对象行为称为成员函数(成员方法)。成员属性和成员方法统称为类的成员。

【示例 6-1】类的定义示例。

```
class Student:
    name = "木子"
    def study(self):
        print("哈哈,我正在学习中")
```

6.2.2　类的实例化

类是抽象的,如果要使用类定义的功能,就必须实例化类,即创建类的对象。

在创建实例对象后,可以使用运算符"."来调用其成员,创建类的对象、创建类的实例、实例化类等说法是等价的,都说明以类为模板生成了一个对象的操作。

比如定义好了 Student 类,定义完类后,并不会真正创建一个实例。语法格式如下:

obj = Student()

定义了具体的对象后,并通过"对象名.成员"的形式访问其中的数据成员或者成员方法。

【示例 6-2】类的创建与实例化。

```
# class 声明一个类
class Student:
    name = '木子'
```

```
    def funcA(self):     # self 是 class 内创建函数自带第一个位置的参数,命名可自定义
        print("正在学习中")
x = Student()       # 实例化对象
print(x.name)       # 输出对象的属性
x.funcA()           # 调用对象的方法
```

运行结果:

木子

正在学习中

注意:在 Python 中创建实例,不使用 new 关键字。

6.3　实例与类的对象属性

　　类的数据成员是在类中定义的成员变量(域),用来存储描述类的特征值,称为属性。属性可以被该类中定义的方法访问,也可以通过类对象或实例对象进行访问。在函数体或代码块中定义的局部变量只能在其定义的范围内进行访问。

　　属性实际上是在类中的变量。Python 变量不需要声明,可直接使用。建议在类定义的开始位置初始化类的属性,或者在构造函数__init__()中初始化实例属性。

6.3.1　实例对象属性

　　实例对象属性,也称为实例对象变量,是指通过"self. 变量名"定义的属性。类的每个实例都包含了该类的实例对象变量一个单独的副本,实例对象变量属于特定的实例。实例对象变量在类的内部通过 self 访问,在外部通过对象实例访问。

　　实例对象属性一般在__init__()方法中通过如下形式初始化:

self. 实例变量名=初始值

　　然后,在其他实例函数中,通过 self 访问:

self . 实例变量名=值　　　# 写入 self. 实例变量名

self . 实例变量名　　　　　# 读取

　　或者,创建对象实例后,通过对象实例访问:

obj =类名()　　　　　　　# 创建对象实例

obj. 实例变量名=值　　　# 写入

obj. 实例变量名　　　　　# 读取

【示例 6-3】实例对象属性应用示例。

```
classStudent:                           #定义类 Student
    def __init__(self, name,age):       #__init__方法
        self.name = name                #初始化 self.name,即成员变量 name
        self.age = age                  #初始化 self.age,即成员变量 age
    def say_hello(self):                #定义类 Student 的函数 say_hi()
        print('您好,我叫', self.name)   #在实例方法中通过 self.name 读取成员
                                           变量 name
```

```
obj = Student ('木子',18)                #创建对象
obj. say_hello ()                        #调用对象的方法
print(obj. age)                          #通过 obj. age 读取成员变量 age
运行结果：
您好，我叫 木子
18
```

6.3.2　类对象属性

Python 也允许声明属于类对象本身的变量，即类对象属性，也称为类属性、类变量、类对象变量或静态属性。类属性属于整个类，不是特定实例的一部分，而是所有实例之间共享一个副本。

对象属性一般在类体中通过如下形式初始化。

类变量名＝初始值

然后，在其类定义的方法中或外部代码中通过类名访问。

类名. 类变量名＝值　　# 写入

类名. 类变量名　　# 读取

【示例 6-4】类对象属性的应用。

```
class Student：
    count = 0                    # 定义属性 count,表示计数
    name = "初心"                # 定义属性 name,表示名称

Student. count + = 1             # 通过类名访问,将计数加 1
print(Student. count)            # 类名访问,读取并显示类属性
print(Student. name)             # 类名访问,读取并显示类属性
obj1 = Student()                 # 创建实例对象 1
obj2 = Student()                 # 创建实例对象 2
print((obj1. name, obj2. name))  # 通过实例对象访问,读取成员变量的值
Student. name = "木子"           # 通过类名访问,设置类属性值
print((obj1. name, obj2. name))  # 读取成员变量的值
obj1. name = "孟欣怡"            # 通过实例对象访问,设置实例对象成员变量的值
print((obj1. name, obj2. name))  # 读取成员变量的值
运行结果：
1
初心
('初心'  '初心')
('木子'  '木子')
('孟欣怡'  '木子')
```

6.3.3　实例对象属性与类对象属性的区别与联系

类对象属性与实例对象属性的区别表现在以下 3 个方面。

（1）所属的对象不同：类对象属性属于类对象本身，可以由类的所有实例共享，在内存中只存在一个副本；实例对象属性则属于类的某个特定实例。如果存在同名的类对象属性和实例对象属性，则两者相互独立、互不影响。

（2）定义的位置和方法不同：类对象属性是在类中所有成员方法外部以"类名．属性名"形式定义的，实例对象属性则是在构造方法或其他实例方法中以"self．属性名"形式定义的。

（3）访问的方法不同：类对象属性是通过类对象以"类名．属性名"形式访问的，实例对象属性则是通过类实例以"对象名．属性名"形式访问的。

类对象属性与实例对象属性的共同点和联系表现在以下 3 个方面。

（1）类对象和实例对象都是对象，它们所属的类都可以通过__class__属性来获取，类对象属于 type 类，实例对象则属于创建该实例时所调用的类。

（2）类对象和实例对象的属性值都可以通过__dict__属性来获取，该属性的取值是一个字典，每个字典元素的关键字和值分别对应属性名与属性值。

（3）如果要读取的某个实例对象属性不存在，但在类中定义了一个与其同名的类对象属性，则 Python 就会以这个类对象属性的值作为实例对象属性的值，同时还会创建一个新的实例对象属性。此后修改该实例对象属性的值时，将不会影响同名的类对象属性。

6.4 成员属性与成员方法

封装是面向对象的主要特性。所谓封装，是把客观事物抽象并封装成对象，即将数据成员、属性、方法和事件等集合在一个整体内。

通过访问控制可以隐藏内部成员，但只允许可信的对象访问或操作自己的部分数据或方法。封装保证了对象的独立性，可以防止外部程序破坏对象的内部数据，同时便于程序的维护和修改。

6.4.1 成员属性

成员属性根据访问限制，可以分为私有属性和公有属性。

Python 类的成员没有访问控制限制，这与其他面向对象的程序设计语言不同。通常约定使用两个下画线开头，但是不以两个下画线结束的属性是私有的（private），其他为公共的（public）。不能直接访问私有属性，但可以在方法中访问。

Python 中通过一对前缀下画线"__"的属性名来定义私有属性。

__private_attrs：两个下划线开头，声明该属性为私有的，不能在类的外部被使用或直接访问。

在类内部的方法中使用 self. private_attrs。

【示例 6-5】私有属性与公有属性的定义。

```
class Custom(object):
    def __init__(self, name, money):
        self. name = name
        self. __money = money
c = Custom('tom', 100)
print(c. name)
```

```
print(c.__money)
```

运行结果：

```
Traceback (most recent call last):
tom
  File "C:/python_demo/demo.py", line 13, in <module>
    print(c.__money)
AttributeError: 'Custom' object has no attribute '__money'
```

在 Custom 类中，实现了两个属性，其中 name 是普通属性，__money 属性是私有属性。在通过类对象访问私有属性__money 时，代码报错了，说明我们不可以在类的外部访问类的私有属性。

但是，如果这个私有属性已经定义好了，又需要在外部知道私有属性的值，那应该怎么处理呢？

有些属性我们不希望在创建对象时直接传值，因为可能会出现"脏"数据（比如存款不能是负数），应该怎么避免呢？

这时，可以设置一对包含 get 和 set 的方法来给外部调用。

【示例 6-6】私有成员的访问。

```
class Custom(object):
    def __init__(self, name):
        self.name = name
    def get_money(self):
        return self.__money
    def set_money(self, money):
        if money > 0:
            self.__money = money
        else:
            self.__money = 0
            print('参数值错误！')
c = Custom('tom')
print(c.name)
c.name = 'TOM'
print(c.name)
c.set_money(-100)
c.set_money(100)
print(c.get_money())
```

运行结果：

```
tom
TOM
参数值错误！
100
```

非私有属性可以在类的外部访问和修改,而私有属性只能通过包含 set 的方法来修改。在方法里加上数据判断的逻辑代码,先判断数据的有效性,再将数据赋值给属性,避免"脏"数据出现。此时,要在外面查看私有属性的值,可以通过包含 get 的方法来获取。

Python 对象中包含许多以双下画线开始和结束的方法,称之为特殊属性,比如__class__,可以返回其所属的类。

6.4.2　成员方法

1. 类的成员方法定义

方法是与类相关的函数,类方法的定义与普通的函数一致。

一般情况下,类方法的第一个参数一般为 self,这种方法称之为对象实例方法。对象实例方法对类的某个给定的实例进行操作,可以通过 self 显式地访问该实例。除了 self 不用传递,其他参数正常传入即可。

成员方法的声明格式如下:

def 方法名(self,[形参列表]):

　　　函数体

对象实例方法的调用格式如下:

对象 . 方法名(实参列表)

值得注意的是,虽然类方法的第一个参数为 self,但调用时,用户不需要也不能给该参数传值。事实上,Python 自动把对象实例传递给该参数。

成员方法和 Python 中的函数有以下区别。

(1)函数实现的是某个独立的功能,而实例方法是实现类中的一个行为,是类的一部分。

(2)类的方法必须有一个额外的第一个参数名称,按照惯例它的名称为 self。self 代表的是类的实例,代表当前对象的地址,而 self.class 则指向类。

2. 类方法的使用

通过类的实例名称和"."操作符进行访问,即 instanceName. functionName()。

【示例 6-7】类方法的应用示例。

```python
class Student(object):
    def __init__(self,name,age):
        self.name = name
        self.age = age

    def print_tell(self):
        print('%s:%d'%(self.name,self.age))
stu_1 = Student('初心',18)
stu_1.print_tell()
```

运行结果:

初心:18

我们从外部看 Student 类,就只需要知道,创建实例需要给出 name 和 age,而如何打印等都是在 Student 类的内部定义的,这些数据和逻辑被"封装"起来了,很容易调用,却不用知道内部实现的细节。

3. 构造函数和析构函数

构造函数(方法)是创建对象的过程中被调用的第一个方法,通常用于初始化对象中需要的资源,比如初始化变量。

类可以起到模板的作用,因此,可以在创建实例的时候,把一些我们认为必须绑定的属性强制填写进去。通过定义一个特殊的 __init__ 方法,在创建实例时,把 name、age 等属性绑上去。

在定义构造方法时,需要在方法名的两侧加两个下画线,构造方法名为 init。完整的构造方法是 __init__()。

__init__()是一个特殊的方法,属于类的专有方法,被称为类的构造函数或初始化方法,方法的前面和后面都有两个下画线。这是为了避免 Python 默认方法和普通方法发生名称的冲突。每当创建类的实例化对象时,__init__()方法都会默认被运行。其作用就是初始化已实例化后的对象。

注意:特殊方法"__init__"前后分别为两个下画线。

__init__方法的第一个参数永远是 self,表示创建的实例本身。因此,在 __init__ 方法内部,就可以把各种属性绑定到 self 上,因为 self 就指向创建的实例本身。

有了 __init__ 方法,在创建实例时,就不能传入空的参数了,必须传入与 __init__ 方法匹配的参数,但 self 不需要传递,Python 解释器自动将实例变量传进去。

和普通的函数相比,在类中定义的函数只有一点不同,就是第一个参数永远是实例变量 self,并且调用时不用传递该参数。除此之外,类的方法和普通函数没有什么区别。因此,仍然可以使用默认参数、可变参数、关键字参数和命名关键字参数。

Python 中,类的析构函数 __del__()用来释放对象占用的资源。当一个对象被删除时,Python 解释器会默认调用 __del__()方法。

【示例 6-8】初始化函数 __init__()的应用。

```python
class Student():
    def __init__(self,Name, Sex):
        self.name = Name
        self.sex = Sex
        print(self.__class__)      # 验证初始化是否执行
    def showInfo(self,country):
        print('我是:',self.name, ',性别:',self.sex, '来自', country)
xiaoming = Student("李红","女")
xiaoming.showInfo('中国')      # 调用对象的方法
```

运行结果:

```
<class '__main__. Student '>
我是:李红,性别:女 来自 中国
```

构造方法包括创建对象和初始化对象,在 Python 中分两步执行:第一步,先执行 __new__();第二步,执行 __init__()。

在上面的 Student 类中,每个实例都拥有各自的 name 和 age 等数据,可以通过函数来访问这些数据。

但是,既然 Student 实例本身就拥有这些数据,要访问这些数据,就没有必要通过外面的函数去访问,可以直接在 Student 类的内部定义访问数据的函数,这样就把"数据"给封装起来了。这些封装数据的函数是和 Student 类本身关联起来的,被称为类的方法。

4. 私有方法的定义与访问

私有方法和私有属性类似,方法名有两个前缀下画线"__",则表明该方法是私有方法。

__private_method:以两个下画线开头,声明该方法为私有方法,不能在类的外部调用。在类的内部调用 self. __private_methods。

【示例 6-9】类的私有方法的定义与使用。

```
class Interviewer(object):
    def __init__(self):
        self.wage = 0
    def ask_question(self):
        print('ask some question! ')
    def __talk_wage(self):
        print('Calculate wage ! ')
    def talk_wage(self):
        if self.wage > 20000:
            print('too high! ')
        else:
            self.__talk_wage()
            print('welcome to join us! ')
me = Interviewer()
me.ask_question()
me.__talk_wage()
me.wage = 30000
me.talk_wage()
print('-' * 20)
me.wage = 15000
me.talk_wage()
```

运行结果:

```
ask some question!
too high!
--------------------
Calculate wage !
welcome to join us!
```

在上面的类中,ask_question()方法是普通的方法,在类的外部可以直接调用,__talk_wage()方法是私有方法,只能在类的内部使用,如果在外部调用代码则报错。

要在外部调用__talk_wage()，只能间接地通过普通方法 talk_wage()来调用。由此可以看出，这与私有属性类似，Python 约定使用两个下画线开头，但不以两个下画线结束的方法是私有的(private)，其他的方法为公共的(public)。以双下画线开始和结束的方法是 Python 专有的特殊方法，特殊方法通常在针对对象的某种操作时自动调用。

5. 私有方法的作用和说明

私有属性和私有方法只能在类内部使用。定义私有方法和私有属性的目的主要有两个：保护数据或操作的安全性，向使用者隐藏核心开发细节。虽然私有属性和私有方法不能直接从外部访问和修改，但是通过间接的方法还是可以获取的，也可修改。

这说明，在 Python 类中，没有真正的私有属性和私有方法。

不过，这并不是说私有属性和私有方法没有用。首先，外部不能直接使用；其次，我们可以在访问私有属性和私有方法的间接方法中做一些必要的验证或干扰，以保证数据的安全性，隐藏私有方法的实现细节。

6. 方法重载

在其他程序设计语言中方法是可以重载的，即可以定义多个重名的方法，只要保证方法签名是唯一的。方法签名包括 3 个部分：方法名、参数数量和参数类型。

但 Python 本身是动态语言，方法的参数没有声明类型（调用传值时确定参数的类型），参数的数量由可选参数和可变参数来控制。故 Python 对象需要重载，定义一个方法即可实现多种调用，从而实现相当于其他程序设计语言的重载功能。

【示例 6-10】方法重载的应用示例。

```
class Student：      # 定义类 Student
    def say_hi(self, name = None)：    # 定义类方法 say_hi
        self. name = name    # 把参数 name 赋值给 self. name，即成员变量 name（域）
        if name = = None：
            print('您好！')
        else：
            print('您好，我叫', self. name)
obj = Student()          #创建对象
obj. say_hi()            #调用对象的方法，无参数
obj. say_hi('孟欣怡')      #调用对象的方法，带参数
```

运行结果：

您好！

您好，我叫 孟欣怡

在 Python 类体中可以定义多个重名的方法，虽然不会报错，但只有最后一个方法有效。因此，建议不要定义重名的方法。

6.5　类的继承与多态

6.5.1　类的继承与多重继承

1. 继承的概念

继承是面向对象的程序设计中代码重用的主要方法。继承源于人们认识客观世界的过程,是自然界普遍存在的一种现象。

在现实生活中,继承一般指的是子女继承父辈的财产。那么在程序中,继承描述的是事物之间的所属关系。例如猫和犬都属于动物,程序中可以描述为猫和犬都继承自动物。在程序设计中实现继承,表示这个类拥有它继承的类的所有公有成员。

在面向对象编程中,被继承的类称为父类或基类,新的类称为子类或派生类。通过继承不仅可以实现代码的重用,还可以通过继承来理顺类与类之间的关系。

在 Python 中,可以在类定义语句中于类名的右侧使用一对圆括号将要继承的基类名扩起来,从而实现类的继承。

具体的语法如下:

class ClassName(baseclasslist):

　　statement

参数说明如下:

ClassName:用于指定类名。

baseclasslist:用于指定要继承的基类,可以有多个,类名之间用逗号","分隔。如果不指定,将使用所有 Python 对象的根类 object。

statement:类体,主要由类变量(或类成员)、方法和属性等定义语句组成。如果在定义类但没确定类的具体功能时,也可以在类体中直接使用 pass 语句代替。

声明派生类时,必须在其构造函数中调用基类的构造函数。调用格式如下:

基类名 . __init__(self,[参数列表])

super( ) . __init__([参数列表])

【示例 6-11】创建基类 Animal,包含两个数据成员 name 和 age;创建派生类 Dog,包含一个数据成员 color。

```python
# 动物类
class Animal(object):
    def __init__(self,name,age):
        self.name = name
        self.age = age

    def eat(self,food):
        print(f"我是{self.name},{self.age}岁,爱吃:{food}")
```

```
# 创建 Dog 类
class Dog(Animal):        # 从 Animal 继承
    def __init__(self, name, age, color):      # 构造函数
        Animal.__init__(self, name, age)        # 调用基类构造函数
        self.color = color      # 颜色

    def eat(self, food):
        Animal.eat(self, food)      # 调用基类的 eat()方法
        print(f"我是{self.name}, 颜色是{self.color}, 爱吃:{food}")

lala = Animal("拉普拉多", 3)      # 实例化对象
lala.eat("鱼罐头")
jinmao = Dog('金毛', 2, '金黄')
jinmao.eat('牛肉罐头')
```

运行结果:

我是拉普拉多,3 岁,爱吃:鱼罐头

我是金毛,2 岁,爱吃:牛肉罐头

我是金毛,颜色是金黄,爱吃:牛肉罐头

基类(父类)的成员都会被派生类继承,当基类中的某个方法不完全适用于派生类时,就需要在派生类中重写基类的这个方法。

通过继承,派生类继承基类中除构造方法之外的所有成员。如果在派生类中重新定义从基类继承的方法,则派生类中定义的方法将覆盖从基类中继承的方法。

2. 多重继承

如果在继承中列了一个以上的类,则被称作"多重继承"。

```
class A:        # 定义类 A
...
Class B:        # 定义类 B
...
class c(A,B):      # 继承类 A 和 B
...
```

注:需要注意圆括号中基类的顺序,如果继承的基类中有相同的方法名,而在子类中使用时未指定,Python 将从左至右查找基类中是否包含方法。

【示例 6-12】多重继承应用示例。

```
class A(object):
    def __init__(self, name):
        self.name = name


class B(object):
    def __init__(self, age):
```

```
        self.age = age

class C(A,B):
    def __init__(self,name,age):
        A.__init__(self,name)
        B.__init__(self,age)

# 实例化对象
c = C('Marry',20)
print(c.name)
print(c.age)
```
运行结果：
```
Marry
20
```
在基类中定义的普通属性和普通方法，子类都继承了，子类可以直接使用，但是基类中的私有属性和私有方法是子类无法直接使用的，因为子类不会继承基类的私有属性和私有方法。如果想要访问，可以通过间接方式访问。

【示例 6-13】私有方法、私有属性不能被子类继承的示例。
```
class Person(object):
    def __init__(self,age):
        self.__age = age
    def age(self):       # 通过封装,继承的子类通过访问此方法来访问私有属性
        return self.__age
    def __set_age(self,age):     # 私有方法,子类也无法直接访问
        self.__age = age     # 但 Person 类可以访问内部的私有方法
    def setAge(self,age):      # 子类的实例可以正常调用此方法
        self.__set_age(age)
class Student(Person):
    # def dis(self):
    #     print(self.__age)     # 此处会报错,因为无法直接访问父类的私有属性
    def dis(self):
        print(self.age())      # 增加 age()方法调用父类的私有属性/私有方法

if __name__ == "__main__":
    stu = Student(18)
    stu.dis()
    stu.setAge(20)
stu.dis()
```

运行结果：
18
20

6.5.2 多态与多态性

1. 多态的概念及应用

派生类具有基类的所有非私有数据和行为，以及新类自己定义的所有其他数据或行为，即子类具有两个有效类型：子类的类型及其继承的基类的类型。对象可以表示多个类型的能力称为多态性。

多态性允许每个对象以自己的方式去响应共同的消息，从而允许用户以更明确的方式建立通用软件，提高软件开发的可维护性。

从编程的角度来说，实现多态，需要以下 3 个步骤：

（1）定义基类，并提供公共方法。

（2）定义子类，并重写基类方法。

（3）传递子类对象给调用者，可以看到不同子类执行效果不同。

【示例 6-14】多态的概念示例。

```python
class Animal：
    def run(self)：
        raise AttributeError('子类必须实现这个方法，否则报错。')


class Cat(Animal)：
    def run(self)：
        print("猫可以行走。")


class Pig(Animal)：
    def run(self)：
        print("猪可以走。")


class Dog(Animal)：
    def run(self)：
        print("狗可以走。")


ooc = Cat()
oop = Pig()
ood = Dog()


ooc.run()
oop.run()
ood.run()
```

运行结果：

猫可以行走。

猪可以走。

狗可以走。

2. 多态性的概念及应用

多态性指具有不同功能的函数可以使用相同的函数名，这样就可以用一个函数名调用不同内容的函数。

专业的说法是，向不同的对象发送同一条消息，不同的对象在接收时会产生不同的行为（方法），即每个对象可以用自己的方式去响应共同的消息。

例如：在桌面上单击鼠标的右键，选中"我的电脑"之后，单击鼠标的右键在当前打开的 Word 文档中单击鼠标的右键。这样 3 个不同的对象，发出鼠标的右键被按下后产生的菜单不一样。

所谓消息就是调用函数，不同的行为就是指不同的实现，即执行不同的函数。

【示例 6-15】多态性的应用。

```python
class Animal:
    def run(self):
        raise AttributeError('子类必须实现这个方法，否则报错。')


class Cat(Animal):
    def run(self):
        print("猫可以行走。")


class Pig(Animal):
    def run(self):
        print("猪可以走。")


class Dog(Animal):
    def run(self):
        print("狗可以走。")


ooc = Cat()
oop = Pig()
ood = Dog()
#利用多态行：定义统一接口。
deffunc(obj):
    obj.run()


func(ooc)
func(oop)
func(ood)
```

☒ 本章小结

本章主要介绍了面向对象的编程基础知识,比如类的定义与实例化、类的继承与多态等。

(1)类是用来描述具有相同的属性和方法的对象的集合。对象是类的实例。类与对象的关系,是用类去创建(实例化)一个对象。开发中,先有类,才有对象。

(2)通过 class 定义类,并创建类的实例为类名()。

(3)在构建析构函数时,__init__()必须包含一个 self 参数,指向实体本身的引用。

(4)创建实例方法并访问,其中实例对象属性是定义在类的方法中的属性,类属性是定义在类中并且在函数体外的属性。

(5)在访问限制方面,首尾双下画线表示定义特殊的方法,一般是系统使用名字。双下画线表示 private(私有的)类型的成员,只允许定义该方法的类本身进行访问。

(6)类方法的第一个参数一般为 self,这种方法称为对象实例方法。对象实例方法对类的某个给定的实例进行操作,可以通过 self 显式地访问该实例。

(7)在 Python 中,可以在类定义语句中于类名的右侧使用一对圆括号将要继承的基类名扩起来,从而实现类的继承。

☒ 思考题

1. 创建 Dog 类,并进行初始化调用。满足如下要求:

(1)创建 Dog 类。

(2)规定有 4 条腿。

(3)都有颜色,都会叫。

(4)都有姓名和颜色。

(5)都会叫,并且说自己有几条腿。

2. 定义一个学生类。有如下类属性:姓名、年龄、成绩(语文、数学、英语)[每课成绩的类型为整数]。

类方法:

(1)获取学生的姓名:get_name()返回类型:str。

(2)获取学生的年龄:get_age()返回类型:int。

(3)返回 3 门科目中最高的分数。get_course()返回类型:int。

写好类以后,可以定义 2 个同学进行测试。

zhangsan = Student('张三',22,[70,80,90])

3. 创建一个包含实例对象属性的汽车类。

汽车通常包括车型(rank)、颜色(color)、品牌(brand)以及行驶里程(mileage)等属性,还可以包括设置和获取行驶里程的方法。

本任务要求:编写一个汽车类,该类包括上述属性(要求为实例对象属性)和方法,然后实现以下功能。

(1)创建两辆汽车类的实例,分别输出它们的属性。

(2)调用汽车类的方法设置行驶里程,再读取最终的行驶里程输出。

4. 创建基类及其派生类。

本任务要求:创建人(Person)类,再创建两个派生类。具体要求如下。

(1)在人基类中,包括类属性 name(记录姓名)和方法 work(输出现在所做的工作)。

(2)创建一个派生类 Student,在该类的 __init__()方法中输出"我是学生",并且重写 work()方法,输出所做的工作。

(3)创建第二个派生类 Teacher,在该类的 __init__()方法中输出"我是老师",并且改变类属性 name 的值,然后再重写 work()方法,输出所做的工作。

(4)分别创建派生类的实例,然后调用各自的 work()方法,并且输出类属性的值。

5. 创建四边形基类并且在派生类中调用基类的 __init__()方法。

本任务要求:编写一个四边形类、平行四边形类和矩形类。其中,平行四边形类继承自四边形类,矩形类继承自平行四边形类。要求在平行四边形类中调用基类的 __init__()方法,但是在矩形类中不调用基类的 __init__()方法。

第7章　文件操作与数据处理

党的二十大报告指出，要坚持把发展经济的着力点放在实体经济上，推进新型工业化，加快建设制造强国、质量强国、航天强国、交通强国、网络强国、数字中国。数字中国建设进展中，对数据的保存提出更高的要求。文件是数据持久存储的重要方式。Python 的数据分析涉及从不同来源、不同类型的文件中获取数据、处理数据并将处理结果保存到文件中。本章介绍常用文本文件的读取与数据处理的操作方法。

7.1　文件与文件操作

在程序执行过程中，可以将整型、浮点型、字符串、列表、元组、字典以及集合等类型的数据赋值给变量进行处理，处理结果可以通过 print 语句显示在屏幕上。这些数据都临时存储在内存中，退出程序或关机后，数据就会丢失。如果要持久地存储数据或数据处理的结果，就需要将数据保存到文件中。当程序运行结束或关机后，存储在文件中的数据不会丢失，以后还可以重复使用，并且可以在不同程序之间共享。

7.1.1　文件数据的组织形式

文件是数据的抽象和集合，是数据持久存储的重要方式。日常工作中经常使用的 Excel、记事本、数据库文件、图像文件以及音视频文件等都以不同的形式存储在外部存储设备（如硬盘、U 盘、光盘等），程序在执行过程中需要使用这些数据时，再从外存读入内存。

按数据的组织形式，文件分为文本文件和二进制文件。

1. 文本文件

文本文件存储的是字符串，采用单一特定编码（如 UTF-8 编码），由若干文本行组成，通常每行都以换行符"\n"结尾。扩展名为".txt"".csv"等格式的文件都是常见的文本文件，在Windows 系统中可以用记事本查看和编辑。

2. 二进制文件

二进制文件把信息以字节串的形式进行存储，无法直接用记事本等普通的文本处理软件编辑和阅读，需要进行解码才能正确地显示、修改或执行。图像文件、音视频文件和可执行文件等都属于二进制文件。

在 Python 程序中，除了可以直接操作".txt"格式的文件，还可以通过 Python 标准库和丰富的第三方库所提供的方法对多种格式的文件进行管理和操作。

7.1.2　文件的操作方法

文件操作的作用就是把一些内容(数据)存储起来,可以让程序下一次执行的时候直接使用,而不必重新制作一份,省时省力。

编写程序对计算机本地文件进行操作的步骤如下:

(1)打开文件:通过 open()函数,需指定要打开的文件的路径和名称,创建一个文件对象。

(2)通过文件对象对文件内容进行读取、写入、修改、删除等操作:使用如 read()、readline()、readlines()、write()等函数。

(3)关闭并保存文件:使用 close()函数。

1. 文件的打开

对文件操作之前需要用 open()函数打开文件,打开之后将返回一个文件对象(file 对象)。如果指定的文件不存在、访问权限不够、磁盘空间不足或其他原因导致的创建文件对象失败,则抛出异常。

open()函数的语法格式如下:

```
file_object = open(file, mode, encoding)
```

功能:根据指定的操作模式打开文件,并返回一个文件对象。

参数说明如下:

(1)file:用字符串表示的文件名称。如果文件不在当前目录中,则需要指定文件路径。

(2)mode:文件打开模式,常用的文件打开模式如表 7-1 所示。默认模式为"r",表示以只读方式打开文本文件。以不同模式打开文件,文件指针的初始位置不同,文件的处理策略也有所不同。例如,以只读方式打开的文件无法进行写入操作。

表 7-1　常用的文件打开模式

模式	描述
r	以只读方式打开文件。文件的指针将会放在文件的开头。这是默认模式
w	打开一个文件只用于写入。如果该文件已存在,则打开文件,并从开头开始编辑,即原有内容会被删除。如果该文件不存在,创建新文件
a	打开一个文件用于追加。如果该文件已存在,文件指针将会放在文件的结尾。也就是说,新的内容将会被写入到已有内容之后。如果该文件不存在,创建新文件进行写入
b	二进制模式
+	读、写模式,可与其他模式组合使用,如 r+、w+、a+都表示可读可写

(3)encoding:字符编码格式。可以使用 Python 支持的任何格式,如 ASCII、CP936、GBK、UTF-8 等。读写文本文件时应注意编码格式的设置,否则会影响内容的正确识别和处理。

调用 open()函数时,如果要打开的文件在当前目录下,则第一个参数可以直接使用文件名,否则需要在文件名中包含路径,文件路径中的分隔符"\"需要加转义符"\\"。为减少路径分隔符的输入,可以在包含路径的文件名前面加上"r"或"R",表示使用原始字符串。

```
f = open("data.txt", "r")          # 以只读模式打开当前目录下的文件
f = open(r"c:\data.txt", "w")      # 以写模式打开 c 盘中的文件
f = open("c:\\data.txt", "w")      # 文件路径中加转义字符
```

执行成功后,会返回一个文件对象,如上面的变量 f,利用文件对象可以进行文件的读写操作。如果指定的文件不存在或者因访问权限不够等原因而导致无法创建文件对象,则会抛出异常。

2. 数据的读取方法

数据的读取方法如表 7-2 所示。

表 7-2　数据读取方法描述

方法	描述
read([size])	读取文件所有内容,返回字符串类型,参数 size 表示读取的数量,以 byte 为单位,可以省略
readline([size])	读取文件一行的内容,以字符串形式返回,若定义了 size,则读出一行的部分
readlines([size])	读取所有的行到列表里[line1, line2, …, linen](文件每一行是 list 的一个成员),参数 size 表示读取内容的总长

【示例 7-1】读取 txt 文件。

所读取的 txt 文件内容如图 7-1 所示。

图 7-1　【示例 7-1】txt 文件内容

```
file = open("再别康桥.txt", mode = 'r')
content = file.read()
print(content)
file.close()
```

运行结果：

再别康桥

作者:徐志摩

轻轻的我走了，

正如我轻轻的来；

我轻轻的招手，

作别西天的云彩。

那河畔的金柳，

是夕阳中的新娘；

波光里的艳影，

在我的心头荡漾。

软泥上的青荇，

油油的在水底招摇；

在康河的柔波里，

我甘心做一条水草!

那榆荫下的一潭，

不是清泉,是天上虹；

揉碎在浮藻间，

沉淀着彩虹似的梦。

寻梦? 撑一支长篙,

【示例 7-2】读取 txt 文件时指定读取数量

```
file = open("再别康桥.txt",mode = 'r')
content = file.read(2)
print(content)
file.close()
```

运行结果：

再别

注意:readlines()读取后得到的是每行数据组成的列表,一行样本数据全部存储为一个字符串,换行符也未去掉。另外每次用完文件后,都要关闭文件,否则文件就会一直被 Python 占用,不能被其他进程使用。

3. 文件的关闭

用 open()函数打开文件,执行读写操作后,需要使用文件对象的 close()方法关闭文件,才能够将文件操作的结果保存到文件中。例如,关闭打开的文件对象 f 所使用的语句 f.close()。

文件在打开并操作完成之后应及时关闭,否则程序的运行可能会出现问题。在打开的文

本文件中写入数据时,Python 出于效率的考虑会先将数据临时存储在缓冲区,只有使用 close()
方法关闭文件时,才会将缓冲区中的数据真正写入文件。

4. 上下文管理语句

使用 with 语句进行文件读写可以自动管理资源,不论出于何种原因跳出 with 代码块,
with 语句总能保证文件被正确关闭。例如:

```
with open(filename,mode, encoding) as f:      #这里可以通过文件对象 f 进行文件
                                               访问
```

7.2 CSV 文件读取与写入操作

CSV 文件也称为字符分隔值(comma separated values,CSV)文件,因为分隔符除了逗号,
还可以是制表符。CSV 是一种常用的文本格式,用以存储表格数据,包括数字或者字符。
CSV 文件具有如下特点:

(1)纯文本,使用某个字符集,例如 ASCI1、Unicode 或 GB2312。

(2)以行为单位读取数据,每行一条记录。

(3)每条记录被分隔符分隔为字段。

(4)每条记录都有同样的字段序列。

7.2.1 读取 CSV 文件

Python 内置了 CSV 模块,import csv 之后就可以读取 CSV 文件了。

Python 提供了 CSV 标准库,通过 CSV 模块的 writer()函数和 reader()函数可以创建用
于读写 CSV 文件的对象,方便地进行 CSV 文件访问。

1. writer(fileobj)

功能:根据文件对象 fileobj 创建并返回一个用于写操作的 CSV 文件对象。调用该 CSV
文件对象的 writerow()方法或 writerows()方法可以将一行或多行数据写入 CSV 文件。

2. reader (iterable)

功能:根据可迭代对象 iterable(如文件对象或列表)创建并返回一个用于读取操作的
CSV 文件对象。该 CSV 文件对象每次可以迭代 CSV 文件中的一行,并将该行中的各列数据
以字符串的形式存入列表后再返回该列表。

【示例 7-3】文件的读取。

```
import csv
with open("studentinfo.csv",'r') as f:
    csv_reader = csv.reader(f)
    rows = [row for row in csv_reader]
for item in rows:
    print(item)
f.close()
```

运行结果:

['学号', '姓名', '性别', '班级']

['20210101', '初心', '女', '大数据 01']

['20210201', '步忘', '男', '智能 01']

['20210301', '梦想', '男', '区块链 01']

csv_reader 是一个可迭代对象,它每次迭代 CSV 文件中的一行,并将该行中的各列数据以字符串的形式存入列表后再返回该列表。

7.2.2 CSV 文件写入与关闭

1. 文件的写入

write()函数用于向文件中写入指定字符串,同时需要将 open()函数中文件打开的参数设置为'w'。其中,write()是逐次写入的,writelines()可将一个列表中的所有数据一次性写入文件。如果有换行需要,则需要在每条数据后增加换行符,同时用"字符串.join()"的方法将每个变量数据联合成一个字符串,并增加间隔符"\t"。此外,对于写入 CSV 文件的 write()方法,可以调用 writerow()函数将列表中的每个元素逐行写入文件。

【示例 7-4】文件的写入。

```
import csv
content = [
    ['学号','姓名','性别','班级'],
    ['20210101','初心','女','大数据 01'],
    ['20210201','步忘','男','智能 01'],
    ['20210301', '梦想', '男', '区块链 01']
]
f = open("studentinfo.csv",'w',newline = '')
content_out = csv.writer(f)
for con in content:
    content_out.writerow(con)
f.close()
```

运行结果如图 7-2 所示。

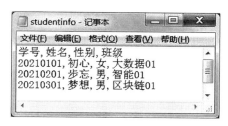

图 7-2 【示例 7-4】运行结果

在本例中,content 是一个嵌套列表,包含 4 个子列表,第一个子列表是说明信息,第二到第四个子列表分别对应 3 条记录。open()函数中的参数 newline 用于控制通用换行模式,其值可以是 None、''、'\n '、'\r'和'\r\n '。"newline＝"表示禁用通用换行符,否则会在每行内容的后面插入一个空行。

2. 关闭文件

文件操作完毕,一定要使用关闭文件函数,以便释放资源供其他程序使用。

7.3 数据处理

7.3.1 数据的维度

数据在被计算机处理前需要进行一定的组织,表明数据之间的基本关系和逻辑,进而形成"数据的维度"。

根据数据的关系不同,数据组织可以分为:一维数据、二维数据和高维数据。

一维数据:由对等关系的有序或无序数据构成,采用线性方式组织,对应于数学中数组的概念。

二维数据:也称表格数据,由关联关系数据构成,采用二维表格方式组织,对应于数学中的矩阵,常见的表格都属于二维数据。

高维数据:由键/值对类型的数据构成,采用对象方式组织,可以多层嵌套。

高维数据在 Web 系统中十分常用,作为当今 Internet 组织内容的主要方式,高维数据衍生出 HTML、XML、JSON 等具体数据组织的语法结构。

高维数据与一维数据和二维数据相比,可以表达更加灵活和复杂的数据关系。

7.3.2 一维和二维数据的处理

1. 一维数据的处理

一维数据是最简单的数据组织类型,由于是线性结构,在 Python 中主要采用列表形式表示。比如个人爱好就可以用一个列表变量表示。

hobby ＝['运动','读书','跳舞','唱歌']

一维数据的文件存储主要是采用特殊字符分隔各个数据。比如采用空格分隔元素、采用逗号分隔元素、采用换行分隔元素、其他特殊符号分隔(以分号分隔为例)。在这 4 种方法中,逗号分隔的存储格式称为 CSV 格式,它是一种通用的、相对简单的文件格式,在商业和科学上广泛应用,大部分编辑器都支持直接读取或保存文件为 CSV 格式,如 Windows 平台上的记事本或微软 Office Excel 等。存储的文件一般采用". csv"为扩展名。

一维数据保存成 CSV 格式后,各元素采用逗号分隔,形成一行,这里的逗号是半角逗号。从 Python 表示到数据存储,需要将列表对象输出为 CSV 格式以及将 CSV 格式读取成列表对象。

列表对象输出为 CSV 格式文件方法中,采用字符串的 join()方法最为方便。

对一维数据进行处理首先需要从 CSV 格式文件读取一维数据,并将其表示为列表对象。需要注意,从 CSV 文件中获得内容时,最后一个元素后面包含了一个换行符("\n")。对于数据的表达和使用来说,这个换行符是多余的,需要采用字符串的 strip()方法去掉数据尾部的换行符,进一步使用 split()方法以逗号进行分割。

一维数据采用简单的列表形式表示,一维数据的处理与列表类型操作一致。

【示例 7-5】将爱好列表的数据写入 CSV 文件后读出,显示。

```
hobby = ['运动','读书','跳舞','唱歌']
f = open("hobby.csv","w")
f.write(",".join(hobby) + "\n")
f.close()
f_new = open("hobby.csv","r")
ls = f_new.read().strip("\n").split(".")
f_new.close()
print(ls)
```

运行结果:

['运动,读书,跳舞,唱歌']

2. 二维数据的处理

二维数据由多个一维数据构成,可以看作是一维数据的组合形式。因此,二维数据可以采用二维列表表示,即列表的每个元素对应二维数据的一行,这个元素本身也是列表类型,其内部各元素对应这行中的各列值。

二维数据由一维数据组成,用 CSV 格式文件存储。CSV 文件的每一行是一维数据,整个 CSV 文件是一个二维数据。

二维数据存储为 CSV 格式,需要将二维列表对象写入 CSV 格式文件并将 CSV 格式读取成二维列表对象。

对二维数据进行处理首先需要从 CSV 格式文件读取二维数据,并将其表示为二维列表对象。

【示例 7-6】读取 score.csv 中的数据,统计分析成绩的平均值,并打印出结果。

```
import csv
scores = []      # 创建空列表,用于储存从 CSV 文件中读取的成绩信息
csvfilepath = 'score.csv'
with open(csvfilepath, newline = '') as f:     # 打开文件
    f_csv = csv.reader(f)     # 创建 csv.reader 对象
    headers = next(f_csv)      # 标题
    for row in f_csv:     # 循环打印各行(列表)
        scores.append(row)
print("原始记录:",scores)
scoresData = []
for rec in scores:
    scoresData.append(int(rec[2]))
print("成绩列表:",scoresData)
print("平均成绩:",sum(scoresData)/len(scoresData))
```

运行结果：

原始记录：[['20220101', '申志凡', '99'], ['20220102', '冯默风', '78'], ['20220103', '石双英', '84'], ['20220104', '史伯威', '101']]

成绩列表：[99，78，84，101]

平均成绩：90.5

本章小结

本章主要介绍了基于 Python 的文件操作和数据处理。

（1）文件是数据的抽象和集合，文件方式可以持久地保存数据。Python 通过标准库和丰富的第三方库提供了多种格式文件的管理与操作。

（2）Python 程序对计算机本地文件进行操作的一般步骤为：打开文件并创建文件对象；通过文件对象进行文件内容的读取、写入、删除、修改等操作；关闭文件并保存文件的内容。

（3）对于文件访问操作，推荐使用上下文管理语句 with，不论出于何种原因而跳出 with 代码块，with 语句总能保证文件被正确关闭。

（4）在数据库或电子表格中，CSV 是最常见的导入/导出格式，它以一种简单明了的方式存储和共享数据，Python 的 CSV 标准库提供了 CSV 文件的读写方法。

（5）根据数据的关系不同，数据组织可以分为：一维数据、二维数据和高维数据。

（6）一维数据采用简单的列表形式表示，一维数据的处理与列表类型操作一致。

（7）对二维数据进行处理首先需要从 CSV 格式文件读取二维数据，并将其表示为二维列表对象。

思考题

1. 编写一个注册程序，要求用户输入用户名、密码、密码确认、真实姓名、E-mail 地址、找回密码问题和答案进行注册，将注册信息保存到文本文件"user. txt"中，并显示所有注册信息。

2. 读取"score. txt"中的数据（假设文件中存储若干成绩，每行一个成绩），统计分析成绩的个数、最高分、最低分以及平均分，并把结果写入"result. txt"文件中。

3. 葡萄酒的价格是与其品质相关的，根据提供的数据对白葡萄酒品质进行分析与处理。

（1）查看白葡萄酒总共分为几种品质等级。

（2）按白葡萄酒等级将数据集划分为 7 个子集，并统计每种等级的数量。

（3）计算每个数据集中 fixed_acidity 的均值。

第8章　模块、包及库的使用

Python 提供了强大的模块支持,主要表现为不仅在 Python 标准库中包含了大量的模块(称为标准模块),而且还有很多第三方模块,另外开发者自己也可以开发自定义模块。通过这些强大的模块支持将极大地提高程序开发人员的开发效率。但是随着程序的不断变大,为了便于维护,需要将其分为多个文件,这样可以提高代码的可维护性。另外,使用模块还可以提高代码的可重用性。

Python 中的库是借用其他编程语言的概念,没有特别具体的定义,Python 库着重强调其功能性。在 Python 中,具有某些功能的模块和包都可以被称为库。模块由诸多函数组成,包由诸多模块机构化组成,库中也可以包含包、模块和函数。

本章主要讲述模块、包、常见的标准库 turtle、random 和时间日期库使用和第三方库介绍。

8.1　模块的使用与创建

8.1.1　模块的概念

模块是一组 Python 源程序代码,包含多个函数、对象及其方法。如果程序中包含多个可以复用的函数或类,则通常把相关的函数和类分组包含在单独的模块(module)中。这些提供计算功能的模块称为模块(或函数模块),导入并使用这些模块的程序,则称为客户端程序。

在客户端使用模块提供的函数时,无须了解其实现细节。模块和客户端之间遵循的契约称为 API(application programming interface,应用程序编程接口)。API 用于描述模块中提供的函数的功能和调用方法。模块化程序设计的基本原则是先设计 API(即模块提供的函数或类的功能描述),然后实现 API(即编写程序,实现模块函数或类),最后在客户端中导入并使用这些函数或类。

注意:模块在命名时要符合标识符命名规则,不要以数字开头,也不要与其他的模块同名。

在每个模块的定义中都包括一个记录模块名称的变量"__name__",程序可以检查该变量,以确定它们在哪个模块中执行。如果一个模块不是被导入到其他程序中执行,那么它可能在解释器的顶级模块中执行。顶级模块的"__name__"变量值为"__main__"。

8.1.2　模块化程序设计的优越性

(1)可以编写大规模的系统程序。通过把复杂的任务分解为子任务,可以实现团队合作开发,完成大规模的系统程序。

（2）控制程序的复杂度。分解后的子任务的实现模块代码规模一般控制在数百行之内,从而可以控制程序的复杂度,各代码调试可以限制在少量的代码范围中。

（3）实现代码重用。一旦实现了通用模块如 math、random 等,任何客户端都可以通过导入模块,直接重用代码,而无须重复实现。

（4）增强可维护性。模块化程序设计可以增强程序的可重用性。通过改进一个模块,可以使得使用该模块的客户端同时被改进。

8.1.3 Python 中使用的模块

Python 中使用的模块有以下 3 种:

（1）内置模块:是 Python 自带的模块,也称为"标准库",如数学计算的 math、日期和时间处理的 datetime、系统相关功能的 sys 等。

（2）第三方模块:是指不是 Python 自带的模块,也称为"扩展库",这类模块需要另外安装。

（3）自定义模块:编写好一个模块后,只要是实现该功能的程序,都可以导入该模块实现,这个模块就称为自定义模块。要实现自定义模块主要分为两步:第一步是创建模块;第二步是导入模块。

8.1.4 模块的导入

客户端遵循 API 提供的调用接口,导入和调用模块实现函数功能。如果想在代码中使用这些模块,则必须通过 import 语句将模块导入当前程序,导入方式有以下 3 种。

1. import 语句导入模块

直接通过 import 导入的模块可以在当前程序中使用该模块的所有内容,但是在使用模块中的某个具体函数时,需要在函数名之前加上模块的名字。其使用方式为"模块名．函数名"。

```
import math
print(math. fabs( - 1))
```

使用 import 语句导入模块时,模块名是区分字母大小写的,比如 import os,也可以在一行内导入多个模块,如 import time、os、sys。

2. from … import …语句导入模块

如果在程序中只需要使用模块中的某个函数,则可以用关键字 from 导入。这种导入方式可以在程序中直接使用函数名。

from…import 语句的语法格式如下:

```
from modelname import member
```

参数说明如下。

modelname:模块名称,区分字母大小写,需要和定义模块时设置的模块名称的大小写保持一致。

member:用于指定要导入的变量、函数或者类等。它可以同时导入多个定义,各个定义之间使用逗号","分隔。如果想导入全部定义,也可以使用通配符" * "代替。若查看具体导入了哪些定义,可以通过显示 dir()函数的值来实现。

【示例 8-1】from … import …语句导入模块应用示例。

```
from math importfabs
print(fabs(-1))
```

3. from … import … as …语句导入模块

在导入模块或者某个具体函数时,如果出现同名的情况或者为了简化名称,则可以使用关键字 as 作为模块或者函数定义的一个别名。

```
import numpy as np
from demo import add,substact
```

8.1.5 模块的自定义与使用

在通常情况下,把能够实现某一特定功能的代码放置在一个文件中作为一个模块,从而方便其他程序和脚本导入并使用。把计算任务分解成不同模块的程序设计方法称为模块化编程。

使用模块可以将计算任务分解为大小合理的子任务,并实现代码的重用功能。另外,使用模块也可以避免函数名和变量名的冲突。

模块的自定义就是若干实现函数或类的代码的集合,保存在一个扩展名为“.py”的文件中。

【示例 8-2】创建两个模块:一个是矩形模块,其中包括计算矩形周长和面积的函数;另一个是圆形模块,其中包括计算圆形周长和面积的函数。然后在另一个 Python 文件中导入这两个模块,并调用相应的函数计算周长和面积。

(1)创建矩形模块,对应的文件名为 rectangle.py。在该文件中定义两个函数:一个用于计算矩形的周长;另一个用于计算矩形的面积,具体代码如下。

```
'''矩形模块'''
def girth(width,height):
    '''功能:计算周长
        参数:width(宽度)、height(高)
    '''
    return (width + height) * 2


def area(width,height):
    '''功能:计算面积
        参数:width(宽度)、height(高)
    '''
    return width * height
if __name__ == '__main__':
    print(area(10,20))
```

(2)创建圆形模块,对应的文件名为 circular.py。在该文件中定义两个函数:一个用于计算圆形的周长;另一个用于计算圆形的面积,具体代码如下。

```
'''圆形模块'''
import math
PI = math.pi      # 圆周率
def girth(r):
    '''功能:计算周长
        参数:r(半径)
    '''
    return round(2 * PI * r,2)      # 计算周长并保留两位小数


def area(r):
    '''功能:计算面积
        参数:r(半径)
    '''
    return round(PI * r * r,2)      # 计算面积并保留两位小数
if __name__ = = '__main__':
    print(girth(10))
```

(3)创建一个名称为 compute.py 的 Python 文件。在该文件中,首先导入矩形模块的全部定义,然后导入圆形模块的全部定义,最后分别调用计算圆形周长的函数和计算矩形周长的函数,代码如下:

```
import rectangle as r                          #导入矩形模块
import circular as c                           #导入圆形模块


if __name__ = = '__main__':
    print("圆形的周长为:",c.girth(5))          #调用计算圆形周长的方法
    print("矩形的周长为:",r.girth(15,25))       #调用计算矩形周长的方法
```

执行 compute.py 文件,运行结果如下:
圆形的周长为:31.4
矩形的周长为:80

8.2　包的创建与使用

使用模块可以避免函数名和变量名因重名引发的冲突。但如果模块名重复如何解决呢? Python 中提出了包(Package)的概念。所谓包是一个有层次的文件目录结构,通常将一组功能相近的模块组织在一个目录下,它定义了一个由模块和子包组成的 Python 应用程序执行环境。包可以解决如下问题:

(1)把命名空间组织成有层次的结构。

(2)允许程序员把有联系的模块组合到一起。

(3)允许程序员使用有目录结构而不是一大堆杂乱无章的文件。

(4)解决有冲突的模块名称。

包简单理解就是"文件夹",作为目录存在的,包的另外一个特点就是文件夹中必须有一个 __init__. py 文件。包可以包含模块,也可以包含包。

常见的包结构,如图 8-1 所示。

最简单的情况下,只需要一个空的 __init__. py 文件即可。当然它也可以执行包的初始化代码,或者定义 __all__ 变量。当然包下面也能包含包,这与文件夹一样。

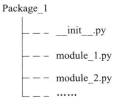

Package_1
| — — __init__.py
| — — module_1.py
| — — module_2.py
| — — ……

图 8-1　常见的包结构

如果在包下面的 __init__. py 文件中定义了全局变量 __all__,那么该字符串列表中的内容就是在其他模块使用 from package_name import * 时导入的该包中的模块。

8.2.1　创建包

创建包实际上就是创建一个文件夹,并且在该文件夹中创建一个名称为"__init__. py"的 Python 文件。在 __init__. py 文件中,可以不编写任何代码,也可以编写一些 Python 代码。在 __init__. py 文件中所编写的代码,在导入包时会自动执行。

比如在 C 盘的根目录下创建一个名称为 config 的包,具体步骤如下:

(1)在计算机的 C 盘目录下,创建一个名称为 config 的文件夹。

(2)在 config 文件夹下,创建一个名称为"__init__. py"的文件。

至此,名称为 config 的包就创建完成了,然后可以在该包下创建所需要的模块。

在 Pycharm 中,可以通过选中所创建的工程文件名,点击鼠标右键,点击"new",然后选择"Python Package",输入"config"即可成功创建 config 包,同时会自动生成"__init__. py"。

8.2.2　使用包

对于包的使用通常有 3 种方式。

(1)通过"import 完整包名. 模块名"的形式加载指定模块。

比如在 config 包中,有个 size 的模块,导入时,可以使用代码:

```
import config. size
```

若在 size 模块中定义了 3 个变量,如:

```
length = 30
width = 20
height = 10
```

创建"main. py"文件,在导入 size 模块后,在调用 length、width 和 height 变量时,需要在变量名前加入"config. size"前缀。输入代码如下:

```
import config. size
if __name__ = = '__main__':
print("长度:", config. size. length)
    print("宽度:", config. size. width)
    print("高度:", config. size. height)
```

运行结果如下:

长度:30

宽度：20

高度：10

（2）通过"from 完整包名 import 模块名"的形式加载指定模块。与第（1）种方式的区别在于，使用时，不需要带包的前缀，但需要带模块名称。代码应为：

```
from config import size
if __name__ == '__main__':
    print("长度：", size.length)
    print("宽度：", size.width)
    print("高度：", size.height)
```

运行结果如下：

长度：30

宽度：20

高度：10

（3）通过"from 完整包名. 模块名 import 定义名"的形式加载指定模块。与前两种方式的区别在于，通过该方式导入模块的函数、变量或类后，在使用时直接使用函数、变量或类名即可。代码如下：

```
from config.size import length,width,height
if __name__ == '__main__':
    print("长度：", length)
    print("宽度：", width)
    print("高度：", height)
```

运行结果如下：

长度：30

宽度：20

高度：10

在通过"from 完整包名. 模块名 import 定义名"的形式加载指定模块时，可以使用星号"＊"代替定义名，表示加载该模块下的全部定义。

8.3 常见标准库的使用

8.3.1 Turtle(海龟)库的使用

海龟绘图是 Python 内置的一个比较有趣的模块，模块名称为 Turtle。它最初源于 20 世纪 60 年代的 Logo 语言，之后成为了 Python 的内置模块。

海龟绘图提供了一些简单的绘图方法，可以根据编写的控制指令（代码），让一只"海龟"在屏幕上来回移动，而且可以在它爬行的路径上绘制图形。通过海龟绘图，不仅可以在屏幕上绘制图形，还可以看到整个绘制过程。

Turtle 库绘制图形有一个基本框架：一只小海龟在坐标系中爬行，其爬行轨迹形成了绘制图形。对于小海龟来说，有"前进""后退""旋转"等爬行行为，对坐标系的探索也通过"前进方向""后退方向""左侧方向"和"右侧方向"等小海龟自身角度方位来完成。刚开始绘制时,小海龟位于画布正中央,此处坐标为(0,0),前进方向为水平右方。横向为 x 轴,纵向为 y 轴,x 轴控制水平位置,y 轴控制垂直位置。

Turtle 库绘图坐标体系如图 8-2 所示。

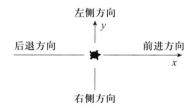

图 8-2　Python Turtle 库绘图坐标体系

海龟绘图是 Python 内置的模块,在使用前需要导入该模块,可以使用以下 3 种方法导入。

(1)直接使用 import 语句导入海龟绘图模块。代码如下:

```
import turtle
```

通过该方法导入后,需要通过模块名来使用其中的方法、属性等。

(2)在导入模块时为其指定别名。代码如下:

```
import turtle as t
```

通过该方法导入后,可以通过模块别名 t 来使用其中的方法、属性等。

(3)通过 from … import 语句导入海龟绘图模块的全部定义。代码如下:

```
from turtle import *
```

通过该方法导入后,可以直接使用其中的方法、属性等。

上述 3 种引用方式的作用是相同的。

1. 海龟绘图

采用海龟绘图有 3 个关键要素,即方向、位置和画笔。在进行海龟绘图时,主要就是控制这些要素来绘出我们想要的图形。下面分别进行介绍。

(1)方向:在进行海龟绘图时,方向主要用于控制海龟的移动方向。主要有以下 3 个方法进行设置。

left()/lt()方法:让海龟左转(逆时针)指定度数。

right()/rt()方法:让海龟右转(顺时针)指定度数。

setheading()/seth()方法:设置海龟的朝向为 0°(东)、90°(北)、180°(西)或 270°(南)。

(2)位置:在进行海龟绘图时,位置主要用于控制海龟移动的距离。主要有以下 6 个方法进行设置。

forward(distance):让海龟向前移动指定距离,参数 distance 为有效数值。

backward(distance):让海龟向后退指定距离,参数 distance 为有效数值。

goto(x,y):让海龟移动到画布中的特定位置,即坐标(x,y)所指定的位置。

setx(x):设置海龟的横坐标 x,纵坐标不变。

sety(y):设置海龟的纵坐标 y,横坐标不变。

home():海龟移至初始坐标(0,0),并设置朝向为初始方向。

（3）画笔:海龟绘图中的画笔就相当于现实生活中绘图所用的画笔。在海龟绘图中,通过画笔可以控制线条的粗细、颜色和运动的速度。

2. Turtle 库的功能函数

Turtle 库包含 100 多个功能函数,主要包括窗体函数、画笔状态函数以及画笔运动函数等 3 类。

（1）窗体函数:在海龟绘图中,提供了 setup()方法设置海龟绘图窗口的尺寸、颜色和初始位置。setup()方法的语法如下:

turtle. setup(width = "width", height = "height", startx = "leftright", starty = "topbottom")

参数说明如下:

width:设置窗口的宽度,可以是表示大小为多少像素的整型数值,也可以是表示屏幕占比的浮点数值。默认为屏幕的 50%。

height:设置窗口的高度,可以是表示大小为多少像素的整型数值,也可以是表示屏幕占比的浮点数值。默认为屏幕的 50%。

startx:设置窗口的 x 轴位置,正值表示初始位置距离屏幕左边缘的像素,负值表示距离右边缘的像素,None 表示窗口水平居中。

starty:设置窗口的 y 轴位置,正值表示初始位置距离屏幕上边缘的像素,负值表示距离下边缘的像素,None 表示窗口垂直居中。

例如,设置窗口宽度为 400 像素,高度为 300 像素,距离屏幕的左边缘 50 像素,上边缘 30 像素,代码如下。

turtle. setup(width = 400, height = 300, startx = 59, starty = 30)

再例如,设置宽度和高度都为屏幕的 50%,并且位于屏幕中心,代码如下。

turtle. setup(width = .5, height = .5, startx = None, starty = None)

（2）设置画笔样式

在窗口中,坐标原点(0,0)的位置默认有一个指向 x 轴正方向的箭头(或小乌龟),这就相当于我们的画笔。在海龟绘图中,通过画笔可以控制线条的粗细、颜色、运动的速度以及是否显示光标等样式。Turtle 库的画笔样式函数如表 8-1 所示。

表 8-1　Turtle 库的画笔样式函数

函数名	功能描述
pendown()	放下画笔
penup()	提起画笔,与 pendown(),配对使用
pensize(width)	笔线条的粗细为指定大小
pencolor()	设置画笔的颜色
begin_fill()	填充图形前,调用该方法
end_fill()	填充图形结束
filling()	填充的状态,True 为填充,False 为未填充

续表8-1

函数名	功能描述
clear()	清空当前窗口,但不改变当前画笔的位置
reset()	清空当前窗口,并重置位置等状态为默认值
screensize()	设置画布的长和宽
hideturtle()	藏画笔的 turtle 形状
showturtle()	显示画笔的 turtle 形状
isvisible()	如果 turtle 可见,则返回 True
write(str,font＝None)	输出 font 字体的字符串
shape()	画笔初始形状,常用的形状名有 arrow(向右的等腰三角形)、turtle(海龟)、circle(实心圆)、square(实心正方形)、triangle(向右的正三角形)或 classic(箭头)等 6 种

（3）画笔运动函数

Turtle 通过一组函数控制画笔的行进动作,进而绘制形状,如表 8-2 所示。

表 8-2　Turtle 库的画笔运动函数

函数名	功能描述
forward()	向前方前进指定距离
backward()	沿着当前相反方向后退指定距离
right(angle)	向右旋转 angle 角度
left(angle)	向左旋转 angle 角度
goto(x,y)	移动到绝对坐标(x,y)处
setx()	将当前 x 轴移动到指定位置
sety()	将当前 y 轴移动到指定位置
setheading(angle)	设置当前朝向为 angle 角度
home()	设置当前画笔位置为原点,朝向东
circle(radius,e)	绘制一个指定半径为 r 和角度为 e 的圆或弧形
dot(r,color)	绘制一个指定半径为 r 和颜色为 color 的圆点
undo()	撤销画笔最后一步动作
speed()	设置画笔的绘制速度,参数为 0～10

【示例 8-3】绘制随机颜色、粗细、瓣数的雪花。

```
import turtle     # 导入海龟绘图模块
import random
turtle. shape('turtle')    #设置海龟光标为小海龟形状
r = random. random()     # 随机获取红色值
```

```
g = random. random()       # 随机获取绿色值
b = random. random()       # 随机获取蓝色值
turtle. pencolor(r,g,b)     # 设置画笔颜色
dens = random. randint(6,10)     # 随机生成雪花瓣数
turtle. width(random. randint(1,3))
snowsize = 16     # 雪花大小
for j in range(dens)：
    turtle. forward(snowsize)
    turtle. backward(snowsize)
    turtle. right(360/dens)
turtle. hideturtle ()       # 隐藏海龟光标
turtle. done()     # 海龟绘图程序的结束语句(开始主循环)
```

运行结果如图 8-3 所示。

图 8-3　【示例 8-3】运行结果

8.3.2　random 库的使用

在 Python 中,自带了一些实用模块,称为标准模块(或称为标准库),对于标准模块,可以直接使用 import 语句导入 Python 文件中使用。比如导入标准模块 random(功能为生成随机数)的代码:

```
import random
```

通常情况下,在导入标准模块时,如果模块名比较长,可以使用 as 关键字为其指定别名。

导入标准模块后,可以通过模块名调用其提供的函数。对于 random 模块来说,常见的随机数函数介绍如下。

1. random. random( )

random. random()用于生成一个 0~1 的随机浮点数。

【示例 8-4】随机生成 2 个数的函数应用。

```
import random
# 生成第一个随机数
print("random():", random. random())
# 生成第二个随机数
```

```
print("random():", random.random())
```

运行结果：

random()：0.40410725560502847

random()：0.35348632682287706

2．random. uniform (a,b)

返回 a 与 b 之间的随机浮点数 N，范围为[a,b]。如果 a 的值小于 b 的值，则生成的随机浮点数 N 的取值范围为 $a \leqslant N \leqslant b$；如果 a 的值大于 b 的值，则生成的随机浮点数 N 的取值范围为 $b \leqslant N \leqslant a$。

【示例 8-5】随机生成 2 个浮点数的函数应用。

```
import random
print("random:",random. uniform(50,100))
print("random:",random. uniform(100,50))
```

运行结果：

random：67. 68694161817494

random：79. 84856987973592

3．random. randint(a,b)

返回一个随机的整数 N，N 的取值范围为 $a \leqslant N \leqslant b$。需要注意的是，$a$ 和 b 的取值必须为整数，并且 a 的值一定要小于 b 的值。

【示例 8-6】随机生成 2 个整数的函数应用。

```
import random
# 生成的随机数 n：12 ＜ = n ＜ = 20
print(random. randint(12,20))
# 结果永远是 20
print(random. randint(20,20))
```

运行结果：

18

20

4．random. randrange (start, stop, step)

返回某个区间内的整数，可以设置 step。只能传入整数，random. randrange (10，100，2)，结果相当于从[10,12,14,16,…,96,98]序列中获取一个随机数。

5．random. choice (sequence)

从 sequence 中返回一个随机的元素。其中，sequence 参数可以是序列（列表、元组和字符串）。若 sequence 为空，则会引发 IndexError 异常。

【示例 8-7】从序列中随机生成 1 个元素的函数应用。

```
import random
print(random. choice('不忘初心牢记使命'))
print(random. choice(['Lihui', 'is ', 'a ', nice,'boy']))
print(random. choice(('Tuple','List','Dict')))
```

运行结果：

记

is

Dict

6. random. shuffle( )

用于将列表中的元素打乱顺序，俗称洗牌。

【示例 8-8】列表([1,2,3,4,5])中的元素打乱顺序的函数应用。

```
import random
arr = [1,2,3,4,5]
random. shuffle(arr)
print(arr)
```

运行结果：

[3, 2, 1, 5, 4]

7. random. sample (sequence, k)

从指定序列中随机获取 k 个元素作为一个片段返回，sample 函数不会修改原有序列。

【示例 8-9】从指定序列([1,2,3,4,5])中随机获取 3 个元素的函数应用。

```
import random
arr = [1,2,3,4,5]
sub = random. sample(arr,3)
print(sub)
```

运行结果：

[3, 2, 5]

8. random 模块的综合应用

【示例 8-10】应用 random 模块，生成由数字、字母组成的 6 位验证码。

```
import random
if __name__ == '__main__':
    verificationcode = ''
    for num in range(6):
        index = random. randrange(0,6)
        if index != num and index + 1 != num:
            verificationcode += chr(random. randint(97,122))
        elif index +1 == num:
            verificationcode += chr(random. randint(65,90))
        else:
            verificationcode += chr(random. randint(48,57))
    print("6 位验证码为：",verificationcode)
```

运行结果：

6 位验证码为：kvh63H

8.3.3　时间库和日期库的使用

1. 时间库(time 库)的使用

在系统内部,日期和时间表示为从 epoch[epoch(新纪元)是系统规定的时间起始点。UNIX 系统是 1970/1/10:00:00 开始。日期和时间在内部表示为从 epoch 开始的秒数]开始的秒数,称为时间戳(timestamp)。

time 模块的 struct_time 对象是一个命名元组,用于表示时间对象,包括 9 个字段属性:tm_year(年)、tm_mon(月)、tm_mday(日)、tm_hour(时)、tm_min(分)、tm_sec(秒)、tm_wday(星期[0,6],0 表示星期一)、tm_yday(该年第几天[1,366])、tm_isdst(是否夏时令,0 否、1 是、-1 未知)。

time 表现方式有 3 种。

(1)时间戳(timestamp)方式。时间戳表示的是从 1970 年 1 月 1 日 00:00:00 开始按秒计算的偏移量。返回的是 float 类型,返回时间戳的函数有 time()、clock()。

(2)元组(struct_time)方式。struct_time 元组共有 9 个元素,返回 struct_time 的函数主要有 gmtime()、localtime()、strptime()。表 8-3 为这 9 个元素的属性和值。

表 8-3　struct_time 元组的 9 个元素

序号	属性	值
1	tm_year	比如 2020
2	tm_mon	1～12
3	tm_mday	1～31
4	tm_hour	0～23
5	tm_min	0～59
6	tm_sec	0～61(60 或 61 是闰秒)
7	tm_wday	0～6(0 是星期一)
8	tm_yday	1～366(儒略历)
9	tm_isdst	-1,0,1,其中-1 是决定是否为夏令时的旗帜

(3)格式化字符串(format time)方式。格式化时间,已格式化的结构使时间更具有可读性,包括自定义格式和固定格式,比如"2018-5-11"。

time 常用的函数有以下几种:

①time.sleep():线程推迟指定的时间运行。例如 time.sleep(secs),单位为秒。

②time.time():获取当前时间戳。例如 time.time()。

③time.clock():获取 cpu 计算所执行的时间。

```
time.sleep(3)
print(time.clock())
```

④time.gmtime():gmtime()方法是将一个时间戳转换为 UTC 时区(0 时区)的 struct_time,总共 9 个参数,其含义如表 8-3 所示。

```
import time
```

```
a = time. gmtime()
print(a)
```

⑤time. localtime():将一个时间戳转换为当前时区的 struct_time。secs 参数未提供,则以当前时间为准。例如,time. localtime()。

⑥time. asctime([t]):把一个表示时间的元组或者 struct_time 表示为这种形式:'Sun Jun 20 23:21:05 1993'。如果没有参数,将会把 time. localtime()作为参数传入。例如,time. asctime()。将一个时间戳转换为当前时区的 struct_time。secs 参数未提供,则以当前时间为准。

⑦time. ctime()。

```
import time
a = time. ctime(3600)
print(a)
```

运行结果:

```
Thu Jan  1 09:00:00 1970
```

将时间戳转为这个形式的'Sun Jun 20 23:21:05 1993'格式化时间。如果没有参数,将会把 time. localtime()作为参数传入。

⑧time. strftime(format[, t])。

```
import time
local_time = time. localtime()
print(time. strftime('% Y- % m- % d % H: % M: % S', local_time))
```

运行结果:

```
2020-02-03  21:39:27
```

把一个代表时间的元组或者 struct_time[如由 time. localtime()和 time. gmtime()返回]转化为格式化的时间字符串。如果 t 未指定,将传入 time. localtime()。如果元组中任何一个元素越界,ValueError 的错误将会被抛出。

⑨time. strptime(string[, format])。

```
import time
a = time. localtime()
print(a)
```

运行结果:

```
time. struct_time(tm_year = 2020, tm_mon = 4, tm_mday = 1, tm_hour = 15, tm_min =
52, tm_sec = 1, tm_wday = 2, tm_yday = 92, tm_isdst = 0)
```

把一个格式化时间字符串转化为 struct_time。实际上它和 strftime()是逆操作。在这个函数中,format 默认为" %a %b %d %H:%M:%S %Y"。

time 模块还包含如下用于测量程序性能的函数。

process_time():返回当前进程处理器运行时间。

perf_counter():返回性能计数器。

monotonic():返回单向时钟。

用户可以使用程序运行到某两处的时间差值,计算该程序片段所花费的运行时间,也可使用 time.time()函数,该函数返回以秒为单位的系统时间(浮点数)。

【示例 8-11】测量程序运行时间。

```
import time
t1 = time.monotonic()      # 单向时钟
sum = 0
for i in range(0, 9999999):
    sum + = i
t2 = time.monotonic()      # 单向时钟
print('程序运行时间:', t2-t1)
```

运行结果:

程序运行时间: 1.217000000004191

由于不同计算机的配置不同,此程序的运行时间也会不同。

2. 日期库(datetime 库)的使用

datetime 库包括 datetime.MINYEAR 和 datetime.MAXYEAR 2 个常量,分别表示最小年份和最大年份,值为 1 和 9 999。

datetime 模块包含用于表示日期的 date 对象、表示时间的 time 对象和表示日期时间的 datetime 对象。timedelta 对象表示日期或时间之间的差值,可以用于日期或时间的运算。

通过 datetime 模块的 date.today()函数可以返回表示当前日期的 date 对象,通过其实例对象方法,可以获取其年、月、日等信息。

通过 datetime 模块的 datetime.now()函数可以返回表示当前日期时间的 datetime 对象,通过其实例对象方法,可以获取其年、月、日、时、分、秒等信息。

【示例 8-12】获取当前日期时间。

```
import datetime
d = datetime.date.today()
dt = datetime.datetime.now()
print("当前的日期是 %s" % d)
print("当前的日期和时间是 %s" % dt)
print("ISO 格式的日期和时间是 %s" % dt.isoformat())
print("当前的年份是 %s" % dt.year)
print("当前的月份是 %s" % dt.month)
print("当前的日期是 %s" % dt.day)
print("dd/mm/yyyy 格式是 %s/%s/%s" % (dt.day, dt.month, dt.year))
print("当前小时是 %s" % dt.hour)
print("当前分钟是 %s" % dt.minute)
print("当前秒是 %s" % dt.second)
```

运行结果:

当前的日期是 2022-05-01

当前的日期和时间是 2022-05-01 18:44:10.956169

ISO 格式的日期和时间是 2022-05-01T18:44:10.956169

当前的年份是 2022

当前的月份是 5

当前的日期是 1

dd/mm/yyyy 格式是 1/5/2022

当前小时是 18

当前分钟是 44

当前秒是 10

8.4　常见的第三方库

党的二十大为我国新一代信息产业关键核心技术破解"卡脖子"问题指明了方向,未来信息技术产业应以构建自主信息技术体系和应用生态为发展目标。更广泛的 Python 计算生态被称为 Python 第三方库。Python 有数十万第三方库,覆盖几乎所有的信息技术领域。这些第三方库全由专家、工程师和爱好者开发和维护,需要额外安装才能够使用。

通过 PyPI 官网可以查找和浏览第三方库的基本信息。

查找并了解要使用的第三方库的基本信息后,可以使用 pip 安装和管理大部分 Python 第三方库。

8.4.1　网络爬虫方向库

网络爬虫通过跟踪超链接访问 Web 页面的程序。每次访问一个网页时,就会分析网页内容,提取结构化数据信息。最简单、最直接的方法是使用 urllib(或者 requests)库请求网页得到结果,然后使用正则表达式匹配分析并抽取信息。

1. Requests

Requests 是使用 Python 基于 Urllib3 编写的,采用的是 Apache2 Licensed 开源协议的 HTTP 库,Requests 比 Urllib 更加方便,可以为用户节约大量的工作时间。Requests 库在处理 Cookies、登录验证、代理设置等操作方面都更加简单高效。

通过在 Windows 命令行界面执行"pip install requests"命令可以安装最新版本的 Requests 及其依赖包。

2. Scrapy

Scrapy 是最流行的 Python 爬虫框架之一,用于从网页面中提取结构化的数据。Scrapy 框架是高层次的 Web 获取框架,本身包含了成熟的网络爬虫系统所应该具有的部分共用功能,广泛用于数据挖掘、监测和自动化测试。

通过在 Windows 命令行界面执行"pip install scrapy"命令可以安装最新版本的 Scrapy 及其依赖包。

3. Pyspider

Pyspider 是一款灵活便捷的爬虫框架。与 Scrapy 框架相比,Pyspider 更适合用于中小规模的爬取工作。Pyspider 提供了强大的 WebUI 和脚本编辑器、任务监控、项目管理和结果查看功能。

通过在 Windows 命令行界面执行"pip install pyspider"命令可以安装最新版本的 Pyspider 及其依赖包。

4. Beautifulsoup

Beautifulsoup4(Beautiful Soup 或 bs4)可用于解析和处理 HTML 和 XML 的 Python 三方库,其最大优点是能根据 HTML 和 XMI 语法建立解析树,从而高效解析其中的内容。

Beautiful Soup 最主要的功能是从网页抓取数据,Beautiful Soup 自动将输入文档转换为 Unicode 编码,输出文档转换为 utf-8 编码。

通过在 Windows 命令行界面执行"pip install beautifulsoup4"命令可以安装最新版本的 Beautifulsoup4 及其依赖包。

8.4.2　科学计算与数据分析库

1. NumPy

NumPy(Numerical Python)是 Python 的一种开源的数值计算扩展。这种工具可用来存储和处理大型矩阵,支持大量的维度数组与矩阵运算,此外也针对数组运算提供大量的数学函数库。

NumPy 包括一个强大的 N 维数组对象 Array;比较成熟的(广播)函数库;用于整合 C/C++和 Fortran 代码的工具包;实用的线性代数、傅里叶变换和随机数生成函数。

NumPy 库是 Python 的数值计算扩展,其内部使用 C 语言编写,对外采用 Python 进行封装,因此基于 NumPy 的 Python 程序可以达到接近 C 语言的处理速度。NumPy 是其他 Python 数据分析库的基础依赖库,已经成为科学计算事实上的"标准库"。许多科学计算库(包括 Matplotlib、Pandas、SciPy 和 SymPy 等)均基于 NumPy 库。

通过在 Windows 命令行界面执行"pip install numpy"命令可以安装最新版本的 NumPy 及其依赖包。

2. SciPy

SciPy 是一个开源的 Python 算法库和数学工具包。SciPy 是基于 NumPy 的科学计算库,用于数学、科学、工程学等领域,很多高阶抽象和物理模型需要使用 SciPy。

SciPy 包含的模块有最优化、线性代数、积分、插值、特殊函数、快速傅里叶变换、信号处理和图像处理、常微分方程求解和其他科学与工程中常用的计算。

通过在 Windows 命令行界面执行"pip install scipy"命令可以安装最新版本的 SciPy 及其依赖包。

3. Pandas

Pandas 是 Python 的一个扩展程序库,用于数据分析。Pandas 是一个开放源码、BSD 许可的库,提供高性能、易于使用的数据结构和数据分析工具。

Pandas 名字衍生自术语"panel data"(面板数据)和"Python data analysis"(Python 数据分析)。

Pandas 是一个强大的分析结构化数据的工具集,基础是 NumPy(提供高性能的矩阵运算)。Pandas 可以从各种文件格式比如 CSV、JSON、SQL、Microsoft Excel 导入数据。Pandas 可以对各种数据进行运算操作,比如归并、再成形、选择,还有数据清洗和数据加工特征。

Pandas 广泛应用在学术、金融、统计学等各个数据分析领域。

通过在 Windows 命令行界面执行"pip install pandas"命令可以安装最新版本的 Pandas 及其依赖包。

8.4.3 文本处理与分析库

1. pdfminer

pdfminer 是一个 Python 的 PDF 解析器,可以从 PDF 文档中提取信息。与其他 PDF 相关的工具不同,pdfminer 侧重的是获取和分析文本数据。pdfminer 允许获取某一页中文本的准确位置和一些诸如字体、行数的信息。pdfminer 包括一个 PDF 转换器,可以把 PDF 文件转换成 HTML 等格式。它还有一个扩展的 PDF 解析器,可以用于除文本分析以外的其他用途。

通过在 Windows 命令行界面执行"pip install pdfminer"命令可以安装最新版本的 pdfminer 及其依赖包。

2. openpyxl

openpyxl 是一个开源项目,openpyxl 模块是一个读写 Excel 文档的 Python 库。openpyxl 是一款比较综合的工具,不仅能够同时读取和修改 Excel 文档,而且可以对 Excel 文件内的单元格进行详细设置,包括单元格样式等内容,甚至还支持图表插入、打印设置等内容,使用 openpyxl 可以读写 xltm、xltx、xlsm 和 xlsx 等类型的文件,且可以处理数据量较大的 Excel 文件,跨平台处理大量数据是其他模块没法相比的。因此,openpyxl 成为处理 Excel 复杂问题的首选库函数。

通过在 Windows 命令行界面执行"pip install openpyxl"命令可以安装最新版本的 openpyxl 及其依赖包。

3. python-docx

python-docx 是用于创建和更新 Microsoft Word(. docx)文件的 Python 库,支持读取、查询以及修改 doc、docx 等格式的文件。

通过在 Windows 命令行界面执行"pip install python-docx"命令可以安装最新版本的 python-docx 及其依赖包。

4. NLTK

NLTK(Natural Language TooI Kit)是一套基于 Python 的自然语言处理工具集。NLTK 包含 Python 模块、数据集和教程,用于自然语言处理(NLP,natural language processing)的研究和开发。

通过在 Windows 命令行界面执行"pip install nltk"命令可以安装最新版本的 NLTK 及其依赖包。

5. jieba

jieba 是目前最好的 Python 中文分词组件。jieba 支持 3 种分词模式:精确模式、全模式和搜索引擎模式。jieba 还支持自定义词典等功能,是中文文本处理和分析不可或缺的利器。

通过在 Windows 命令行界面执行"pip install jieba"命令可以安装最新版本的 jieba 及其依赖包。

8.4.4　数据可视化库

1. Matplotlib

Matplotlib 是提供数据绘图功能的 Python 第三方库,广泛用于科学计算的二维数据可视化,可以绘制 100 多种数据可视化效果。

通过在 Windows 命令行界面执行"pip install Matplotlib"命令可以安装最新版本的 Matplotlib 及其依赖包。

2. Seaborn

Seaborn 是基于 Matplotlib 进行再封装开发的第三方库,并且支持 NumPy 和 Pandas。Seaborn 能够对统计类数据进行有效的可视化展示,它提供了一批高层次的统计类数据的可视化展示效果。

通过在 Windows 命令行界面执行"pip install seaborn"命令可以安装最新版本的 Seaborn 及其依赖包。

3. pyecharts

pyecharts 是一个用于生成 echarts 图表的类库。echarts 是百度开源的一个数据可视化库,用 echarts 生成的图可视化效果非常棒。使用 pyechart 库可以在 Python 中生成 echarts 数据图。

4. TVTK

VTK (http://vtk.org/) 是一套三维的数据可视化工具,它由 C++编写,包含了近千个类,可以帮助处理和显示数据。它在 Python 下有标准的绑定,不过其 API 和 C++相同,不能体现出 Python 作为动态语言的优势。因此 enthought.com 开发了一套 TVTK 库对标准的 VTK 库进行包装,提供了 Python 风格的 API、支持 Trait 属性和 NumPy 的多维数组。

5. mayavi

mayavi 基于 VTK 开发的 Python 第三方库,可以方便快速绘制三维可视化图形。mayavi 也被称为 mayavi2。

通过在 Windows 命令行界面执行"pip install mayavi"命令可以安装最新版本的 mayavi 及其依赖包。

8.4.5　用户图形界面方向

1. PyQt

PyQt 是一个创建 GUI 应用程序的工具包,是 Python 和 Qt 库的成功融合。Qt 库是最强大的库之一。PyQt 是由 Phil Thompson 开发的。

PyQt 实现了一个 Python 模块集,有超过 300 类,将近 6 000 个函数和方法。PyQt 是一个多平台的工具包,可以运行在所有主要操作系统上,包括 UNIX、Windows 和 Mac。

2. wxPython

wxPython 是一个用于 wxWidgets(用 C++编写)的 Python 包装器,这是一个流行的跨平台 GUI 工具包。由 Robin Dunn 和 Harri Pasanen 共同开发,wxPython 被实现为一个 Python 扩展模块,可以从官方网站 http://wxpython.org 下载。

wxPython API 中的主要模块包括一个核心模块。wxPython 由 wxObject 类组成,是 API 中所有类的基础。

wxPython API 具有 GDI(图形设备接口)模块。wxPython 是一组用于绘制小部件的类,像字体、颜色、画笔等类是其中的一部分。所有容器窗口类都在 Windows 模块中定义。

通过在 Windows 命令行界面执行"pip install wxPython"命令可以安装最新版本的 wxPython 及其依赖包。

3. PyGTK

PyGTK 是一组用 Python 和 C 编写的包装器,用于 GTK+GUI 库。PyGTK 是 GNOME 项目的一部分,提供了用 Python 构建桌面应用程序的全面工具。其他流行的 GUI 库的 Python 绑定也可用。

8.4.6 机器学习方向

1. scikit-learn

scikit-learn(以前称为 scikits.learn,也称为 sklearn)是针对 Python 的免费软件机器学习库。它具有各种分类、回归和聚类算法,包括支持向量机、随机森林、梯度提升、k 均值和 DBSCAN,并且旨在与 Python 数值科学库 NumPy 和 SciPy 联合使用。

通过在 Windows 命令行界面执行"pip install scikit-learn"命令可以安装最新版本的 scikit-learn 及其依赖包。

2. TensorFlow

TensorFlow 是一个基于数据流编程(dataflow programming)的符号数学系统,被广泛应用于各类机器学习(machine learning)算法的编程实现,其前身是谷歌的神经网络算法库 DistBelief。Tensor(张量)指 N 维数组,Flow(流)指基于数据流图的计算,TensorFlow 描述张量从流图的一端流动到另一端的计算过程。

TensorFlow 拥有多层级结构,可部署于各类服务器、PC 终端和网页,并支持 GPU 和 TPU 高性能数值计算,被广泛应用于谷歌内部的产品开发和各领域的科学研究。

通过在 Windows 命令行界面执行"pip install tensorflow"命令可以安装最新版本的 TensorFlow 及其依赖包。

3. Theano

Theano 是为执行深度学习中大规模神经网络算法的运算而设计的机器学习语言,用来处理多维数组。Theano 是一个偏向底层开发的库,偏向于学术研究。

通过在 Windows 命令行界面执行"pip install Theano"命令可以安装最新版本的 Theano 及其依赖包。

4. PaddlePaddle

飞桨(PaddlePaddle)以百度多年的深度学习技术研究和业务应用为基础,集深度学习核心训练和推理框架、基础模型库、端到端开发套件、丰富的工具组件于一体,是中国首个自主研发、功能完备、开源开放的产业级深度学习平台。

5. pytorch

pytorch 是一个开源的 Python 机器学习库,用于自然语言处理等应用程序。

2017 年 1 月，由 Facebook 人工智能研究院（FAIR）基于 Torch 推出了 pytorch。它是一个基于 Python 的可续计算包，提供两个高级功能：具有强大的 GPU 加速的张量计算（如 NumPy），包含自动求导系统的深度神经网络。

8.4.7　Web 开发方向

1. Django

Django 是 Python 生态中最流行的开源 Web 应用框架。Django 采用 MTV 模式（Model 模型、Template 模板、View 视图）模型，可以高效地实现 Web 网站快速开发。

通过在 Windows 命令行界面执行"pip install django"命令可以安装最新版本的 Django 及其依赖包。

2. Pyramid

Pyramid 是一个通用、开源的 Python Web 应用程序开发框架。Pyramid 的特色是灵活，开发者可以灵活选择所使用的数据库、模板风格、URL 结构等内容。

通过在 Windows 命令行界面执行"pip install pyramid"命令可以安装最新版本的 Pyramid 及其依赖包。

3. Flask

Flask 是一个使用 Python 编写的轻量级 Web 应用框架。其 WSGI 工具箱采用 Werkzeug，模板引擎则使用 Jinja2。Flask 使用 BSD 授权。

通过在 Windows 命令行界面执行"pip install flask"命令可以安装最新版本的 Flask 及其依赖包。

4. FastAPI

FastAPI 是一个现代的快速（高性能）的 Python Web 框架。基于标准的 Python 类型提示，使用 Python 3.6＋构建 API 的 Web 框架。

8.4.8　游戏开发方向

1. Pygame

Pygame 是一个入门级 Python 游戏开发框架，提供了大量与游戏相关的底层逻辑和功能支持。Pygame 是在 SDL 库基础上进行封装的 Python 第三方库。SDL（simple direct media layer，简单直接媒体层）是开源、跨平台的多媒体开发库，通过 OpenGL 和 Direct3D 底层函数提供对音频、键盘、鼠标和图形硬件的简洁访问。除了制作游戏外，Pygame 还用于制作多媒体应用程序。

通过在 Windows 命令行界面执行"pip install pygame"命令可以安装最新版本的 Pygame 及其依赖包。

2. Panda3D

Panda3D 是一个开源、跨平台的 3D 渲染和游戏开发库。Panda3D 由迪士尼和卡耐基梅隆大学娱乐技术中心共同开发，支持很多先进游戏引擎的特性，例如法线贴图、光泽贴图、HDR、卡通渲染和线框渲染等。

通过在 Windows 命令行界面执行"pip install panda3d"命令可以安装最新版本的 Panda3D 及其依赖包。

3. cocos2d

cocos2d 是一个构建 2D 游戏和图形界面交互式应用的框架。cocos2d 基于 OpenGI 进行图形渲染,能够利用 GPU 进行加速。cocos2d 引擎采用树形结构管理游戏对象,一个游戏划分为不同场景,一个场景又分为不同层,每个层处理并响应用户事件。

通过在 Windows 命令行界面执行"pip install cocos2d"命令可以安装最新版本的 cocos2d 及其依赖包。

8.4.9 其他第三方库

1. PIL

PIL 是 Python 中的图像处理库(python image library,PIL),提供了广泛的文件格式支持,强大的图像处理能力,主要包括图像储存、图像显示、格式转换以及基本的图像处理操作等。

通过在 Windows 命令行界面执行"pip install pillow"命令可以安装最新版本的 PIL 及其依赖包。

2. OpenCV

OpenCV(open computer vision library,开源计算机视觉库)是应用最广泛的计算机视觉库之一。OpenCV-Python 是 OpenCV 的 Python API,由于后台是采用 C/C++编写的代码,因而运行速度快,是 Python 生态环境中执行计算密集型任务的计算机视觉处理的最佳选择。

通过在 Windows 命令行界面执行"pip install opencv-python"命令可以安装最新版本的 OpenCV-Python 及其依赖包。

3. WeRoBot

WeRoBot 是一个微信公众号开发框架,也称微信机器人框架。WeRoBot 可以解析微信服务器发来的消息,并将消息转换成 Message 或者 Event 类型。其中,Message 表示用户发来的消息,如文本消息、图片消息等;Event 则表示用户触发的事件,如关注事件、扫描二维码事件等。在消息解析、转换完成后,WeRoBot 会将消息转交给 Handler 进行处理,并将 Handler 的返回值返回给微信服务器,进而实现完整的微信机器人功能。

通过在 Windows 命令行界面执行"pip install werobot"命令可以安装最新版本的 WeRoBot 及其依赖包。

4. MyQR

MyQR 是一个能够产生基本二维码、艺术二维码和动态效果二维码的 Python 第三方库。通过在 Windows 命令行界面执行"pip install myqr"命令可以安装最新版本的 MyQR 及其依赖包。

5. PyInstaller

PyInstaller 是最常用的 Python 程序打包和发布第三方库,用于将 Python 源程序生成直接运行的程序。生成的可执行程序可以分发到对应的 Windows 或 Mac OS X 平台上运行。

通过在 Windows 命令行界面执行"pip install PyInstaller"命令可以安装最新版本的 PyInstaller 及其依赖包。

8.5　第三方库的安装与使用

8.5.1　第三方库的安装

在 Python 中,除了可以使用 Python 内置的标准模块外,还可以使用第三方模块。这些第三方模块可以在 Python 官方推出的网站(https://pypi.org/)上找到。

使用第三方模块,需要先下载,并安装,然后就可以像使用标准模块一样导入并使用了。下载和安装第三方模块使用 Python 提供的包管理工具:pip 命令。pip 命令的语法格式如下:

pip<命令>〔模块名〕

参数说明如下:

(1)命令:用指定要执行的命令。常用的命令参数值有 install(用于安装第三方模块)、uninstall(用于卸载已经安装的第三方模块)以及 list(用于显示已经安装的第三方模块)等。

(2)模块名:可选参数,用于指定要安装或者卸载的模块名,当命令为 install 或者 uninstall 时不能省略。

例如,安装第三方的 numpy 模块(用于科学计算)时,在 Python 的安装根目录下的 Scripts 文件夹路径中,在命令窗口中输入以下代码:

pip install numpy

执行上述代码时,将在线安装 NumPy 模块,安装完成之后,将显示如图 8-4 所示界面。

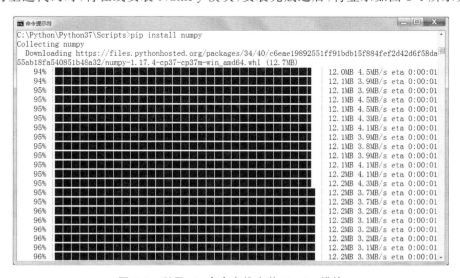

图 8-4　利用 pip 命令在线安装 NumPy 模块

在 PyCharm 中,可以通过"File"→"Settings"查看已经安装模块,如图 8-5 所示。

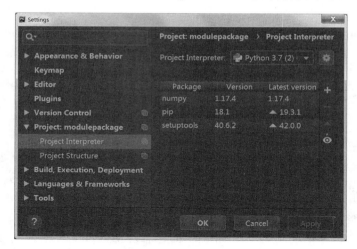

图 8-5　查看 PyCharm 中已经安装的模块界面

在命令行界面运行 pip 命令对包进行管理,管理包的安装、升级、卸载如下。

(1)指定安装的软件包版本,通过使用＝＝、＞＝、＜＝、＞、＜来指定一个版本号。

```
pip install markdown = = 2.0
```

(2)使用升级包升级到当前最新的版本,可以使用－U 或者－upgrade。

```
pip install  − U django
```

(3)搜索包的代码如下。

```
pip search "django"
```

(4)列出已安装的包的代码如下。

```
pip list
```

(5)卸载包的代码如下。

```
pip uninstall django
```

(6)导出包到文本文件,可以用 pip freeze ＞ requirements. txt,将需要的模块导出到文件里,然后在另一个地方 pip install -r requirements. txt 再导入。

8.5.2　中文分词库 jieba 的使用

在文本处理中,常常需要通过分词,将连续的字序列按照一定的规范重新组合成词序列。在英文的句子中,单词之间是以空格作为自然分界符的,因而分词相对容易。而中文句子的单词之间没有形式上的分界符,因而中文分词比较复杂和困难。

使用 Python 第三方库 jieba 可以方便地实现中文分词。在 Windows 命令行界面中,输入命令行命令"pip install jieba",以安装 jieba 库。

jieba 库支持三种分词模式:

(1)精确模式。试图将句子最精确地切开,不存在冗余的单词,适合文本分析。

(2)全模式。把句子中所有可以成词的词语都扫描出来,速度非常快,会存在冗余单词,但不能解决歧义。

（3）搜索引擎模式。在精确模式的基础上，对长词再次切分，提高召回率，适合用于搜索引擎分词。

jieba 库提供的主要函数 API 如表 8-4 所示。

表 8-4　jieba 库的主要函数 API

函数	描述
jieba.cut(s)	对文本 s 进行分词（精确模式），返回一个可迭代对象
jieba.cut(s,cut_all＝True)	对文本 s 进行分词（全模式），返回一个可迭代对象
jieba.cut_for_search(s)	对文本 s 进行分词（搜索引擎模式），返回一个可迭代对象
jieba.lcut(s)	对文本 s 进行分词（精确模式），返回一个列表
jieba.lcut(s,cut_all＝True)	对文本 s 进行分词（全模式），返回一个列表
jieba.lcut_for_search(s)	对文本 s 进行分词（搜索引擎模式），返回一个列表
jieba.add_word(w)	向分词词典中增加新词 w
jieba.del_word(w)	从分词词典中删除词汇 w
jieba.load_uaerdict(file_name)	载入使用自定义分词词典 file_name

注：自定义分词词典中每个单词占一行。

【示例 8-13】使用 jieba 库对“2022 年中央一号文件.txt”，进行统计并分析得出频率最高的 6 个词。

```
import jieba
txtfilepath = 'No1.txt'
with open(txtfilepath, encoding = 'utf-8') as f：    # 打开文件
    txt = f.read()              # 读取文本文件的所有内容
words = jieba.cut(txt)          # 使用精确模式对文本进行分词
counts = {}                     # 通过键/值对的形式存储词语及其出现的次数
for word in words：             # 遍历所有词语，每出现一次其对应的值加 1
    if  len(word) == 1：        # 单个词语不计算在内
        continue
    else：
        counts[word] = counts.get(word, 0) + 1
items = list(counts.items())      # 将键/值对转换成列表
items.sort(key = lambda x：x[1], reverse = True)      # 根据词语出现的次数进行从大
                                                      到小排序
for i in range(6)：
    word, count = items[i]
    print(f"{word}\t{count}")
```

运行结果：

乡村　77

推进 63

建设 61

农村 60

发展 47

振兴 45

8.5.3 词云库 WordCloud 的使用

在文本分析中,当统计关键字(词)的频率后,可以通过词云图(也称文字云)对文本中出现频率较高的"关键词"予以视觉化的展现,从而突出文本中的主旨。使用 Python 第三方库 WordCloud 可以方便地实现词云图。

在 Windows 命令行界面中,输入命令行命令"pip install wordcloud",以安装 WordCloud 库。注意,使用该方法需要本地计算机安装了 Microsoft Visual C++14.0 编译器,否则安装会失败。

WordCloud 库的核心是 WordColoud 类,所有的功能都封装在 WordCloud 类中。使用 WordCloud 库生成词云图,一般遵循以下步骤。

(1)实例化一个 WordCloud 对象,例如,wc = WordCloud()。

(2)调用 wc.generate(text),对文本 text 进行分词,并生成词云图。

(3)调用 wc.to_file("wc.png"),把生成的词云图输出到图像文件 wc.png。其他相关函数,如表 8-5 所示。

表 8-5 生成的词云图的函数

函数	作用
fit_words(frequencies)	根据词频生成词云
generate(text)	根据文本生成词云
generate_from_frequencies(frequencies[，…])	根据词频生成词云
generate_from_text(text)	根据文本生成词云
process_text(text)	将长文本分词一并去除屏蔽词[此处指英语,中文分词还是需要自己用别的库先行实现,可使用上面的 fit_words(frequencies)]
recolor([random_state，color_func，colormap])	对现有输出重新着色。重新着色会比重新生成整个词云快很多
to_array()	转化为 numpy array
to_file(filename)	输出到文件

在生成词云时,WordCloud 默认会以空格或标点为分隔符对目标文本 text 进行分词处理。

默认情况下,WordCloud 对象使用默认参数创建词云图。创建 WordCloud 实例对象时,用户可以通过参数控制词云图的绘制。

创建 WordCloud 对象的常用参数如表 8-6 所示。

表 8-6　创建 WordCloud 对象的常用参数

参数	描述
font_path："字体路径"	词云的字体样式,若要输出中文,则跟随中文的字体
width = n	画布宽度,默认为 400 像素
height = n	画布高度,默认为 400 像素
scale = n	按比例放大或缩小画布
min_font_size = n	设置最小的字体大小
max_font_size = n	设置最大的字体大小
stopwords = 'words'	设置要屏蔽的词语
background_color = ' color'	设置背景板颜色
relative_scaling = n	设置字体大小与词频的关联性
contour_width = n	设置轮廓宽度
contour_color = 'color'	设置轮廓颜色
scale=n	设置数值越大,产生的图片分辨率越高,字迹越清晰

【**示例 8-14**】编写程序,先通过 jieba 库将文件"2022 年中央一号文件．txt"进行文本分词处理,然后使用 WordCloud 库显示中文词云图。

```
import jieba
import wordcloud
excludes = ['和','的','等','不','与','对','为','发展','开展','建设','完善','实施','推进','加强']
with open("No1.txt","r",encoding = "utf-8") as f:
    txt = f.read()
f.close()
words = jieba.lcut(txt)      # 使用精准模式对文本进行分词
newtxt = " ".join(words)      # 使用空格,将 jiebar 分词结果拼接成文本
wc = wordcloud.WordCloud(scale = 4,font_path = "msyh.ttf",
                         width = 1000,height = 700,
                         max_words = 80,
                         background_color = "white",
                         stopwords = excludes
)
wc.generate(newtxt)
wc.to_file("No1.png")
```

运行结果如图 8-6 所示。

图 8-6 【示例 8-14】运行结果

☒ 本章小结

本章介绍了模块、包和库的使用,主要内容如下:

(1)模块是一组 Python 源程序代码,包含多个函数、对象及其方法。

(2)Python 中使用的模块有 3 种:内置模块、第三方模块、自定义模块。

(3)模块的导入方式主要有:import 语句、from … import …语句和 from … import … as …语句 3 种方式。

(4)模块的自定义就是若干实现函数或类的代码的集合,保存在一个扩展名为".py"的文件中。

(5)创建包实际上就是创建一个文件夹,并且在该文件夹中创建一个名称为"__init__.py"的 Python 文件。在 __init__.py 文件中,可以不编写任何代码,也可以编写一些 Python 代码。

(6)常见标准库:turtule 库、random 库、time 库和 datetime 库的使用。

(7)了解第三方库:网络爬虫、科学技术与数据分析、文本处理与分析、数据可视化、用户图形界面、机器学习、Web 开发、游戏开发等的名称以及应用领域。

(8)第三方库:中文分词库和词云库的使用。

☒ 思考题

1. 编写一个自定义模块,在该模块中,定义一个计算圆柱体体积的函数。然后,再创建一个 Python 文件,导入该模块,并且调用计算圆柱体体积的函数计算出圆柱体的体积(要求:输入底面半径和高,π 取 3.14)。

2. 使用 turtle 模块绘制一个红色的正五角星。

3. 绘制"2022 年中央一号文件.txt"的词云图,直观展示热点。思路:先提取关键词,再用 jieba 分词后提取词汇;过滤掉"和""为"等无意义的词;最后用 WordCloud 绘制词云。

第 9 章　NumPy 数值计算

NumPy 是 Numerical Python 的简写,是开源的 Python 科学计算库,支持多维数组与矩阵运算。NumPy 的运算速度快,占用的资源少,并提供大量的数学函数,为数据科学提供了强大的科学计算环境,是学习数据分析和机器学习相关算法的重要基础。

本章介绍 NumPy 中一维数组和二维数组的基本使用方法,并通过实例加以应用。

9.1　数组的创建与访问

NumPy 的数据结构是 N 维(多维)的数组对象,称为 ndarray。数组中通常存储的都是相同类型的数据,并且数组的维度和大小必须事先确定。NumPy 的诞生弥补了这些缺陷,它提供了两种基本的对象。

(1)ndarray(n-dimensional array object):存储单一数据类型的多维数组。

(2)ufunc(universal function object):一种能够对数组进行处理的函数。

在应用 NumPy 前,必须先安装 NumPy 模块,使用 pip 工具,安装命令为:pip install numpy。

使用 NumPy 库前必须先执行下列导入操作。

```
import numpy as np
```

后文中的 np 均指 NumPy 模块,不再赘述。

9.1.1　创建数组

NumPy 提供了多种创建数组的方法,可以创建多种形式的数组。本节主要介绍创建一维数组和二维数组的常用方法。

一维数组只有一个维度,二维数组有两个维度,从形式上可以看作是一个由行和列构成的二维表格,每个维度对应一个轴(axis)。如图 9-1 所示是一个二维数组示意图,包含 4 行 4 列,第 1 维度(即第 0 轴)有 4 行,第 2 维度(即第 1 轴)有 4 列。

第 1 轴			
1	2	3	4
5	6	7	8
9	10	11	12
13	14	15	16

（第 0 轴）

图 9-1　二维数组示意图

1. 使用 array( )函数创建数组对象

使用 array( )函数可以将 Python 序列对象或可迭代对象转换为 NumPy 数组。

【示例 9-1】利用 array( )函数生成 NumPy 数组。

```
importnumpy as np
arr_1 = np. array([1, 4, 7])        # 列表转换为数组
print(arr_1)
print(type(arr_1))       # 查看数据类型
arr_2 = np. array((1, 4, 7), dtype = np. float64)       # 元组转换为数组
print(arr_2)
arr_3 = np. array(range(6))       # range 对象转换成数组
print(arr_3)
arr_4 = np. array([[1, 4, 7], [2, 5, 8]])       # 嵌套列表转换为二维数组
print(arr_4)
```

运行结果：

```
[1 4 7]
<class 'numpy. ndarray'>
[1. 4. 7.]
[0 1 2 3 4 5]
[[1 4 7]
 [2 5 8]]
```

2. 使用 arange()函数创建数组

arange()函数的语法结构：

arange (start, stop, step)

用法类似 Python 的内置函数 range()，只不过 arange()函数生成的是一系列数字元素的数组。

【示例 9-2】使用 arange()函数创建数组示例。

```
importnumpy as np
arr_1 = np. arange(6)
print(arr_1)
arr_2 = np. arange(1, 10, 2)
print(arr_2)
```

运行结果：

```
[0 1 2 3 4 5]
[1 3 5 7 9]
```

3. 创建随机数数组

使用 numpy. random 模块中的函数可以创建随机整数数组、随机小数数组以及符合正态分布的随机数数组等。

说明：由于是随机数，所以每次的执行结果都不完全相同。

【示例 9-3】创建随机数数组示例。

```
importnumpy as np
arr_1 = np. random. randint(0, 50, size = (3,4))       # 3 行 * 4 列的随机整数
```

```
print(arr_1)
arr_2 = np.random.rand(4)      # [0,1)之间均匀分布的随机数
print(arr_2)
arr_3 = np.random.standard_normal(5)      # 符合标准正态分布的随机数
print(arr_3)
```

运行结果：

$$[[47\ 27\ 25\ 24]$$
$$[32\ 42\ 13\ 41]$$
$$[37\ 41\ \ 8\ 31]]$$
$$[0.5055911\ \ 0.92648401\ 0.59602371\ 0.10923207]$$
$$[\ 0.22533595\ \ 1.29729245\ -1.40389456\ \ 1.36343792\ -1.67341697]$$

seed()函数用于指定随机数生成时所用算法开始的整数值。

(1)如果使用相同的 seed()函数值,则每次生成的随机数都相同。

(2)如果不设置该值,则系统根据时间自主选择该值,生成自己的种子。此时每次生成的随机数因时间差异而不同。

(3)设置的 seed()函数值仅一次有效。

【示例 9-4】seed()函数的使用。

```
import numpy as np
for i in range(3):
    np.random.seed(18)
    print(i,np.random.random())
for i in range(3):
    np.random.seed(i)
    print(i,np.random.random())
```

运行结果：

```
0 0.6503742417395917
1 0.6503742417395917
2 0.6503742417395917
0 0.5488135039273248
1 0.417022004702574
2 0.43599490214200376
```

4. 创建数组的其他方式

NumPy 还提供了很多创建数组的其他函数,如表 9-1 所示。

表 9-1　NumPy 中创建数组的其他常用函数

函数	功能
zeros()	创建元素全为 0 的数组
ones()	创建元素全为 1 的数组

续表9-1

函数	功能
full()	创建元素全为某个指定值的数组
linespace()	用指定的起始值、终止值和元素个数创建一个等差数列
logspace()	用指定的起始值、终止值和元素个数创建一个对数数列
identity()	创建单位矩阵

【示例 9-5】创建数组的其他方式示例。

```python
import numpy as np
arr_1 = np.zeros(3)
print(arr_1)
arr_2 = np.ones((2,3))
print(arr_2)
arr_3 = np.full((2,3),8)      # 元素为 6 的二维数组
print(arr_3)
arr_4 = np.linspace(0,1,5)
print(arr_4)
arr_5 = np.identity(4)
print(arr_5)
```

运行结果：

```
[0. 0. 0.]
[[1. 1. 1.]
 [1. 1. 1.]]
[[8 8 8]
 [8 8 8]]
[0.   0.25 0.5  0.75 1.   ]
[[1. 0. 0. 0.]
 [0. 1. 0. 0.]
 [0. 0. 1. 0.]
 [0. 0. 0. 1.]]
```

9.1.2　查看数组属性

通过 NumPy 对象的 shape、ndim、size 和 dtype 等属性可以查看数组的形状、维度、大小和元素的数据类型。

【示例 9-6】查看 ndarray 对象的属性。

```python
import numpy as np
arr_1 = np.arange(6)
print("数组一：",arr_1)
```

```
print(f"形状为:{ arr_1.shape},维度为:{arr_1.ndim},大小为:{arr_1.size}")
arr_2 = np.array([[1,4,7],[2,5,8]])
print("数组二:\n",arr_2)
print(f"形状为:{ arr_2.shape},维度为:{arr_2.ndim},大小为:{arr_2.size}")
```
运行结果:

数组一:[0 1 2 3 4 5]

形状为:(6,),维度为:1,大小为:6

数组二:

[[1 4 7]

 [2 5 8]]

形状为:(2,3),维度为:2,大小为:6

注意:利用 shape 属性查看数组形状时,返回的元组中包含几个元素就表示这是几维数组。元组中的元素个数表示每个维度的数据量,即每个轴的长度。

9.1.3 访问数组

一维数组只有一个维度的下标,二维数组有横向和纵向两个维度的下标,既可以通过下标访问数组元素,也可以利用布尔型索引选择数组元素。

1. 下标访问

(1)访问一维数组。语法格式如下:

数组对象名[下标]

参数说明:

可以使用索引、切片、列表作为下标。

索引和切片的使用方法与访问列表相同。数组也支持双向索引,当正整数作为下标时,0 表示第 1 个元素,1 表示第 2 个元素,依此类推;当负整数作为下标时,-1 表示最后 1 个元素,-2 表示倒数第 2 个元素,依此类推。

【示例 9-7】一维数组的访问示例。

```
import numpy as np
arr = np.arange(1,20,2)
print(arr)
print(arr[3], arr[-1])     # 索引访问
print(arr[0:3])     # 切片访问:获取前 3 个元素
print(arr[::2])     # 从 0 位置开始,间隔 2 个步长获取元素
print(arr[[1, 2, 5]])       # 列表作为下标:获取下标为 1、2、5 位置的元素
```
运行结果:

[1 3 5 7 9 11 13 15 17 19]

7 19

[1 3 5]

[1 5 9 13 17]

[3 5 11]

（2）访问二维数组。

语法格式一：

数组对象名[行下标]。

参数说明如下：

按行访问，行下标可以是索引、切片或列表形式。

【示例 9-8】运用行下表访问二维数组。

```
import numpy as np
arr_1 = np.array(([1,4,7],[2,5,8],[3,6,9]))
print("输出全部元素:\n", arr_1)
print("输出第 0 行的所有元素:\n", arr_1[0])      # 返回第 0 行的所有元素
print("输出第 0～第 1 行的所有元素:\n", arr_1[0:2])      # 返回第 0～1 行的所有元素
print("输出第 0 行和第 2 行的所有元素:\n", arr_1[[0, 2]])      # 返回第 0 行和第 2 行的所有元素
```

运行结果：

输出全部元素：

```
 [[1 4 7]
  [2 5 8]
  [3 6 9]]
```

输出第 0 行的所有元素：

```
 [1 4 7]
```

输出第 0～1 行的所有元素：

```
 [[1 4 7]
  [2 5 8]]
```

输出第 0 行和第 2 行的所有元素：

```
 [[1 4 7]
  [3 6 9]]
```

语法格式二：

数组对象名[行下标,列下标]。

参数说明如下：

通过行和列两个维度定位元素。行下标和列下标可以是索引、切片或列表形式。

使用"："可以表示所有行或所有列。

【示例 9-9】通过行和列两个维度定位元素。

```
import numpy as np
arr_1 = np.array(([1,4,7],[2,5,8],[3,6,9]))
print("输出全部元素:\n", arr_1)
print("输出第 0 行第 2 列位置上的元素:\n", arr_1[0, 2])
print("输出第 0～1 行的第 1～2 列区域中的元素:\n", arr_1[0:2, 1:3])
print("输出第 0 行的第 1～2 列区域中的元素:\n", arr_1[0, 1:3])
```

```
print("输出第 0 行和第 2 行的第 1～2 列区域中的元素:\n", arr_1[[0,2], 1:3])
print("输出所有行的第 1～2 列区域中的元素:\n", arr_1[:, 1:3])
```

运行结果:

输出全部元素:

　[[1 4 7]

　[2 5 8]

　[3 6 9]]

输出第 0 行第 2 列位置上的元素:

　7

输出第 0～1 行的第 1～2 列区域中的元素:

　[[4 7]

　[5 8]]

输出第 0 行的第 1～2 列区域中的元素:

　[4 7]

输出第 0 行和第 2 行的第 1～2 列区域中的元素:

　[[4 7]

　[6 9]]

输出所有行的第 1～2 列区域中的元素:

　[[4 7]

　[5 8]

　[6 9]]

2. 布尔型索引访问

语法格式如下:

数组对象名[布尔型索引]

参数说明如下:

布尔型索引通过一组布尔值(True 或 False)对 NumPy 数组进行取值操作,返回数组中索引值为 True 的位置上的元素。通常利用数组的条件运算(也称布尔运算)得到一组布尔值,再通过这组布尔值从数组中选出满足条件的元素。

【示例 9-10】假设现在有一组存储了学生姓名的数组,以及一组存储了学生各科成绩的数组,存储学生成绩的数组中,每一行成绩对应的是一个学生的成绩。如果我们想筛选某个学生对应的成绩,可以通过比较运算符先产生一个布尔型数组,然后利用布尔型数组作为索引,返回布尔值 True 对应位置的数据。

```
import numpy as np
# 存储学生姓名的数组
student_name = np.array(['申凡', '石英', '史伯', '王骏'])

# 存储学生成绩的数组
student_score = np.array([[75, 98, 56], [79, 86, 78], [76, 89, 90], [84, 87, 76]])
# 对 student_name 和字符串"王骏"通过运算符产生一个布尔型数组
```

student_name = = '王骏'

\# 将布尔型数组作为索引应用于存储成绩的数组 student_score

\# 返回的数据是 True 值对应的行

print(student_score[student_score > 85])

print(student_score[student_name = = '王骏'])

运行结果:

[98 86 89 90 87]

[[84 87 76]]

9.1.4 修改数组

对于已经建立的数组,可以修改数组元素,也可以改变数组的形状。

1. 修改数组元素与查询

使用下列 NumPy 函数可以添加或删除数组元素。这些操作会返回一个新的数组,原数组不受影响。

append():追加一个元素或一组元素。

insert():在指定位置插入一个元素或一组元素。

delete():删除指定位置上的一个元素。

通过为数组元素重新赋值可以修改数组元素,赋值操作会改变原来的数组。

特别需要注意的是赋值操作属于"原地修改",即操作结果会影响原来的对象。

数组的查询同样可以使用索引和切片方法来获取指定范围的数组或数组元素,还可以通过 where 函数查询符合条件的数组或数组元素。

where 函数的语法如下:

numpy. where(condition, x, y)

上述语法中,第 1 个参数为一个布尔数组,第 2 个参数和第 3 个参数可以是标量也可以是数组。

满足条件(参数 condition),输出参数 x;不满足条件则输出参数 y。如果不指定参数 x 和 y,则输出满足条件的数组元素。

【示例 9-11】运用方法实现数组元素的增、删、改和查。

```
import numpy as np
arr_1 = np. arange(6)
print(arr_1)
arr_2 = np. append(arr_1, 6)      # 追加一个元素,返回一个新的数组
print(arr_2)
arr_3 = np. append(arr_1, [9, 10])     # 追加一组元素
print(arr_3)
arr_4 = np. insert(arr_1, 1, 8)      # 在第 1 个下标位置处插入元素 8
print(arr_4)
arr_5 = np. delete(arr_1, 1)      # 删除下标为 1 的元素
print(arr_5)
```

```
arr_1[3] = 8      # 修改元素值
print(arr_1)
arr_6 = arr_1[np.where(arr_1 >= 5)]
print(arr_6)      # 输出大于 8 的数组元素
```
运行结果：

[0 1 2 3 4 5]

[0 1 2 3 4 5 6]

[0 1 2 3 4 5 9 10]

[0 8 1 2 3 4 5]

[0 2 3 4 5]

[0 1 2 8 4 5]

[8 5]

2. 数组的重塑

数组的重塑实际上是更改数组的形状，例如将原来 2 行 3 列的数组重塑为 3 行 2 列的数组。使用数组对象的 shape 属性和 reshape()、flatten()、ravel() 等方法可以在保持元素数目不变的情况下改变数组的形状，即改变数组每个轴的长度。

在 NumPy 中主要使用 reshape 方法，该方法用于改变数组的形状。与 reshape 相反的方法是数据散开（ravel）或数据扁平化（flatten）。

【示例 9-12】数组重塑示例。

```
import numpy as np
arr = np.arange(6)
print("创建的一维数组为:\n",arr)
arr2d = arr.reshape(2,3)
print("由一维变二维数组为:\n",arr2d)
arr2d = np.array([[1,4,7],[2,5,8]])
arr2d_new = arr2d.reshape(3,2)
print("改变数组维度为:\n",arr2d_new)
arr2d_r = arr2d.ravel()
print("数据散开为:\n",arr2d_r)
```
运行结果：

创建的一维数组为：

　[0 1 2 3 4 5]

由一维变二维数组为：

　[[0 1 2]

　[3 4 5]]

改变数组维度为：

　[[1 4]

　[7 2]

　[5 8]]

数据散开为：

    [1 4 7 2 5 8]

要注意的是,数组重塑是基于数组元素不发生改变的情况下实现的,重塑后的数组所包含的元素个数必须与原数组的元素个数相同,如果数组元素发生改变,程序就会报错,即数据重塑不会改变原来的数组。

修改 shape 属性会直接改变原数组的形状,这种操作称为原地修改。reshape()、flatten()、ravel()等方法不会影响原数组,而是返回一个改变形状的新数组。

改变数组形状时,可以将某个轴的大小设置为-1,Python 会根据数组元素的个数和其他轴的长度自动计算该轴的长度。

9.2 数组的运算

创建数组后,可以对数组进行算术运算、布尔运算、点积运算和统计运算等。

9.2.1 数组的转置

数组的转置是指交换数组的维度,可以使用数组对象的 T 转置操作完成。

【示例 9-13】矩阵转置的示例。

```
import numpy as np
arr_1 = np.array([[1, 4, 7], [2, 5, 8]])
print("输出原矩阵:\n",arr_1)
arr_2 = arr_1.T
print("输出转置后的矩阵:\n",arr_2)
arr_3 = np.array([1,2,3])
print("输出原一维数组矩阵:\n",arr_3)
print("一维数组转置后矩阵:\n",arr_3.T)     # 一维数组转置后和原来是一样的
```

运行结果：

输出原矩阵：

    [[1 4 7]

    [2 5 8]]

输出转置后的矩阵：

    [[1 2]

    [4 5]

    [7 8]]

输出原一维数组矩阵：

    [1 2 3]

一维数组转置后矩阵：

    [1 2 3]

9.2.2　数组的算术运算

1. 数组与标量的算术运算

标量就是一个数值。我们可以使用算术运算符和数学函数对数组和标量进行算术运算，如表 9-2 所示。

表 9-2　NumPy 中的算术运算符和相应的数学函数

算术运算	算术运算符	数学函数
加	+	add
减	−	subtract
乘	*	multiply
除	/	divide
整除	//	divmod
取余	%	remainder
乘方	* *	power
开方		sqrt

当数组与标量进行算术运算时，数组中的每个元素都与标量进行运算，结果返回新的数组。对于除法运算和乘方运算，标量在前和在后时的运算结果是不同的。

【示例 9-14】矩阵的加、减、乘和除运算。

```
import numpy as np
arr_1 = np.array((1, 2, 3, 4, 5))
print("数组:\n",arr_1)
print("数组与 2 相加的结果:\n",arr_1 + 2)        # 相加
print("数组与 2 相除的结果:\n",arr_1/2)          # 相除
print("数组与 2 次幂的结果:\n",arr_1 * * 2)      # 计算数组中每个元素的 2 次幂
print("数组与 2 相乘的结果:\n",np.multiply(arr_1, 2))   # 相乘
print("数组与 2 商与余数的结果:\n",np.divmod(arr_1, 2)) # 结果分别表示商和余数
运行结果:
数组:
 [1 2 3 4 5]
数组与 2 相加的结果:
 [3 4 5 6 7]
数组与 2 相除的结果:
 [0.5 1.  1.5 2.  2.5]
数组与 2 次幂的结果:
 [1  4  9 16 25]
```

数组与 2 相乘的结果：

$$[2 \quad 4 \quad 6 \quad 8 \, 10]$$

数组与 2 相商与余数的结果：

$$(array([0, 1, 1, 2, 2], dtype = int32), array([1, 0, 1, 0, 1], dtype = int32))$$

2. 数组与数组的算术运算

当数组与数组进行算术运算时，如果两个数组的形状相同，则得到一个新数组，其中每个元素值为两个数组中对应位置上的元素进行算术运算后的结果。当两个数组的形状不同时，如果符合广播要求，则进行广播，否则会报错。

【示例 9-15】 大小相等的数组之间的算术运算。

```
import numpy as np
data1 = np.array([[3, 6, 9], [2, 5, 6]])
data2 = np.array([[1, 2, 3], [1, 2, 3]])
print('两个数组相加的结果:\n',data1 + data2)
print('两个数组相乘的结果:\n',data1 * data2)
print('两个数组相减的结果:\n',data1-data2)
print('两个数组相除的结果:\n',data1/data2)
print('两个数组幂运算的结果:\n',data1 * * data2)
```

运行结果：

两个数组相加的结果：

$$[[\ 4 \quad 8 \, 12]$$
$$[\ 3 \quad 7 \quad 9]]$$

两个数组相乘的结果：

$$[[\ 3 \, 12 \, 27]$$
$$[\ 2 \, 10 \, 18]]$$

两个数组相减的结果：

$$[[2 \, 4 \, 6]$$
$$[1 \, 3 \, 3]]$$

两个数组相除的结果：

$$[[3. \quad 3. \quad 3. \ ]$$
$$[2. \quad 2.5 \, 2. \ ]]$$

两个数组幂运算的结果：

$$[[\ 3 \quad 36 \, 729]$$
$$[\ 2 \quad 25 \, 216]]$$

数组在进行矢量化运算时，要求数组的形状是相等的。当形状不相等的数组执行算术运算时，就会出现广播机制，该机制会对数组进行扩展，使数组的 shape 属性值一样，这样就可以进行矢量化运算了。

所谓广播是指不同形状的数组之间执行算术运算的方式。广播机制需要遵循 4 个原则：

(1)让所有输入数组都向其中 shape 最长的数组看齐，shape 中不足的部分都通过在前面加 1 补齐。

（2）输出数组的 shape 是输入数组 shape 的各个轴上的最大值。

（3）如果输入数组的某个轴和输出数组的对应轴的长度相同，或者其长度为 1 时，这个数组能够用来计算，否则出错。

（4）当输入数组的某个轴的长度为 1 时，沿着此轴运算时都使用此轴上的第一组值。

【示例 9-16】形状不相等的数组矢量化运算。

```
import numpy as np
arr1 = np.array([[0], [1], [2], [3]])
print('数组 arr1 的形状:\n',arr1.shape)
arr2 = np.array([1, 2, 3])
print('数组 arr2 的形状:\n',arr2.shape)
print('arr1 与 arr2 相加的结果为:\n',arr1 + arr2)
运行结果:
数组 arr1 的形状:
  (4,1)
数组 arr2 的形状:
  (3,)
arr1 与 arr2 相加的结果为:
  [[1 2 3]
  [2 3 4]
  [3 4 5]
  [4 5 6]]
```

上述代码中，数组 arr1 的 shape 是(4,1)，arr2 的 shape 是(3,)，这两个数组要是进行相加，按照广播机制会对数组 arr1 和 arr2 都进行扩展，使得数组 arr1 和 arr2 的 shape 都变成(4,3)

下面通过一张图来描述广播机制扩展数组的过程，具体如图 9-2 所示。

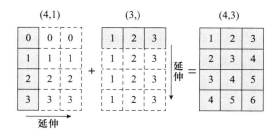

图 9-2　数组广播机制

广播机制实现了对两个或两个以上数组的运算，即使这些数组的 shape 不是完全相同的，只需要满足以下任意一个条件即可：①数组的某一维度等长；②其中一个数组的某一维度为 1。

广播机制需要扩展维度小的数组，使其与维度最大的数组的 shape 值相同，以便使用元素级函数或者运算符进行运算。

9.2.3 数组的布尔运算

布尔运算是指运算结果为布尔型对象(True 或 False)的操作,包括关系运算和逻辑运算。布尔运算的结果可用作访问数组元素的条件。

1. 数组和标量的布尔运算

当数组和标量进行布尔运算时,就是将数组中的每个元素与标量进行比较。

【示例 9-17】数组和标量的布尔运算示例。

```python
import numpy as np
arr_1 = np.random.rand(5)      # 随机数数组
print(arr_1)
print(arr_1 > 0.6)
print(arr_1[(arr_1 > 0.6)])      # 条件选择
```

运行结果:

```
[0.46281078 0.69593133 0.01058559 0.84583793 0.76860401]
[False True False True True]
[0.69593133 0.84583793 0.76860401]
```

2. 数组和数组的布尔运算

当数组和数组进行布尔运算时,就是将两个数组对应位置上的元素进行比较。当数组形状不同时,如果符合广播要求,则进行广播,否则会报错。

【示例 9-18】数组和数组的布尔运算示例。

```python
import numpy as np
arr_1 = np.array([[3, 6, 9], [2, 5, 7]])
arr_2 = np.array([[1, 8, 7], [2, 5, 8]])
print(arr_1 < arr_2)
print(arr_1[arr_1 < arr_2]) # 条件选择
```

运行结果:

```
[[False  True  False]
 [False  False  True]]
[6  7]
```

9.2.4 数组的点积运算

进行点积运算时,如果两个数组是长度相同的一维数组,则运算结果为两个数组对应位置上的元素乘积之和,即向量内积。如果两个数组是形状分别为(m,k)和(k,n)的二维数组,则表示矩阵相乘,运算结果是形状为(m,n)的二维数组,这种情况与 NumPy 的 matmul()函数计算结果等价。

【示例 9-19】矩阵乘法的 dot()方法,求数组的点积。

```python
import numpy as np
arr_x = np.array([[1, 2, 3], [4, 5, 6]])
```

```
arr_y = np.array([[1, 2], [3, 4], [5, 6]])
result = arr_x.dot(arr_y)    # 等价于 np.dot(arr_x, arr_y)
print("输出两个矩阵的点积:\n",result)
```

运行结果:

输出两个矩阵的积:

　　[[22 28]

　　[49 64]]

9.2.5　数组的统计运算

NumPy 中常用的统计函数如表 9-3 所示。

表 9-3　NumPy 常用的统计函数

名称	功能	名称	功能
sum()	计算和	prod()	计算乘积
min()	计算最小值	percentitle()	计算百分位数
max()	计算最大值	argmax()	返回最大值的索引
mean()	计算平均值	argmin()	返回最小值的索引
std()	计算标准差	cumsum()	计算累计和
var()	计算方差	cumprod()	计算累计乘积

数组统计函数使用方法如下例所示。

【示例 9-20】数组统计函数的应用。

```
import numpy as np
arr = np.arange(10)
print("输出数组元素:",arr)
print("所有数组元素求和:",arr.sum())
print("所有数组元素求平均值:",arr.mean())
print("所有数组元素求最小值:",arr.min())
print("所有数组元素求最大值:",arr.max())
print("所有数组元素求最小值的索引:",arr.argmin())
print("所有数组元素求最大值的索引:",arr.argmax())
print("所有数组元素求累计和:",arr.cumsum())
print("所有数组元素求累计积:",arr.cumprod())
```

运行结果:

输出数组元素:[0 1 2 3 4 5 6 7 8 9]

所有数组元素求和:45

所有数组元素求平均值:4.5

所有数组元素求最小值:0

所有数组元素求最大值:9

所有数组元素求最小值的索引：0

所有数组元素求最大值的索引：9

所有数组元素求累计和：[0　1　3　6 10 15 21 28 36 45]

所有数组元素求累计积：[0 0 0 0 0 0 0 0 0 0]

对于多维数组，可以选择在不同的轴向进行统计运算。

数组中的每个维度都对应一个轴。二维数组有两个维度：axis＝0 对应第一个维度，axis＝1 对应第二个维度。其余的依此类推。

对二维数组进行统计运算时，如果不指定轴向，则默认是对整个数组进行统计；如果指定 axis＝0，则表示按第 1 个维度统计；如果指定 axis＝1，则表示按第 2 个维度统计。

【示例 9-21】从数组中的行、列维度的均值。

```
import numpy as np
arr_1 = np.array([[1, 4, 7], [2, 5, 8]])
print("输出原矩阵:\n", arr_1)
print("统计各列的均值:\n", np.mean(arr_1, axis = 0))
print("统计各行的均值:\n", np.mean(arr_1, axis = 1))
```

运行结果：

输出原矩阵：

　[[1 4 7]

　[2 5 8]]

统计各列的均值：

　[1.5 4.5 7.5]

统计各行的均值：

　[4 5]

9.3　数组的操作

对数组中的元素可以进行排序、合并等操作。

9.3.1　数组的排序

使用 NumPy 对象的 sort()方法或 NumPy 中的 argsort()函数可以对数组进行排序，前者是原地排序，会改变原数组中元素的位置；后者会返回新的排序结果，不会影响原数组中元素的位置。如果要返回排序后的元素在原数组中的索引，则可以使用 arg()方法或 argsort()函数。

在 NumPy 中，直接排序经常使用 sort()函数，间接排序经常使用 argsort()函数和 lexsort()函数。

1. sort()函数

sort()函数是最常用的排序方法，函数调用改变原始数组，无返回值。sort()函数的语法格式如下：

```
sort(a,axis,kind,order)
```

参数说明如下：

a：要排序的数组。

axis：使得 sort()函数可以沿着指定轴对数据集进行排序。axis＝1 为沿横轴排序；axis＝0 为沿纵横排序；axis＝None,将数组平坦化之后进行排序。

kind：排序算法,默认为 quicksort。

order：如果数组包含字段,则是要排序的字段。

【示例 9-22】利用 sort()方法对数组排序。

```python
import numpy as np
arr = np.array([[4, 1, 7], [3, 9, 6], [8, 5, 2]])
arr_copy = arr
print("输出原数组:\n",arr)
arr.sort()
print("输出排序后的数组:\n",arr)
arr_copy.sort(0)        # 沿着编号为 0 的轴对元素排序
print("沿着编号为 0 的轴对元素排序:\n",arr_copy)
```

从上述代码可以看出,当调用 sort()方法后,数组 arr 中数据按行从小到大进行排序。需要注意的是,使用 sort()方法排序会修改数组本身。

2. argsort()函数

使用 argsort()函数对数组进行排序,返回升序排列之后的数组值为从小到大的索引值。

【示例 9-23】argsort()函数的应用示例。

```python
import numpy as np
x = np.array([4,8,3,2,7,5,1,9,6,0])
print('升序排序后的索引值:')
y = np.argsort(x)
print(y)
print('排序后的顺序重构原数组:')
print(x[y])
```

运行结果：

升序排序后的索引值：

```
[9 6 3 2 0 5 8 4 1 7]
```

排序后的顺序重构原数组：

```
[0 1 2 3 4 5 6 7 8 9]
```

3. lexsort()函数

lexsort()函数用于对多个序列进行排序。我们可以把它当作对电子表格进行排序,每一列代表一个列,排序时会优先照顾位置靠后的列。

【示例 9-24】使用 argsort()函数和 lexsort()函数进行排序。

```python
import numpy as np
arr = np.array([7,9,5,2,9,4,3,1,4,3])
```

```
print('原数组:',arr)
print('排序后各数据的索引:',arr. argsort())
#返回值为数组排序后的下标排列
print('显示较大的 5 个数:',arr[arr. argsort()][-5:])
a = [1,5,7,2,3,-2,4]
b = [9,5,2,0,6,8,7]
ind = np. lexsort((b,a))
print('ind:',ind)
tmp = [(a[i],b[i])for i in ind]
print('tmp:',tmp)
```

运行结果:

原数组:[7 9 5 2 9 4 3 1 4 3]

排序后各数据的索引:[7 3 6 9 5 8 2 0 1 4]

显示较大的 5 个数:[4 5 7 9 9]

ind:[5 0 3 4 6 1 2]

tmp:[(-2, 8), (1, 9), (2, 0), (3, 6), (4, 7), (5, 5), (7, 2)]

二维数组排序时需要指定按哪个轴进行排序,默认 axis=1,表示按第 2 个维度排序。如果 axis=0,则表示按第 1 个维度排序。

9.3.2　数组的合并

两个数组可以沿不同的轴向进行合并,NumPy 提供了 vstack()、hstack()以及 concatenate()等合并函数。

数组合并用于多个数组间的操作,NumPy 使用 hstack()、vstack()和 concatenate()函数完成数组的组合。

横向合并是将 ndarray 对象构成的元组作为参数,传给 hstack()函数。

纵向合并是使用 vstack()对象将数组合并。

【示例 9-25】数组纵、横合并。

```
import numpy as np
arr1 = np. array([[1,2],[3,4],[5,6]])
arr2 = np. array([[10,20],[30,40],[50,60]])
h_arr = np. hstack((arr1,arr2))
print("横向方向合并数据后的数组:\n",h_arr)
v_arr = np. vstack((arr1,arr2))
print("纵向方向合并数据后的数组:\n",v_arr)
```

运行结果:

横向方向合并数据后的数组:

　　[[1　 2 10 20]

　　[3　 4 30 40]

　　[5　 6 50 60]]

纵向方向合并数据后的数组：

```
[[ 1  2]
 [ 3  4]
 [ 5  6]
 [10 20]
 [30 40]
 [50 60]]
```

【示例 9-26】concatenate 函数合并数组。

```
arr1 = np.arange(6).reshape(3,2)
arr2 = arr1 * 2
print('横向组合为:\n',np.concatenate((arr1,arr2),axis = 1))
print('纵向组合为:\n',np.concatenate((arr1,arr2),axis = 0))
```

运行结果：

横向组合为：

```
[[ 0  1  0  2]
 [ 2  3  4  6]
 [ 4  5  8 10]]
```

纵向组合为：

```
[[ 0  1]
 [ 2  3]
 [ 4  5]
 [ 0  2]
 [ 4  6]
 [ 8 10]]
```

☒ 本章小结

本章介绍了 NumPy 中一维数组和二维数组的创建与使用，主要内容如下。

（1）NumPy 是 Python 的扩展库，它提供了多种创建数组的方法，既可以将 Python 序列对象或可迭代对象转换为 NumPy 数组，也可以直接创建不同类型和维度的数组。

（2）数组既支持使用索引、切片和列表作为下标访问数组元素，也支持布尔型索引访问。

（3）数组元素可以添加、修改或删除，形状也可以改变。

（4）数组支持算术运算、布尔运算、点积运算和统计运算。进行统计运算时，既可以按整个数组进行计算，也可以按不同的轴向进行计算。

（5）数组可以按不同的轴向排序，也可以将两个数组合并到一起。

☒ 思考题

1. 创建一个自定义数据类型。该数据类型是由姓名和手机号码组成，其中姓名是长度为

6个字符的字符串类型,手机号码是长度为11位的整型数。然后,再创建该自定义数据类型的数组。

2. 通过排序解决成绩相同学生的录取问题。某重点高中,精英班按照总成绩录取学生。由于名额有限,在总成绩相同时,数学成绩高的学生会被优先录取;总成绩和数学成绩都相同时,英语成绩高的学生优先录取。

3. 完成下列数组、矩阵和随机数的操作与运算。

(1)创建2行4列的数组 arr_a,数组中的元素为0~7,要求用 arange()函数创建。

(2)利用生成随机数函数创建有4个元素的一维数组 arr_b。

(3)计算 arr_a 和 arr_b 的矢量积和数量积。

(4)将数组的数量积中小于2的元素组成新数组。

(5)将 arr_a 和 arr_b 转换成矩阵,计算矩阵的矢量积和数量积。

(6)向 arr_a 数组添加元素[9,10]后,再赋值给 arr_a 数组。

(7)在 arr_a 数组第3个元素之前插入[11,12]元素后,再赋值给 arr_a 数组。

(8)从 arr_a 数组中删除下标为奇数的元素。

(9)将 arr_a 数组转换成列表。

4. 假设有一张成绩表记录了12名学生的 Python、数据库、机器学习、数据存储、数据可视化这5门课的成绩,成绩范围均为50~100分。10名学生的学号分别为20220100、20220101、20220102、20220103、20220104、20220105、20220106、20220107、20220108 和 20220109。

要求:利用 NumPy 数组完成以下操作。

(1)使用随机数模拟学生成绩,并存储在数组中。

(2)查询学号为 20220105 的学生的机器学习成绩。

(3)查询学号为 20220100、20220102、20220105、20220109 的4位学生的数据库、数据可视化和机器学习成绩。

(4)查询大于或等于90分的成绩和相应学生的学号。

(5)按各门课程的成绩排序。

(6)按每名学生的成绩排序。

(7)计算每门课程的平均分、最高分和最低分。

(8)计算每名学生的最高分和最低分。

(9)查询最低分及相应的学生学号和课程。

(10)查询最高分及相应的学生学号和课程。

(11)数据库、数据可视化、机器学习、数据存储、Python 这5门课程在总分中的占比分别为25%、25%、20%、15%、15%。如果总分为100分,则计算每名学生的总成绩。

(12)查询最高的3个总分。

第 10 章　Pandas 数据处理分析

Pandas 是数据分析的三大剑客之一，也是 Python 的核心数据分析库，它是基于 NumPy 的 Python 库。Pandas 最初被作为金融数据分析工具而开发出来，后来被广泛地应用到经济、统计、分析等学术和商业等领域。党的二十大报告中指出："必须坚持科技是第一生产力、人才是第一资源、创新是第一动力，深入实施科教兴国战略、人才强国战略、创新驱动发展战略，开辟发展新领域新赛道，不断塑造发展新动能新优势。"利用 Pandas 数据处理能够简单、直观、快速地处理各种类型的数据，比如表格数据、矩阵数据、时间序列数据以及统计数据集等，促进产业新发展。

Pandas 基于 NumPy 构建，是进行数据分析和数据挖掘的有效工具。Pandas 中有两个主要的数据结构：Series（系列）和 DataFrame（数据框），两者分别用于处理带标签的一维数组和带标签的二维数组。

使用 Pandas 库，必须先执行下列导入操作：

```
import pandas as pd     # 导入 pandas 模块
```

10.1　Pandas 基本数据结构

10.1.1　Series 数据结构定义与操作

Series 对象由索引（index）和值（values）两部分组成，索引就是值的标签。

默认使用正整数作为每个值的索引（从 0 开始，表示数据的位置编号）；也可以为索引定义一个标识符（称为索引名或标签）。这种形式类似字典的"键/值"对结构，每个索引作为键。

Series 是 Pandas 中的基本对象，在 NumPy 的 ndarray 基础上进行扩展。Series 支持下标存取元素和索引存取元素。每个 Series 对象都由两个数组组成，即索引和值。

index 是索引对象，用于保存标签信息。若创建 Series 对象时不指定 index，Pandas 将自动创建一个表示位置下标的索引。

values 是保存元素值的数组。

Series 对象结构示意图如图 10-1 所示。

图 10-1 展示的是 Series 的结构表现形式，其索引位于左侧，数据元素位于右侧。

利用 Python 列表、元组、字典、range 对象和一维数组等可以创建一个 Series 对象。

Series	
index（索引）	element（数据元素）
0	1
1	2
2	3
3	4
4	5
5	6

图 10-1　Series 对象结构示意图

语法结构如下：

Series(data, index,dtype)

参数说明如下：

data：Series 中的数据。

index：自定义的索引标识符。标识符的个数要与数据个数相同。

dtype：指定数据类型。

创建系列对象后，可以使用索引、切片或列表作为下标访问系列中的元素。

【示例 10-1】利用 Pandas 的 Series 方法创建 Series 对象与元素访问。

```
import pandas as pd
ser_obj1 = pd.Series(data = [185, 165, 156, 175])  #直接使用 Series 对象创建
print("自动生成整数索引的 ser_obj1:\n",ser_obj1)
ser_obj2 = pd.Series(data = [185, 165, 156, 175],index = ['Strong', 'Tommy', 'Berry',
'Bill']) #手动设置 Series 索引
print("手动设置索引的 ser_obj1:\n",ser_obj2)
ser_obj3 = pd.Series(data = [185, 165, 156, 175],index = ['Strong', 'Tommy', 'Berry',
'Bill'],dtype = 'float',name = 'height')   # 强制转换数据类型为 float,并指定列名
print(ser_obj3)
ser_obj4 = pd.Series({'Strong':185, 'Tommy':165, 'Berry':156, 'Bill':175})   #利用字
典创建对象 Series,键为索引
print("字典创建对象 ser_obj4:\n",ser_obj4)
print('ser_obj4 的索引:\n',ser_obj4. index)
print('ser_obj4 的值:\n',ser_obj4. values)
print('ser_obj1 的 1 位置的元素值:\n',ser_obj1[1])
print('ser_obj1 的 1:3 位置的元素值:\n',ser_obj1[1:3])
print('ser_obj3 中的 Tommy 的身高:\n',ser_obj3['Tommy'])
print('ser_obj2 中大于 170:\n',ser_obj2[ser_obj2>175])
```

运行结果：

自动生成整数索引的 ser_obj1:

```
    0        185
    1        165
    2        156
    3        175
dtype: int64
```

手动设置索引的 ser_obj1:

```
  Strong    185
  Tommy     165
  Berry     156
  Bill      175
dtype: int64
```

```
   Strong      185.0
   Tommy       165.0
   Berry       156.0
   Bill        175.0
Name：height，dtype：float64
```
字典创建对象 ser_obj4：
```
   Strong      185
   Tommy       165
   Berry       156
   Bill        175
dtype：int64
```
ser_obj4 的索引：
```
   index(['Strong', 'Tommy', 'Berry', 'Bill']，dtype = 'object')
```
ser_obj4 的值：
```
   [185 165 156 175]
```
ser_obj1 的 1 位置的元素值：
```
   165
```
ser_obj1 的 1：3 位置的元素值：
```
   1      165
   2      156
dtype：int64
```
ser_obj3 中的 Tommy 的身高：
```
   165.0
```
身高高于 170：
```
   Strong       185
dtype：int64
```

由【示例 10-1】可以看出，首先 Series 方法中通过传入一个列表来创建一个 Series 类对象。从输出结果可以看出，左边一列是索引，索引是从 0 开始递增的，右边一列是数据，数据的类型是根据传入的列表参数中元素的类型推断出来的，即 int64。

其次，可以在创建 Series 类对象时，为数据手动指定索引。除了使用列表构建 Series 类对象外，还可以使用 dict 进行构建。

结果中输出的 dtype，是 DataFrame 数据的数据类型，int 为整型，后面的数字表示位数。利用 Python 内置函数、运算符以及 Series 对象方法操作 Series 对象。

【示例 10-2】Series 对象数据的修改与运算。

```python
import pandas as pd
scorelist = pd. Series([95,69,85], index = ['python','database','web'])
scorelist['web'] = 88     # 修改元素
scorelist['linux'] = 82     # 添加元素
print(scorelist)
```

```
print(scorelist. max())     # 查找元素中的最大值
print(round(scorelist. mean(), 1))      # 求均值,保留 1 位小数
scorelist = scorelist + 5     # 算术运算
print(scorelist)
```

运行结果:

```
python        95
database      69
web           88
linux         82
dtype: int64
95
83.5
python       100
database      74
web           93
linux         87
dtype: int64
```

Series 对象的索引可以是一个时间序列。使用 Pandas 库中的 date_range()函数可以创建时间序列对象(DatetimeIndex)。

语法结构如下:

```
date_range(start, end, periods, freq)
```

功能:根据指定的起止时间,创建时间序列对象。

参数说明如下:

start,end:时间序列的起始时间和终止时间。

periods:时间序列中包含的数据数量。

freq:时间间隔,默认为"D"(天)。间隔可以是"W"(周)、"H"(小时)等。

start、end、periods 3 个参数只需要指定其中 2 个(三选二)。

【示例 10-3】创建时间序列对象示例。

```
import pandas as pd
date_1 = pd. date_range(start = '20220204', end = '20220206', freq = 'D')   # 间隔 1 天
print("间隔 1 天的时间序列:\n",date_1)
date_2 = pd. date_range(start = '20220204', end = '20220205', freq = '6H')  # 间隔 6 小时
print("间隔 6 小时的时间序列:\n",date_2)
date_3 = date = pd. date_range(start = '20220204', freq = 'M', periods = 4)  # 间隔 1 个月
print("间隔 1 个月的时间序列:\n",date_3)
height = [20,25,30,40]
ser_height = pd. Series(height, index = date_3)     # 时间序列作为索引
print("作为生长高度记录:\n",ser_height)
```

运行结果:

间隔 1 天的时间序列：

DatetimeIndex(['2022-02-04', '2022-02-05', '2022-02-06'], dtype = 'datetime64[ns]', freq = 'D')

间隔 6 小时的时间序列：

DatetimeIndex(['2022-02-04 00:00:00', '2022-02-04 06:00:00',
　　　　　　　 '2022-02-04 12:00:00', '2022-02-04 18:00:00',
　　　　　　　 '2022-02-05 00:00:00'],

dtype = 'datetime64[ns]', freq = '6H')

间隔 1 个月的时间序列：

DatetimeIndex(['2022-02-28', '2022-03-31', '2022-04-30', '2022-05-31'], dtype = 'datetime64[ns]', freq = 'M')

作为生长高度记录：

　2022-02-28　　20
　2022-03-31　　25
　2022-04-30　　30
　2022-05-31　　40
Freq: M,dtype: int64

10.1.2　DataFrame 数据结构定义与操作

DataFrame 是一个二维表格结构,包含 index(行索引)、columns(列索引) 和 values(值) 3 部分。DataFrame 中的一行称为一条记录(或样本),一列称为一个字段(或属性)。

DataFrame 中的每一列都是一个 Series 类型,存储相同数据类型和语义的数据。

DataFrame 中每行的前面和每列的上面都有一个索引,用来标识一行或一列,前者称为 index,后者称为 columns,如图 10-2 所示。默认使用正整数作为索引(从 0 开始),也可以自定义标识符,作为行标签和列标签。列标签通常也被称为"字段名"或"列名"。

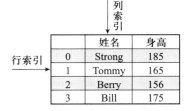

图 10-2　DataFrame 对象的结构

1. 创建 DataFrame

利用 Python 字典、嵌套列表和二维数组等对象可以创建一个 DataFrame 对象。也可以通过导入文件的方法创建。本节主要介绍使用代码创建 DataFrame 对象的方法。

语法结构如下：

DataFrame(data, index, columns, dtype)

pandas. DataFrame(data = None,index = None,columns = None,dtype = None)

上述构造方法中常用参数所表示的含义如下：

(1)data:表示数据,可以使用 ndarray 数组、Series 对象、列表和字典等。

(2)index:表示行标签(索引)。如果没有传入索引参数,则默认会自动创建一个从 0～N 的整数索引。

(3)columns:表示列标签(索引)。如果没有传入索引参数,则默认会自动创建一个从 0～

N 的整数索引。

(4)dtype：每一列数据的数据类型，与 Python 数据类型有所不同。

【示例 10-4】利用二维数组和字典两种方法创建 DataFrame 对象。

```
import pandas as pd
pd. set_option('display. unicode. east_asian_width',True)   #解决数据输出时列名与
                                                              数据不对齐的问题
data = [['Strong',185],['Tommy',165],['Berry',156],['Bill',175]]
columns = ['姓名', '身高']     # 指定列索引
df1 = pd. DataFrame(data = data,columns = columns)     # 通过二维数组创建 DataFrame 对象
print(df1)
df2 = pd. DataFrame({'姓名':['Strong', 'Tommy', 'Berry', 'Bill'],'身高':[185, 165, 156,
175],'班级':'大数据 2021'})   # 通过字典创建 DataFrame 对象
print(df2)
```

运行结果：

```
     姓名      身高
0    Strong    185
1    Tommy     165
2    Berry     156
3    Bill      175
     姓名      身高     班级
0    Strong    185    大数据 2021
1    Tommy     165    大数据 2021
2    Berry     156    大数据 2021
3    Bill      175    大数据 2021
```

2. 查看 DataFrame 的基本信息

通过 DataFrame 对象的属性可以查看 DataFrame 的行标签、列标签、值项、数据类型、行数和列数以及 DataFrame 的形状等信息。

【示例 10-5】DataFrame 的相关基本信息查看。

```
import pandas as pd
data = [['Strong',185],['Tommy',165],['Berry',156],['Bill',175]]
columns = ['姓名', '身高']
df_1 = pd. DataFrame(data = data,columns = columns)
print("原 DF 数据:\n",df_1)
print("复制 DF 数据:\n",df_1. copy())
print("DF 数据的形状:\n",df_1. shape)
print("DF 数据的行索引:\n",df_1. index)
print("DF 数据的行数:\n",df_1. index. size)
print("DF 数据的记录数:\n",len(df_1))
print("DF 数据的列索引:\n",df_1. columns)
```

```
print("DF 数据的列数:\n",df_1.columns.size)
print("DF 数据的数据:\n",df_1.values)
print("DF 数据的数据类型:\n",type(df_1))
```

运行结果:

原 DF 数据:

	姓名	身高
0	Strong	185
1	Tommy	165
2	Berry	156
3	Bill	175

复制 DF 数据:

	姓名	身高
0	Strong	185
1	Tommy	165
2	Berry	156
3	Bill	175

DF 数据的形状:

(4, 2)

DF 数据的行索引:

RangeIndex(start = 0, stop = 4, step = 1)

DF 数据的行数:

4

DF 数据的记录数:

4

DF 数据的列索引:

Index(['姓名', '身高'], dtype = 'object')

DF 数据的列数:

2

DF 数据的数据:

[['Strong' 185]

['Tommy' 165]

['Berry' 156]

['Bill' 175]]

DF 数据的数据类型:

<class 'pandas. core. frame. DataFrame'>

10.1.3　访问 DataFrame 数据元素

DataFrame 是一个二维表格结构,与二维数组类似,可以通过下标访问或布尔型索引访问。

1. 下标访问

(1)语法格式一：

DataFrame 对象名.loc[行下标,列下标]

DataFrame 对象名.iloc[行下标,列下标]

参数说明：

可以使用索引、标签、切片或列表作为下标。

iloc 表示完全基于位置索引的选择方式。

loc 表示完全基于标签名的选择方式。

如果选择所有行,行下标可表示为"："。

如果选择所有列,列下标可表示为"：",也可以直接省略列下标。

(2)语法格式二：

DataFrame 对象名.at[行下标,列下标]

DataFrame 对象名.iat[行下标,列下标]

这种方式用于选择 DataFrame 中指定位置的一个值,只能用位置索引或标签作为下标。

(3)语法格式三：

DataFrame 对象名[下标]

这种方式用于选择整行或整列数据。下标为切片,表示选择若干行；下标为标签或标签列表,表示选择若干列。

【示例 10-6】使用 loc 属性和 iloc 属性,读取指定的列数据。

```python
import pandas as pd
pd. set_option('display. unicode. east_asian_width',True)
data = [['男',185,80],['女',165,60],['女',156,45],['男',175,70]]
name = ['Strong','Tommy','Berry','Bill']
columns = ['性别', '身高','体重']
df = pd. DataFrame(data = data,index = name,columns = columns)
print(df.loc[:, ['身高','体重']])     # 选取"身高"和"体重"两列数据
print(df.iloc[:, [0,2]])     # 选取第 1 列和第 3 列
print(df.loc[:,'身高':])     # 选取从"身高"到最后一列
print(df.iloc[:,:2])     # 连续选取从第 1 列开始到第 3 列,但不包括第 3 列
```

运行结果：

```
          身高        体重
Strong    185        80
Tommy     165        60
Berry     156        45
Bill      175        70
          性别        体重
Strong    男          80
Tommy     女          60
Berry     女          45
```

Bill	男	70

	身高	体重
Strong	185	80
Tommy	165	60
Berry	156	45
Bill	175	70

	性别	身高
Strong	男	185
Tommy	女	165
Berry	女	156
Bill	男	175

【示例 10-7】. at[ ]与 .iat[ ]获取单个值。

```
import pandas as pd
pd. set_option('display. unicode. east_asian_width',True)
data = [['男',185,80],['女',165,60],['女',156,45],['男',175,70]]
name = ['Strong','Tommy','Berry','Bill']
columns = ['性别', '身高','体重']
df = pd. DataFrame(data = data,index = name,columns = columns)
print('原数据:\n',df)
print(df. at['Berry','身高'])
print(df. iat[2,1])
```

运行结果:

原数据:

	性别	身高	体重
Strong	男	185	80
Tommy	女	165	60
Berry	女	156	45
Bill	男	175	70

```
156
156
```

iat 和 at 仅适用于标量,因此非常快。较慢的,更通用的功能是 iloc 和 loc。iat 和 at 仅给出单个值输出,而 iloc 和 loc 可以给出多行输出。

2. 布尔型索引访问

(1)语法格式一:

DataFrame 对象名 .loc[布尔型索引,列下标]

(2)语法格式二:

DataFrame 对象名[布尔型索引]

布尔型索引是指通过一组布尔值(True 或 False)对 DataFrame 进行取值操作,以选出满足条件的元素。通常是利用条件运算得到一组布尔值,条件表达式中可以使用关系运算符、逻辑运算符以及 Pandas 提供的条件判断方法,如表 10-1 所示。

表 10-1　Pandas 中常用的条件判断

条件	运算符或数据框对象的方法	说明
比较	$>$、$<$、$==$、$>=$、$<=$、$!=$	比较运算(大于、小于、等于、大于等于、小于等于、不等于)
确定范围	between(n,m)	在 $n \sim m$ 内,包含 n 和 m
确定集合	isin(L)	属于列表 L 中的元素
空值	isnull()	是空值(NaN)
多重条件	&	与运算,两个条件同时成立,结果为 True
	|	或运算,有一个条件成立时,结果为 True
	~	非运算,对条件取反

【示例 10-8】布尔型索引的使用方法。

```
import pandas as pd
df = pd.DataFrame(data = [['Strong',185],['Tommy',165],['Berry',156],['Bill',
175]],columns = ['Name','Height'])
print('查看身高(height)超过 170:\n',df[df.Height > 170])
print('查看身高(height)在 165 和 175 之间:\n',df[df.Height.between(165,175)])
```
运行结果:
查看身高(height)超过 170:
```
        Name        Height
0       Strong      185
3       Bill        175
```
查看身高(height)在 165 和 175 之间:
```
        Name        Height
1       Tommy       165
3       Bill        175
```

10.1.4　修改与删除 DataFrame 数据元素

通过赋值语句,可以直接修改 DataFrame 中的数据或者添加新的数据列。

【示例 10-9】修改 DataFrame 对象中的数据。

```
import pandas as pd
pd.set_option('display.unicode.east_asian_width',True)
data = [['男',185,80],['女',165,60],['女',156,45],['男',175,70]]
name = ['Strong','Tommy','Berry','Bill']
columns = ['性别','身高','体重']
df = pd.DataFrame(data = data,index = name,columns = columns)
df.loc['Berry'] = ['女',165,55]        # 修改整行数据
print('查看修改 Berry 的身高和体重后的数据:\n',df)
```

```
df.loc[:,'身高'] = df.loc[:,'身高'] + 5     # 修改整列数据
print('查看所有人身高增加 5 cm 后的数据:\n',df)
df.loc['Berry','体重'] = 45
print('查看修改 Berry 体重为 54 kg 后的数据:\n',df)
#借助 iloc 属性指定行列位置实现修改数据
df.iloc[0,1] = 156     # 修改 Berry 身高为 156(修改某一处数据)
df.iloc[2,:] = ['女',160,65]     # 修改第 3 行 Berry 数据(修改某一行的数据)
df.iloc[:,2] = [75,55,40,65]     # 所有人的体重减少 5(修改某一列的数据)
print('查看利用 iloc 属性修改指定数据:\n',df)
```

运行结果：

查看修改 Berry 的身高和体重后的数据:

	性别	身高	体重
Strong	男	185	80
Tommy	女	165	60
Berry	女	165	55
Bill	男	175	70

查看所有人身高增加 5 cm 后的数据:

	性别	身高	体重
Strong	男	186	80
Tommy	女	166	60
Berry	女	166	55
Bill	男	176	70

查看修改 Berry 体重为 45 kg 后的数据:

	性别	身高	体重
Strong	男	186	80
Tommy	女	166	60
Berry	女	166	45
Bill	男	176	70

查看利用 iloc 属性修改指定数据:

	性别	身高	体重
Strong	男	156	75
Tommy	女	166	55
Berry	女	160	40
Bill	男	176	65

若要删除行或删除列,可以使用 DataFrame 对象的 drop()方法。

语法结构如下：

```
drop(index, columns,inplace)
```

参数说明如下：

index:被删除行的行索引。

columns:被删除列的列索引。

inplace:布尔型参数。默认 inplace＝False,表示返回一个新的 DataFrame 对象,当前 DataFrame 对象不受影响;inplace＝True,表示从当前 DataFrame 对象中直接删除(即原地删除,返回空对象 None)。

【示例 10-10】删除指定的数据信息。

```python
import pandas as pd
pd. set_option('display. unicode. east_asian_width',True)
data = [['男',185,80],['女',165,60],['女',156,45],['男',175,70]]
name = ['Strong','Tommy','Berry','Bill']
columns = ['性别', '身高','体重']
df = pd. DataFrame(data = data,index = name,columns = columns)
drop_columns1 = df. drop(['性别'],axis = 1,inplace = False)    # 删除性别列(删除指定某列)
print('查看删除性别列的结果:\n',drop_columns1)
drop_columns2 = df. drop(columns = '体重',inplace = False)    # 删除 columns 为体重的列
print('查看删除 columns 为体重列的结果:\n',drop_columns2)
drop_columns3 = df. drop(labels = '身高',axis = 1,inplace = False)    # 删除标签为
身高的列
print('查看删除标签为身高列的结果:\n',drop_columns3)
df. drop(['Strong'],inplace = True)    # 删除 Strong 行的行数据
print('查看删除 Strong 行的结果:\n',df)
df. drop(index = 'Tommy',inplace = True)    # 删除 index 为 Tommy 行的行数据
print('查看删除 index 为 Tommy 行的结果:\n',df)
df. drop(labels = 'Berry',axis = 0,inplace = True)    # 删除行标签为 Berry 行的行数据
print('查看行标签为 Berry 行的结果:\n',df)
```

运行结果:

查看删除性别列的结果:

	身高	体重
Strong	185	80
Tommy	165	60
Berry	156	45
Bill	175	70

查看删除 columns 为体重列的结果:

	性别	身高
Strong	男	185
Tommy	女	165
Berry	女	156
Bill	男	175

查看删除标签为身高列的结果：

	性别	体重
Strong	男	80
Tommy	女	60
Berry	女	45
Bill	男	70

查看删除 Strong 行的结果：

	性别	身高	体重
Tommy	女	165	60
Berry	女	156	45
Bill	男	175	70

查看删除 index 为 Tommy 行的结果：

	性别	身高	体重
Berry	女	156	45
Bill	男	175	70

查看行标签为 Berry 行的结果：

	性别	身高	体重
Bill	男	175	70

10.1.5　DataFrame 数据元素的排序

DataFrame 对象既可以按行索引或列索引排序,也可以按数值排序。

1. 按索引排序

使用 DataFrame 对象的 sort_index()方法按行索引或列索引排序。

语法结构如下：

sort_index(axis, ascending, inplace)

参数说明如下：

axis:排序的轴向。默认若 axis＝0,按 index 排序;若 axis＝1,按 columns 排序。

ascending:排序方式。默认若 ascending＝True,按升序排序;若 ascending＝False,按降序排序。

inplace:是否为原地排序。默认 inplace＝False,返回新的 DataFrame 对象。

【示例 10-11】演示如何按索引对 Series 和 DataFrame 分别进行排序。

```
import numpy as np
import pandas as pd
ser_obj = pd. Series(range(10, 15), index = [5, 3, 1, 3, 2])
print("原数据(Series):\n",ser_obj)
ser_obj_new1 = ser_obj. sort_index()    # 按索引进行升序排列
print("按索引进行升序排列:\n",ser_obj_new1)
ser_obj_new2 = ser_obj. sort_index(ascending = False)    # 按索引进行降序排列
print("按索引进行降序排列:\n",ser_obj_new2)
```

```
df_obj = pd.DataFrame(np.arange(9).reshape(3,3),index=[4,3,5])
print("原数据(DataFrame):\n",df_obj)
df_obj_new1 = df_obj.sort_index()        # 按索引升序排列
print("按索引升序排列:\n",df_obj_new1)
df_obj_new2 = df_obj.sort_index(ascending = False)      # 按索引降序排列
print("按索引降序排列:\n",df_obj_new2)
```

运行结果:

原数据(Series):

```
    5        10
    3        11
    1        12
    3        13
    2        14
```

dtype:int64

按索引进行升序排列:

```
    1        12
    2        14
    3        11
    3        13
    5        10
```

dtype:int64

按索引进行降序排列:

```
    5        10
    3        11
    3        13
    2        14
    1        12
```

dtype:int64

原数据(DataFrame):

```
       0  1  2
    4  0  1  2
    3  3  4  5
    5  6  7  8
```

按索引升序排列:

```
       0  1  2
    3  3  4  5
    4  0  1  2
    5  6  7  8
```

按索引降序排列：
```
      0  1  2
   5  6  7  8
   4  0  1  2
   3  3  4  5
```

需要注意的是，当对 DataFrame 进行排序操作时，要注意轴的方向。如果没有指定 axis 参数的值，则默认会按照行索引进行排序；如果指定 axis＝1，则会按照列索引进行排序。

2. 按值项排序

使用 DataFrame 对象的 sort_values() 方法按 DataFrame 中的数值排序。

语法结构如下：

sort_values(by, axis, ascending, inplace, na_position)

参数说明如下：

by：排序依据。既可以是一项数据，也可以是一个列表（表示多级排序）。

axis：排序的轴向。默认 axis＝0，纵向排序；axis＝1，横向排序。

ascending：排序方式，默认 ascending＝True(升序)。

na_position：空值排列的位置。默认 na_position＝'last'，表示空值排在最后面；na_position＝'first'表示空值排在最前面。

【示例 10-12】按值项排序应用示例。

```python
import pandas as pd
score = [[89,90,85],[76,98,46], [90,92,64], [78,80,67]]
studentlist = ['Berry', 'Jane', 'Strong', 'Stone']
course   = ['Python','database','web']
df = pd.DataFrame(score, index = studentlist, columns = course)
df.sort_index(axis = 0, ascending = False)    # 按行标签降序排列
df.sort_index(axis = 1, ascending = True)     # 按列标签升序排列
df.sort_values(by = 'Python', axis = 0)     # 按 Python 所在列排序
df.sort_values(by = 'Stone', axis = 1)      # 按 Stone 所在行排序
```

运行结果：

原数据：
```
         Python      database    web
Berry    89          90          85
Jane     76          98          46
Strong   90          92          64
Stone    78          80          67
```

按行标签降序排列：
```
         Python      database    web
Strong   90          92          64
Stone    78          80          67
Jane     76          98          46
```

Berry	89	90	85

按列标签升序排列：

	Python	database	web
Berry	89	90	85
Jane	76	98	46
Strong	90	92	64
Stone	78	80	67

按 Python 所在列排序：

	Python	database	web
Jane	76	98	46
Stone	78	80	67
Berry	89	90	85
Strong	90	92	64

按 Stone 所在行排序：

	web	Python	database
Berry	85	89	90
Jane	46	76	98
Strong	64	90	92
Stone	67	78	80

10.2　数据分析的基本流程

数据分析是指使用适当的统计分析方法（如聚类分析、相关分析等）对收集到的大量数据进行分析，从中提取有用信息，形成结论，并加以详细研究和概括总结的过程。

数据分析的目的在于将隐藏在一大批看似杂乱无章的数据信息中有用数据集提炼出来，以找出所研究对象的内在规律，其实质就是利用数据分析的结果来解决遇到的问题。由此来看，根据解决问题的类型来说，数据分析可以概况为分析现状、发现原因以及预测未来发展趋势 3 类。

一个完整的数据分析过程通常包括以下 6 个步骤，具体如图 10-3 所示。

明确目的和思路 → 数据收集 → 数据处理 → 数据分析 → 数据展现 → 撰写报告

图 10-3　数据分析的基本流程

关于图 10-3 中流程的相关说明具体如下：

（1）明确目的和思路。明确要解决什么业务问题，以所需解决的问题为中心，明确分析目的和思路，搭建分析框架。

（2）数据收集。收集与整合数据，按照确定的分析框架收集相关数据，可以从数据库、不同格式的数据文件以及网络中采集数据。

（3）数据处理。党的二十大报告提到要"提高公共安全治理水平"，合理地对数据处理提出更高的要求。对数据进行清洗、加工和整理，方法包括数据清洗、数据转换、数据抽取、数据计算等，目的是提高数据质量，满足数据分析的要求，提升数据分析的效果。如果数据本身存在异常或者不符合数据分析的要求，那么即使采用最先进的数据分析方法，所得到的结果也是错误的，不但不具备任何参考价值，甚至还会误导决策。

（4）数据分析。对数据进行探索与分析，采用适当的分析方法及工具对预处理过的数据进行分析，提取对解决问题有价值、有意义的信息，形成有效结论。

（5）数据展现。用图表来展示分析结果，通常通过图表直观地表达出数据之间的关系，有效地展示数据分析的结果。

（6）撰写数据分析报告。诠释数据分析的起因、过程、结论和建议，数据分析报告是对分析过程和结果的总结和呈现，可以供决策者参考。

以下各节均以数据集作为分析对象，介绍从 CSV 等数据源中读取数据、预处理数据和分析数据的基本方法。

10.3　数据的导入与导出

利用 Pandas 进行数据分析，首先需要将外部数据源导入 DataFrame。数据处理和数据分析的中间结果或最终结果也需要保存到文件中。

10.3.1　数据的导入

数据通常可以存储在 Excel、csv、txt、json、html 等格式的文件中，或者存储在数据库中。Pandas 提供了导入不同文件的方法，本节主要介绍其中的几种。

1. 导入数据集

（1）使用 read_excel()函数，导入 Excel 数据文件。

语法结构：

read_excel(io, sheet_name, header, names, index_col,usecols)

功能：读入 Excel 文件中的数据并返回一个 DataFrame 对象。

参数说明：

io：要读取的 Excel 文件，可以是字符串形式的文件路径。

sheet_name：要读取的工作表，可以用序号或工作表名称表示。默认 sheet_name＝0，表示读取第一张工作表。

header：以工作表的哪一行作为 DataFrame 对象的列名。默认 header＝0，表示工作表的第一行（表头行）作为列名；如果工作表没有表头行，则必须显式指定 header＝None。

names：DataFrame 对象的列名，如果工作表没有表头行，则可以使用 names 设置列名；如果工作表有表头行，则可以使用 names 替换原来的列名。

index_col：使用工作表的哪一列或哪几列（列序号表示）作为 DataFrame 的行索引（工作表的列序号从 0 开始）。

usecols：读取 Excel 工作表的哪几列，默认读取工作表中的所有列。

(2)使用 read_csv()函数,导入 CSV 格式的数据文件。

语法结构:

```
read_csv(filepath_or_buffer, sep, header, names,  index_col, usecols)
```

功能:读入 CSV 格式的文件中的数据并返回一个 DataFrame 对象。

参数说明:

filepath_or_buffer:要读取的数据文件。

sep:数据项之间的分隔符,默认是逗号','。

其他参数的含义与 read_excel()函数相同。

(3)使用 read_table()函数,导入通用分隔符格式的数据文件。

通用分隔符格式的文件是指每一行的数据项之间可以使用逗号、空格或 Tab 键等通用分隔符分隔的文件,如 TXT 格式的文件。

语法结构:

```
read_table(filepath_or_buffer, sep, header, names,index_col, usecols)
```

功能:读入通用分隔符格式的文件中的数据并返回一个 DataFrame 对象。

参数说明:

filepath_or_buffer:要读取的数据文件。

sep:数据项之间的分隔符,默认是 Tab 键。

其他参数的含义与 read_csv()函数相同。

【示例 10-13】导入"Online_Retail_Data.csv"文件中的数据,生成 DataFrame 对象。

```
import pandas as pd
#导入所有列
df_order = pd. read_csv(r'. /data/Online_Retail_Data.csv')
df_order. head()      # 查看前 5 行记录
#指定第一列(InvoiceNo)作为 DataFrame 的行索引
df_order_index = pd. read_csv(r'. /data/Online_Retail_Data.csv', index_col = 0)
df_order_index. tail()     # 查看后 5 行记录
#导入 csv 文件,并指定字符编码
df_order_encode = pd. read_csv(r'. /data/Online_Retail_Data.csv', encoding = 'gbk')
# 指定编码
df_order_encode. head()     # 查看前 5 行记录
```

(4)使用 read_sql()函数导入数据库表

将数据库中的数据导入 DataFrame 需要先建立与数据库的连接。Pandas 提供了 sqlalchemy 方式与 MySQL、PostgreSQL、Oracle、MS SQL Server、SQLite 等主流数据库建立连接。建立连接后,即可使用 read_sql()函数导入数据库中的数据。

语法结构如下:

```
read_sql (sql, con, index_col)
```

功能:读取 SQL 查询结果集或数据库中的数据,并返回一个 DataFrame 对象。

参数说明如下:

sql:SQL 查询语句或数据库表名。

con:SQLAlchemy 连接对象。

index_col:使用数据库表的哪一列或哪几列作为 DataFrame 的行索引。

read_sql()函数中的其他参数选项及其作用可查阅相关帮助文档。

2. 查看数据集

导入数据集后,可以使用 DataFrame 对象的相关属性和方法了解数据集的基本信息、考查数据分布情况等,查看数据集的常用操作如表 10-2 所示。

表 10-2　查看数据集的常用操作

方法	功能
shape	查看数据框的形状
head(n)	查看数据框中前 n 条记录。默认,$n=5$
tail(n)	查看数据框中最后 n 条记录。默认,$n=5$
info()	查看数据集的基本信息,包括记录数、字段数、字段名(列名)、字段数据类型、非空值数据的数量和内存使用情况等
describe()	查看数据集的分布情况。数值型字段的信息包括:记录数量、均值、标准差、最小值、最大值和 4 分位数等。文本型字段的信息包括:记录数量、不重复值的数量、出现次数最多的值和最多值的频数

Pandas 中的数据类型包括数字(整型、浮点型)、字符串(文本或文本和数字的混合)、布尔型(True 或 False)、日期时间型、时间差(两个日期时间的差值)、分类(有限的文本值列表)等,如表 10-3 所示。不同类型的字段可以存储不同的数据及执行不同的操作。

表 10-3　Pandas 数据类型及其比较

Pandas 数据类型	Python 数据类型	含义
object	str	字符串
int64	int	整型
float64	float	浮点型
bool	bool	布尔型
datetime64	datetime64[ns]	日期时间型
timedelta[ns]	NA	时间差
category	NA	分类

【示例 10-14】查看"Online_Retail_Data.csv"的 DataFrame 基本信息。

```
import pandas as pd
df_order = pd.read_csv(r'./data/Online_Retail_Data.csv')    # 导入所有列
df_order.shape
df_order.head(3)    # 前 3 条记录
df_order.info()
df_order.describe()    # 所有数值型字段的描述信息
```

df_order['Country'].describe()   # "Country"字段的描述信息

从上述结果中可以了解到:数据集中共有 541 910 条记录,每条记录有 8 列(8 个字段);object 型字段有 5 个,int 型字段有 1 个,float 型字段有 2 个;StockCode、Description、UnitPric、CustomerID、Country 字段有空值(null)。

数据集中 Quantity 和 UnitPrice 数据的分布情况。

"Country"列中有 38 个不同的取值(即有 38 种不同的国家),出现次数最多的国家是"United Kingdom",共出现了 495 477 次。

10.3.2　数据的导出

在数据处理和分析过程中,常常需要保存处理的中间结果或最终结果,可以将 DataFrame 对象导出为 Excel、CSV、txt、json、数据库等多种格式的文件。

本节主要介绍将数据导出为 Excel 文件和 CSV 文件的方法,它们都是使用 DataFrame 对象的方法实现的。

1. 使用 to_excel()方法,导出 Excel 文件

语法结构如下:

to_excel(excel_writer, sheet_name, columns, header, index)

功能:将 DataFrame 中的数据写入 Excel 文件的工作表。

参数说明如下:

excel_writer:要写入的 Excel 文件。

sheet_name:要写入的工作表,默认是"Sheet 1"工作表。

columns:Excel 工作表的列名,默认是 DataFrame 对象的列名。

header:指定 Excel 工作表是否需要表头,默认 header = True。

index:指定是否将 DataFrame 对象的行索引写入 Excel 工作表,默认 index = True。

to_excel()方法中的其他参数选项及其作用可查阅相关帮助文档。

2. 使用 to_csv()方法,导出 CSV 格式的文件

语法结构如下:

to_csv(path_or_buf, sep, columns, header, index)

功能:将 DataFrame 中的数据写入 CSV 格式的文件。

参数说明如下:

path_or_buf:要写入的 CSV 格式的文件。

sep:数据项之间的分隔符。

其他参数的含义与 to_excel()方法的相同。to_csv()方法中的其他参数选项及其作用可查阅相关帮助文档。

【示例 10-15】将 DataFrame 中的数据保存到 CSV 格式的文件中。

```
import pandas as pd
# 生成数据,字典形式
data = {'sno':['20220102','20220201'],'sname':['Marry','Strong'],'ssex':['F','M'],'sage':[18,19]}
# 将数据转为 DataFrame 形式
```

```
df_stuinfo = pd.DataFrame(data)
# 数据导出为 CSV 文件,不带行索引
df_stuinfo.to_csv(r'./stuinfo.csv', encoding = 'gbk', index = False)
```

10.4　数据预处理

原始数据中可能存在不完整、不一致或有异常的数据,从而影响数据分析的结果。通过数据预处理可以提高数据的质量,满足数据分析的要求,提升数据分析的效果。

数据预处理包括数据清洗和数据加工。

数据清洗主要是发现和处理原始数据中存在的缺失值、重复值和异常值,以及无意义的数据,使原数据具有完整性、唯一性、权威性、合法性和一致性等特点。

数据加工是对原始数据的变换,通过对数据进行计算、转换、分类和重组等发现更有价值的数据形式。

无意义的数据主要是指与数据分析无关的数据,可以在导入 DataFrame 时选择不包含这些数据列,或者在导入 DataFrame 后再删除这些不需要的数据列。

本节主要介绍缺失值、重复值和异常值的处理,以及一些常用的数据加工方法。

10.4.1　缺失值处理

缺失值即空值(Null),在 Pandas 中用 NaN 表示。由于人为失误或机器故障,可能会导致某些数据丢失。从统计学上说,缺失的数据可能会产生有偏估计。

1. 查找缺失值

使用 info()方法可以查看 DataFrame 中是否存在有缺失值的字段。此外,还可以使用 DataFrame 对象的 isnull()方法判断是否有缺失值。

【示例 10-16】演示通过 isnull()函数来检查"电器销售数据(有缺失值).xlsx"缺失值或空值。

```
import pandas as pd
pd.set_option('display.unicode.east_asian_width',True)
df = pd.read_excel(r'./电器销售数据(有缺失值).xlsx',sheet_name = 'Sheet1')
print(df.isnull())
```

运行结果:

	商品类别	北京总公司	广州分公司	上海分公司
0	False	False	True	False
1	False	False	False	False
2	False	True	False	False
3	False	False	False	False
4	False	False	True	True
5	False	False	False	False
6	False	False	False	False

上述示例中,使用 isnull()方法,缺失值返回 True,非缺失值返回 False;而 notnull()方法正好相反。

2. 处理缺失值

处理缺失数据一般有 3 种方法:忽略缺失值、删除缺失值和填充缺失值。

忽略缺失值:当样本数据量很大时,可以忽略缺失值,即不对缺失值做任何处理。

删除缺失值:删除缺失值是指删除包含缺失值的整行或整列数据,如果样本数据充足,则可以采用这种处理方式。

填充缺失值:在实际应用中,还可以采用填充缺失值的处理方式。例如使用经验值、均值、中位数、众数、机器学习的预测结果或者其他业务数据集中的数据填充缺失值。

(1)使用 DataFrame 对象的 dropna()方法可以删除缺失值。

语法结构如下:

dropna(axis, how, thresh, subset, inplace)

功能:删除空值所在的行或列。

参数说明如下:

axis:删除操作的轴向。默认 axis=0,表示删除记录;axis=1,表示删除字段。

how:根据空值数量执行删除操作。可以设置为'any'(默认)或'all'。

inplace:是否原地删除。默认 inplace= False,表示返回一个新的 DataFrame 对象;inplace = True,表示原地执行删除操作。

【示例 10-17】删除"电器销售数据(有缺失值).xlsx"中缺失值。

```
import pandas as pd
pd. set_option('display. unicode. east_asian_width',True)
df = pd. read_excel(r'. /电器销售数据(有缺失值). xlsx',sheet_name = 'Sheet1')
print(df)
print(df. dropna())
```

运行结果:

	商品类别	北京总公司	广州分公司	上海分公司
0	计算机	21742.0	NaN	29511.0
1	电视	596919.0	280808.0	723844.0
2	空调	NaN	296226.0	574106.0
3	冰箱	289490.0	272676.0	155011.0
4	热水器	216593.0	NaN	NaN
5	洗衣机	183807.0	106152.0	169711.0
6	合计	1308551.0	955862.0	1652183.0
	商品类别	北京总公司	广州分公司	上海分公司
1	电视	596919.0	280808.0	723844.0
3	冰箱	289490.0	272676.0	155011.0
5	洗衣机	183807.0	106152.0	169711.0
6	合计	1308551.0	955862.0	1652183.0

从上述运行结果来看,所有包含空值或缺失值的行已经被删除了。

（2）使用赋值操作或 DataFrame 对象的 fillna( )方法填充缺失值。

语法结构如下：

fillna(value, method, axis, inplace, limit)

参数说明如下：

value：用于填充的值，可以是标量或字典、Series、DataFrame 类型的数据。

method：数据的填充方式，默认使用 value 值填充。Method ＝ 'pad'或 method ＝ 'ffill'表示使用前一个有效值填充缺失值；method ＝ 'backfill'或 method ＝ 'bfill'，表示使用缺失值后的第一个有效值填充前面的所有连续缺失值。

axis：填充操作的轴向。

inplace：是否原地操作。默认 inplace＝False，返回一个新的 DataFrame 对象。

limit：如果设置了参数 method，则指定最多填充连续缺失值的个数。

【示例 10-18】用 0 填充"电器销售数据（有缺失值）.xlsx"中缺失值。

```
import pandas as pd
pd. set_option('display. unicode. east_asian_width',True)
df = pd. read_excel(r'. /电器销售数据（有缺失值）. xlsx',sheet_name = 'Sheet1')
print(df)
print(df. fillna(0))
```

运行结果：

	商品类别	北京总公司	广州分公司	上海分公司
0	计算机	21742.0	NaN	29511.0
1	电视	596919.0	280808.0	723844.0
2	空调	NaN	296226.0	574106.0
3	冰箱	289490.0	272676.0	155011.0
4	热水器	216593.0	NaN	NaN
5	洗衣机	183807.0	106152.0	169711.0
6	合计	1308551.0	955862.0	1652183.0
	商品类别	北京总公司	广州分公司	上海分公司
0	计算机	21742.0	0.0	29511.0
1	电视	596919.0	280808.0	723844.0
2	空调	0.0	296226.0	574106.0
3	冰箱	289490.0	272676.0	155011.0
4	热水器	216593.0	0.0	0.0
5	洗衣机	183807.0	106152.0	169711.0
6	合计	1308551.0	955862.0	1652183.0

通过比较两次的输出结果可知，当使用任意一个有效值替换空值或缺失值时，对象中所有的空值或缺失值都将会被替换。

如果希望填充不一样的内容，例如"北京总公司"列缺失的数据使用数字"0"进行填充，"广州分公司"列缺失的数据使用数字"1"来填充，那么调用 fillna( )方法时传入一个字典给 value 参数，其中字典的键为列标签，字典的值为待替换的值，实现对指定列的缺失值进行替换。具体示例代码如下：

```
df.fillna({'北京总公司':0,'广州分公司':1})
```

如果希望填充相邻的数据来替换缺失值，例如，按从前往后的顺序填充缺失的数据，也就是说在当前列中使用位于缺失值前面的数据进行替换，可以在调用 fillna()方法时将"ffill"传入给 method 参数。具体示例代码如下：

```
df.fillna(method = 'ffill')
```

10.4.2 异常值处理

异常值是指样本中的个别值，其数值明显偏离其余的观测值。异常值也称离群点，异常值的分析也称为离群点的分析。在数据分析中，需要对数据集进行异常值剔除或者修正，以便后续更好地进行信息挖掘。异常值如人的体温大于 100 ℃、身高大于 5 m、学生总数量为负数等类似数据。

1. 查找异常值

异常值的查找主要有以下 3 种方法。

(1)根据给定的数据范围进行判断，不在范围内的数据视为异常值，该方法比较简单。

(2)均方差，即标准差(记作 σ)。在统计学中，如果一个数据分布近似正态分布(数据分布的一种形式，呈钟形，两头低，中间高，左右对称)，那么大约 68% 的数据值都会在均值的 1 个标准差(1σ)范围内，大约 95% 的数据值会在 2 个标准差(2σ)范围内，大约 99.7% 的数据值会在 3 个标准差(3σ)范围内。

(3)箱形图，是显示一组数据分散情况资料的统计图。它可以将数据通过四分位数的形式进行图形化描述，箱形图通过上限和下限作为数据分布的边界。任何高于上限或低于下限的数据都可以认为是异常值。

2. 处理异常值

检测出异常值后，通常会采用如下 4 种方式处理这些异常值。

(1)直接将含有异常值的记录删除。

(2)用具体的值来进行替换，可用前后 2 个观测值的平均值修正该异常值。

(3)不处理，直接在具有异常值的数据集上进行统计分析。

(4)视为缺失值，利用缺失值的处理方法修正该异常值。

异常数据被检测出来后，需要进一步确认它们是否为真正的异常值，等确认以后再决定选用哪种方法进行解决。如果希望对异常值进行修改，则可以使用 Pandas 中 replace()方法进行替换，该方法不仅可以对单个数据进行替换，也可以对多个数据执行批量替换操作。

replace()方法的语法格式如下：

```
replace(to_replace = None,value = None,inplace = False,limit = None,regex = False,method = 'pad')
```

replace()方法的参数说明如下：

(1)to_replace:表示查找被替换值的方式。

(2)value:用来替换任何匹配 to_replace 的值，默认为 None。

(3)limit:表示前向或后向填充的最大尺寸间隙。

（4）regex：接收布尔值或与 to_replace 相同的类型，默认为 False，表示是否将 to_replace 和 value 解释为正则表达式。

（5）method：替换时使用的方法，pad/ffill 表示向前填充，bfill 表示向后填充。

【示例 10-19】利用 replace()方法替换某学生成绩的异常值。

```python
import pandas as pd
df = pd.DataFrame({'姓名':['申凡','石英','史伯','王骏'],
                   '成绩':[98,85,765,88]})
new_df = df.replace(to_replace=765,value=76.5)
print(new_df)
```

运行结果：

```
     姓名      成绩
0    申凡      98.0
1    石英      85.0
2    史伯      76.5
3    王骏      88.0
```

10.4.3　重复值处理

重复值是指不同记录在同一个字段上有相同的取值。通常，把数据集中所有字段值都相同的记录视为重复记录。重复值处理主要是查找并删除这些重复的记录。

Pandas 提供了 2 个方法专门用来处理数据中的重复值，分别为 duplicated()和 drop_duplicates()方法。

其中，前者用于标记是否有重复值，后者用于删除重复值，它们的判断标准是一样的，即只要两条数据中所有条目的值完全相等，就被判断为重复值。

1. 查找重复值

使用 DataFrame 对象的 duplicated()方法可以检测重复值。

语法结构如下：

```
duplicated(subset,keep)
```

功能：按照指定的方式判断数据集中是否存在相同的记录，结果返回布尔值。

参数说明如下：

subset：根据哪些列来判断是否存在重复的记录。默认所有字段值都相同的记录为重复记录。

keep：如何标记重复值。默认 keep='first'，将第一次出现的重复数据标记为 False；keep='last'，将最后一次出现的重复数据标记为 False；keep=False，将所有重复数据都标记为 True。

2. 处理重复值

对于不需要的重复记录，可以使用 DataFrame 对象的 drop_duplicates()方法将其删除。

语法结构如下：

```
drop_duplicates(subset,keep,inplace)
```

参数说明如下：

keep:决定要保留的重复记录。默认 keep＝'first',在重复的记录中,保留第一次出现的记录,其他的均删除;keep＝'last',在重复的记录中,保留最后一次出现的记录,其他的均删除;keep＝False,删除所有的重复记录。

【**示例 10-20**】构建一个学生信息的 DataFrame 对象,判断是否有重复,并将重复数据删除。

```
import pandas as pd
student_info = pd. DataFrame({'id': [1, 2, 3, 4, 4, 5],
                            'name': ['申凡', '石英', '史伯', '王骏', '王骏', '朱元'],
                            'age': [18, 18, 19, 38, 38, 16],
                            'height': [160, 160, 185, 175, 175, 178],
                            'gender': ['女', '女', '男', '男', '男', '男']})

print(student_info. duplicated())
print(student_info. drop_duplicates())
```

运行结果:

```
0    False
1    False
2    False
3    False
4    True
5    False
dtype: bool
```

	id	name	age	height	gender
0	1	申凡	18	160	女
1	2	石英	18	160	女
2	3	史伯	19	185	男
3	4	王骏	38	175	男
5	5	朱元	16	178	男

从输出结果看出,name 列中值为"王骏"的数据只出现了一次,重复的数据已经被删除了。

注意:删除重复值是为了保证数据的正确性和可用性,为后期分析提供高质量的数据。

在使用 drop_duplicates()方法去除指定列的重复数据时,可以表达为 drop_duplicates([列名])

10.4.4　其他处理

根据数据分析的需要对缺失值、异常值和重复值进行处理后,可能会遇到数据类型不一致的问题。例如,通过爬虫采集到的数据都是整型数据,在使用数据时希望保留两位小数点,这时就需要将数据的类型转换成浮点型。针对这种问题,既可以在创建 Pandas 对象时明确指定数据的类型,也可以使用 astype()方法和 to_numberic()函数进行转换。

1. 数据类型转换

通过 astype()方法可以强制转换数据的类型,其语法格式如下:

```
astype(dtype,copy = True,errors = 'raise', * * kwargs)
```

部分参数说明如下：

dtype：表示数据的类型。

copy：是否建立副本，默认为 True。

errors：对于"错误"采取的处理方式，可以取值为 raise 或 ignore，默认为 raise。其中，raise 表示允许引发异常，ignore 表示抑制异常。

【示例 10-21】通过 astype()方法来强转数据的类型。

```
import pandas as pd
df = pd.DataFrame({'姓名': ['申凡', '石英', '史伯', '王骏'],
                   '成绩': [98, 85, 76.5, 88]})
print(df['成绩'].astype(dtype = 'int'))
```

运行结果：

```
0    98
1    85
2    76
3    88
Name: 成绩, dtype: int32
```

需要注意的是，这里并没有将所有列进行类型转换，若有非数字类型的字符，无法将其转换为 int 类型，若强制转换则会出现 ValueError 异常。

astype()方法虽然可以转换数据的类型，但是它存在着一些局限性，只要在转换的数据中存在数字以外的字符，在使用 astype()方法进行类型转换时就会出现错误，而 to_numeric()函数的出现正好解决了这个问题。

to_numeric()函数可以将传入的参数转换为数值类型。

语法格式如下：

```
pandas.to_numeric(arg, errors = 'raise', downcast = None)
```

常用参数说明如下：

arg：表示要转换的数据，可以是 list、tuple、Series。

errors：错误采取的处理方式。

【示例 10-22】将只包含数字的字符串转换为数字类型。

```
import pandas as pd
df = pd.DataFrame({'姓名': ['申凡', '石英', '史伯', '王骏'],
                   '成绩': ['98', '85', '76.5', '88']})
print(df['成绩'])
#转换 object 类型为 float 类型
print(pd.to_numeric(df['成绩'], errors = 'raise'))
```

运行结果：

```
0    98
1    85
2    76.5
3    88
```

Name：成绩，dtype：object

0   98.0

1   85.0

2   76.5

3   88.0

Name：成绩，dtype：float64

注意：to_numeric()函数是不能直接操作 DataFrame 对象的。

2. 字段拆分与抽取

字段拆分是指将一个字段分解为多个字段,例如将用"省市县"表示的"地址"字段拆分为"省""市""县"3 个字段。字段抽取是指从一个字段中提取部分信息,并构成一个新字段。

10.5　数据分析方法

数据分析方法是以目的为导向的,通过目的选择数据分析的方法。

10.5.1　基本统计分析

基本统计分析又称描述性统计分析,是指运用制表、分类、图形以及计算概括性数据来描述数据特征的各项活动。描述性统计分析要对调查总体所有变量的有关数据进行统计性描述,主要包括数据的频数分析、集中趋势分析、离散程度分析、分布以及一些基本的统计图形。

数据的中心位置是我们最容易想到的数据特征。借由中心位置,我们可以知道数据的平均情况,如果要对新数据进行预测,那么平均情况是非常直观的选择。数据的中心位置可分为均值(Mean)、中位数(Median)和众数(Mode)。其中均值和中位数用于定量数据,众数用于定性数据。对于定量数据(Data)来说,均值是总和除以总量 N 的值,中位数是数值大小位于中间(奇偶总量处理不同)的值,均值相对中位数来说,包含的信息量更大,但是容易受异常值的影响。

利用 DataFrame 对象的 describe()方法可以查看 DataFrame 中各个数值型字段的最小值、最值、均值以及标准差等统计信息。此外,Pandas 还提供了其他常用的描述统计方法,如表 10-4 所示。

表 10-4　常用的描述统计方法

方法	含义	方法	含义
min	最小值	max	最大值
mean	均值	sum	求和
median	中位数	count	非空值数目
mode	众数	ptp	极差
var	方差	std	标准差
quantile	四分位数	cov	协方差
skew	样本偏度	kurt	样本峰度
sem	标准误差	mad	平均绝对离差
describe	描述统计	value_counts	频数统计

describe()方法的语法格式如下：

describe(percentiles = None, include = None, exclude = None)

参数说明如下：

(1)percentiles：输出中包含的百分数位于[0,1]之间。如果不设置该参数，则默认为 [0.25,0.5,0.75]，返回 25%,50%,75%分位数。

(2)include,exclude：指定返回结果的形式。

【示例 10-23】读取"./大数据 211 班成绩表.xlsx"的 10 位同学四门课程成绩，进行统计描述。

```
import pandas as pd
df = pd.read_excel(r'./大数据 211 班成绩表.xlsx').head(10)
df_new = df.iloc[:,0:6]
#解决数据输出时列名不对齐的问题
pd.set_option('display.unicode.ambiguous_as_wide',True)
pd.set_option('display.unicode.east_asian_width', True)
df_obj = df_new.describe()
print(df_obj)
```

运行结果：

	Python 程序设计	数据库	数据结构	数据处理
count	10.000000	10.000000	10.000000	10.000000
mean	80.900000	84.400000	46.700000	88.000000
std	16.079317	12.020353	29.911165	9.977753
min	54.000000	64.000000	2.000000	66.000000
25%	70.250000	75.250000	30.750000	83.250000
50%	81.000000	85.000000	39.500000	91.000000
75%	96.000000	94.250000	65.250000	94.500000
max	98.000000	100.000000	100.000000	98.000000

10.5.2　分组分析

分组分析是指根据分组字段将分析对象划分成不同的部分，以对比分析各组之间差异的一种分析方法。常用的统计指标有计数、求和和平均值。

在 Pandas 中，groupby()函数用于将数据集按照某些标准(一列或多列)划分成若干个组，一般与计算函数结合使用，实现数据的分组统计。该方法的语法格式如下：

groupby(by = None, axis = 0, level = None, as_index = True, sort = True, group_keys = True, squeeze = False, observed = False, * * kwargs)

参数说明如下：

(1)by：用于确定进行分组的依据。对于参数 by，如果传入的是一个函数，则对索引进行计算并分组；如果传入的是字典或 Series，则用字典或 Series 的值作为分组依据；如果传入的是 NumPy 数组，则用数据元素作为分组依据；如果传入的是字符串或字符串列表，则用这些字符串所代表的字段作为分组依据。

（2）axis：表示分组轴的方向，可以为 0（表示按行）或 1（表示按列），默认为 0。

（3）level：如果某个轴是一个 MultiIndex 对象（索引层次结构），则会按特定级别或多个级别分组。

（4）as_index：表示聚合后的数据是否以组标签作为索引的 DataFrame 对象输出，接收布尔值，默认为 True。

（5）sort：表示是否对分组标签进行排序，接收布尔值，默认为 True。

数据分组后返回数据的数据类型，不再是一个数据框，而是一个 groupby 对象，可以调用 groupby 的方法，如 size 方法，返回一个含有分组大小的 Series 的 mean 方法，返回每个分组数据的均值。

1. 按照一列（列名）分组统计

在 Pandas 对象中，如果它的某一列数据满足不同的划分标准，则可以将该列当做分组键来拆分数据集。DataFrame 数据的列索引名可以作为分组键，但需要注意的是，用于分组的对象必须是 DataFrame 数据本身，否则搜索不到索引名称时会报错。

【示例 10-24】读取"./电器销售数据.xlsx"数据，按照"商品类别"分组统计销量和销售额。

```python
import pandas as pd
# 设置数据显示的列数和宽度
pd. set_option('display. max_columns',100)
pd. set_option('display. width',1000)
# 解决数据输出时列名不对齐的问题
pd. set_option('display. unicode. east_asian_width',True)
df = pd. read_excel(r'. /电器销售数据. xlsx',sheet_name = 'Sheet1')
# 抽取数据
df_new = df[['商品类别','销量','销售额']]
# 分组统计求和
print(df_new. groupby(by = ['商品类别']). sum())
```

运行结果：

商品类别	销量	销售额
冰箱	1142	1970850. 00
洗衣机	1703	1351470. 00
热水器	1597	2597186. 00
电视	1215	3662101. 00
空调	1171	2780335. 00
计算机	3496	18242811. 05

2. 按照多列分组统计

分组键还可以是长度和 DataFrame 行数相同的列表或元组，相当于将列表或元组看作 DataFrame 的一列，然后将其分组。

【示例 10-25】读取"./电器销售数据.xlsx"数据，按照"销售渠道""商品类别"（一级分类、二级分类）分组统计销量和销售额。

```
import pandas as pd
# 设置数据显示的列数和宽度
pd. set_option('display. max_columns',100)
pd. set_option('display. width',1000)
# 解决数据输出时列名不对齐的问题
pd. set_option('display. unicode. east_asian_width',True)
df = pd. read_excel(r'. / 电器销售数据 . xlsx',sheet_name = 'Sheet1')
# 抽取数据
df_new = df[['销售渠道','商品类别','销量','销售额']]
# 分组统计求和
print(df_new. groupby(by = ['销售渠道','商品类别']). sum())
```

运行结果：

销售渠道	商品类别	销量	销售额
实体店	冰箱	1142	1970850. 00
	洗衣机	81	104875. 00
	热水器	1015	1709759. 00
	电视	1215	3662101. 00
	空调	1171	2780335. 00
	计算机	1079	5139157. 32
网店	洗衣机	1622	1246595. 00
	热水器	582	887427. 00
	计算机	2417	13103653. 73

groupby 可将列名直接当作分组对象，分组中数值列会被聚合，非数值列会从结果中排除，当 by 不止一个分组对象（列名）时，需要使用 list。

3. 分组并按照指定列进行数据计算

对上述示例按照"商品类别"（二级分类）进行汇总，关键代码如下：

```
df_new. groupby('商品类别')['销量']. sum()
```

4. 对分组数据进行迭代处理

通过 for 循环对分组统计数据进行迭代（遍历分组数据）。

按照"销售渠道"（一级分类）分组，并输出每一类商品的销量和销售额，关键代码如下：

```
for source,type in df_new. groupby('销售渠道'):
    print(source)
    print(type)
```

10. 5. 3　分布分析

分布分析是指根据分析的目的，将数据（定量数据）进行等距或不等距的分组，研究各组分布规律的一种分析方法。

【示例 10-26】利用分布分析方法，对成绩进行分段分析。

```python
import pandas as pd
import numpy as np
# 设置数据显示的列数和宽度
pd.set_option('display.max_columns',100)
pd.set_option('display.width',1000)
# 解决数据输出时列名不对齐的问题
pd.set_option('display.unicode.east_asian_width',True)
df = pd.read_excel(r'./大数据211班成绩表.xlsx').head(10)
# 计算每个学生的总成绩
df['总成绩'] = df.Python程序设计 + df.数据库 + df.数据结构 + df.数据处理 + df.数据可视化 + df.军训 + df.体育
# 查看总成绩的统计描述,df['总成绩']为object需要转换
print("查看总成绩的统计描述:\n",df['总成绩'].astype(float).describe())
# 将总成绩离散化,根据四分位数分为四段
bins = [min(df['总成绩'])-1,498,568,595,max(df['总成绩']) + 1]
# 给三段数据贴标签
labels = ['498及其以下','498到568','468到595','580及其以上']
# 总分层
df['总分层'] = pd.cut(df.总成绩,bins,labels = labels)
df_new = df.groupby(by = ['总分层']).agg({'总成绩':np.size}).rename(columns = {'总成绩':'人数'})
print(df_new)
```

运行结果：

查看总成绩的统计描述：

```
count        10.000000
mean        551.600000
std          64.534573
min         452.000000
25 %        498.500000
50 %        568.000000
75 %        595.750000
max         655.000000
Name:总成绩, dtype:float64
总分层        人数
498及其以下   3
498到568    3
468到595    1
580及其以上   3
```

10.5.4　交叉分析

交叉分析通常用于分析两个或两个以上分组变量之间的关系,以交叉表的形式进行变量间关系的对比分析。一般分为定量、定量分组交叉;定量、定性分组交叉;定性、定型分组交叉。数据交叉分析函数 pivot_table 语法格式如下:

pivot_table(values, index, columns,aggfunc, fill_value)

参数说明如下:

values:数据透视表中的值。

index:数据透视表中的行。

columns:数据透视表中的列。

aggfunc:统计函数。

fill_value:NA 值的统一替换。

返回值:数据透视表的结果。

使用 DataFrame 对象的 pivot_table()方法可以实现数据透视表功能。数据透视表是对 DataFrame 中的数据进行快速分类汇总的一种分析方法,可以根据一个或多个字段,在行和列的方向对数据进行分组聚合,以多种不同的方式灵活地展示数据的特征,从不同角度对数据进行分析。

若要使用数据透视表功能,DataFrame 必须是长表形式,即每列都是不同属性的数据项。

【示例 10-27】利用 pivot_table()方法制作数据透视表,分析每周各商品的订购总金额。

```
df    =   pd.read_excel(r'./订单_new.xlsx')
df1 = df.pivot_table(values = '金额', index = '周次', columns = '商品名称',
          aggfunc = 'sum', margins = True)
```

运行结果:

商品名称	T恤	休闲鞋	卫衣	围巾	运动服	All
周次						
5	16963.24	7435.8	55123.55	3429.00	38850.0	121801.59
6	44898.63	18297.9	45534.91	1979.64	38671.5	149382.58
7	25708.06	5670.0	379.50	7666.92	21168.0	60592.48
8	NaN	58376.7	126.50	6767.28	21325.5	86595.98
All	87569.93	89780.4	101164.46	19842.84	120015.0	418372.63

默认对所有的数据列进行透视,非数值列自动删除,也可选取部分列进行透视。

10.5.5　结构分析

结构分析是在分组以及交叉分析的基础上,计算各组成部分所占的比重进而分析总体的内部特征的一种分析方法。

这个分组主要是指定性分组,定性分组一般看结构,它的重点在于占总体的比重。

我们经常把市场比作蛋糕,市场占有率就是一个经典的应用。另外,股权结构也是结构分析的一种。

【示例 10-28】

```
import pandas as pd
```

```
import numpy as np
df = pd. read_excel('./电器销售数据.xlsx')
df_new = df.dropna()
df_pt = df_new. pivot_table(values = ['销量'],index = ['商品类别'],columns = ['销售渠道'],aggfunc = [np. sum])
df_pt
```

运行结果:

	sun	
	销量	
销售渠道	实体店	网店
商品类别		
冰箱	1142.0	NaN
洗衣机	81.0	1622.0
热水器	1015.0	582.0
电视	1215.0	NaN
空调	1171.0	NaN
计算机	1079.0	2417.0

从运行结果来看,出现 NaN 的原因是部分商品没有采取网店的销售渠道。

10.5.6 相关分析

判断两个变量是否具有线性相关关系的最直观的方法是直接绘制散点图,看变量之间是否符合某个变化规律。当需要同时考察多个变量间的相关关系时,一一绘制它们之间的简单的散点图是比较麻烦的。此时可以利用散点矩阵图同时绘制各变量间的散点图,从而快速发现多个变量间的主要相关性,这在进行多元回归时显得尤为重要。

相关分析研究现象之间是否存在某种依存关系,并对具体有依存关系的现象探讨其相关方向以及相关程度,是研究随机变量之间相关关系的一种统计方法。

为了更加准确地描述变量之间的线性相关程度,通过计算相关系数来进行相关分析,在二元变量的相关分析过程中,比较常用的有 Pearson 相关系数、Spearman 秩相关系数和判定系数。Pearson 相关系数一般用于分析两个连续变量之间的关系,要求连续变量的取值服从正态分布。不服从正态分布的变量、分类或等级变量之间的关联性可采用 Spearman 秩相关系数(也称等级相关系数)来描述。

相关系数:可以用来描述定量变量之间的关系。

相关系数与相关程度的关系如表 10-5 所示。

表 10-5　相关系数与相关程度的关系

关系数 $|r|$ 取值范围	相关程度
$0 \leqslant |r| < 0.3$	低度相关
$0.3 \leqslant |r| < 0.8$	中度相关
$0.8 \leqslant |r| \leqslant 1$	高度相关

相关分析函数如下：

DataFrame. corr()

Series. corr (other)

如果由 DataFrame 调用 corr()方法,那么将会计算每列两两之间的相似度。如果由序列调用 corr()方法,那么只计算该序列与传入的序列之间的相关度。

返回值:DataFrame 调用,返回 DataFrame;Series 调用,返回一个数值型,大小为相关度。

【示例 10-29】利用相关分析函数,计算"农产品产量与降雨量. xlsx"数据集中"亩产量(公斤)"和"年降雨量(毫米)"的相关系数。

```
import pandas as pd
df = pd. read_excel('. /农产品产量与降雨量. xlsx')
df['亩产量(公斤)']. corr(df['年降雨量(毫米)'])
```

运行结果:

0. 9999974941310077

从运行结果来看,"亩产量(公斤)"和"年降雨量(毫米)"之间属于高度相关。

10. 6　DataFrame 的合并与连接

1. DataFrame 的合并

DataFrame 的合并是指两个 DataFrame 在纵向或横向进行堆叠,合并为一个 DataFrame。

使用 Pandas 中的 concat()函数可以完成 DataFrame 的合并操作。

语法结构如下：

concat(objs, axis, ignore_index)

参数说明如下：

objs:要合并的对象,是包含多个 Series 或 DataFrame 对象的序列。

axis:表示沿哪个轴合并。默认 axis＝0,表示合并记录;axis＝1,表示合并字段。

ignore_index:是否忽略原索引,按新的 DataFrame 重新组织索引,默认为 False。

concat()函数中的其他参数选项及其作用可查阅相关帮助文档。

【示例 10-30】合并两份订单记录(订单_1. xlsx 和订单_2. xlsx),按新 DataFrame 重新组织索引,并保存合并后的数据(订单_new. xlsx)。

```
df_1 = pd. read_excel(r'. /订单_1. xlsx')
df_2 = pd. read_excel(r'. /订单_2. xlsx')
print(df_1. shape)
print(df_2. shape)
df = pd. concat([df_1, df_2], ignore_index = True)
print(df. shape)
df. to_excel(r'. /订单_new. xlsx', index = False)
```

运行结果：

(150, 7)

```
(165，7)
(315，7)
```

2. DataFrame 的连接

进行数据分析时,如果需要同时从两个 DataFrame 中查询相关数据,则可以使用 Pandas 中的 merge()函数将两个 DataFrame 连接在一起。

语法结构如下:

```
merge(left, right, how, on, left_on, right_on, suffixes)
```

参数说明如下:

left,right:连接两个 DataFrame。

on:连接字段。如果没有指定连接字段,默认会根据两个 DataFrame 的同名字段进行连接;如果不存在同名字段,则会报错。

how:两个 DataFrame 中的记录如何连接在一起,有多个选项。默认 how＝'inner',表示将字段值相同的记录连接在一起。

left_on,right_on:当两个 DataFrame 中存在语义相同但名称不同的字段时,使用这两个参数分别指定连接字段。

suffixes:两个 DataFrame 中同名字段的后缀,默认 suffixes＝('_x', '_y')。

merge()函数中的其他参数选项及其作用可查阅相关帮助文档。

【**示例 10-31**】根据"订单_new.xlsx",统计每种商品的订购总数量,然后再将统计结果中的记录与"商品.csv"中的记录进行连接查询,以便能够同时查看每种商品的订购信息和商品的详细信息。

```
df = pd.read_excel(r'./订单_new.xlsx')
df_sum = df.groupby('商品名称').agg({'数量': 'sum'}).reset_index()
df_sum.columns = ['商品名称', '订购总数量']
df_sum
```

运行结果:

	商品名称	订购总数量
0	T 恤	1460
1	休闲鞋	598
2	卫衣	872
3	围巾	1019
4	运动服	633

☒ 本章小结

(1)Pandas 有两个主要的数据结构:Series 和 DataFrame。

(2)数据分析是为了提取有用信息和形成结论,而有针对性地收集、加工、整理数据,并采用统计方法或数据挖掘技术分析和解释数据的过程。

(2)进行数据分析时通常通过导入 Excel、CSV、TXT 等格式的数据文件创建 DataFrame 对象。

（4）Pandas 提供了强大的数据预处理功能，介绍了查找和处理缺失值、异常值、重复值以及对原始数据进行加工提取新特征的基本方法。

（5）Pandas 提供了常用的数据分析方法：分组分析、分布分析、交叉分析、结构分析以及相关分析等。

（6）DataFrame 的合并是指两个 DataFrame 在纵向或横向进行堆叠，合并为一个 DataFrame。如果需要同时从两个 DataFrame 中查询相关数据，则可以使用 Pandas 中的 merge() 函数将两个 DataFrame 连接在一起。

思考题

1. 完成创建学生消费支出信息的数据集，并对该数据集进行增、删、改、查的操作。

（1）创建一个包含有 5 位学生姓名、性别、年龄和月消费支出的数据集，数据集中的数据可以自拟。

（2）选择数据集中月消费支出这列数据。

（3）增加一位学生消费支出信息，数据为（孟欣怡，女，18，1 500）。

（4）将姓名为"李光"的月消费支出修改为 1 000。

（5）删除第 2 位学生的数据。

（6）筛选出月消费支出大于 2 000 元的学生的数据。

2. 在"商品销售 . xls"文件中包含了用户 ID、商品信息、单价、数量和电话等数据字段，现要求完成下列分类统计计算。

（1）按品牌分类统计商品销售数量。

（2）按商品种类分类统计商品销售数量。

（3）按地区分类统计商品销售数量。

3. 在"商品销售 . xls"文件中包含了用户 ID、商品信息、单价、数量和电话等数据字段，现要求完成下列记录抽取。

（1）筛选出单价为 3 000～5 000 元的商品。

（2）筛选出商品信息为空的记录。

（3）筛选出商品信息中含有"空调"文字的记录。

4. 导入 Excel 成绩表 grade. xls 中的 gradel 表，完成以下操作。

（1）查看该表前 5 行的缺失值，分别用常数 0 和字典填充缺失值，但不修改原数据。

（2）分别指定不同的 method 参数，观察填充缺失值情况。

（3）将 Normal 属性的缺失值用中位数替换，exam 属性的缺失值用均值替换。

（4）用常数 0 填充缺失值，并修改原数据。

第 11 章　数据可视化

党的二十大报告指出，"加快发展数字经济，促进数字经济和实体经济深度融合"。新一代信息技术与各产业结合形成数字化生产力和数字经济，数据可视化对展示各产业所产生作用效果尤为重要。数据可视化通过对真实数据的采集、清洗、预处理和分析等过程建立数据模型，最终将数据转换为各种图形，清晰而直观地呈现数据的特征、趋势或关系等，以打造较好的视觉效果，辅助数据分析和展示数据分析的结果。

本章主要介绍使用 Matplotlib 库和 Pandas 库中的绘图功能绘制折线图、直条图、直方图、饼图、箱形图和散点图等基本图形的方法，并通过实例展示数据可视化的效果。

11.1　数据可视化概述

11.1.1　常见的可视化图表类型

数据可视化最常见的应用是一些统计图表，比如直方图、散点图和饼图等，这些图表作为统计学的工具，创建了一条快速了解数据集的途径，并成为令人信服的沟通手段，所以在大量的方案、新闻中都可以见到这些统计图形。

接下来介绍一些数据分析中比较常见的图表。

1. 直方图

直方图，又称质量分布图，是一种统计报告图，由一系列高度不等的纵向条纹或线段表示数据分布的情况，一般用横轴表示数据的类型，纵轴表示分布情况。直方图示例如图 11-1 所示。

通过观察可以发现，直方图可以利用方块的高度来反映数据的差异。不过，直方图只适用于中小规模的数据集，不适用于大规模的数据集。

2. 折线图

折线图是用直线段将各个数据点连接起来而组成的图形，以折线的方式显示数据的变化趋势。折线图可以显示随时间（根据常用比例设置）变化的连续数据，适用于显示在相等时间间隔下数据的趋势。折线图示例如图 11-2 所示。

折线图中，x 轴表示季度，y 轴表示产品的销量，分别用 3 条不同颜色的线段和标记描述每个季度计算机、电视、空调的销售数量。折线图很容易反映出数据变化的趋势，比如哪个季度销售的数量多，哪个季度销售的数量少，通过折线的倾斜程度都能一览无余。另外，多条折

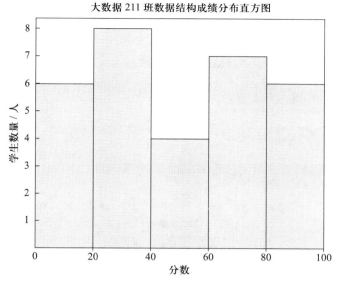

图 11-1　直方图示例

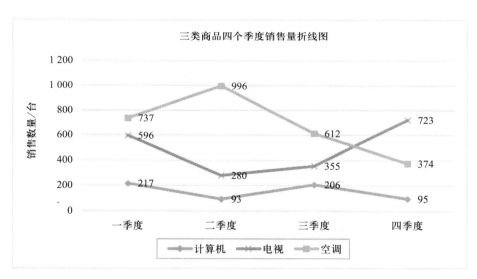

图 11-2　折线图示例

线对比还能看出哪种产品的销售比较好,更受欢迎。

3. 条形图

条形图是用宽度相同的条形高度或者长短来表示数据量的图形。条形图可以横置或纵置,纵置时也称为柱形图。条形图示例如图 11-3 所示。

图 11-3 中,通过条形的长短,可以比较四个季度这三种商品的销售情况。

4. 饼图

饼图可以显示一个数据序列(图表中绘制的相关数据点)中各项的大小与各项总和的比例,每个数据序列具有唯一的颜色或图形,并且与图例中的颜色是相对应的。饼图示例如图 11-4 所示。

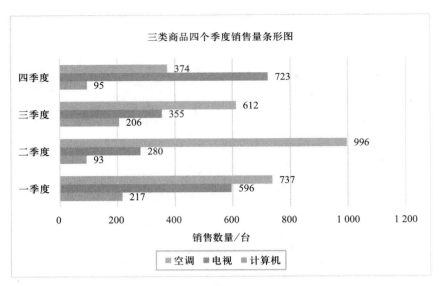

图 11-3　条形图示例

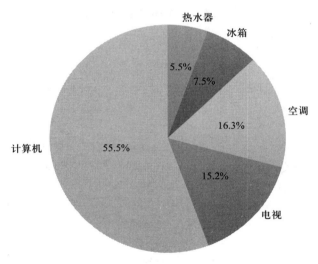

图 11-4　饼图示例

饼图中的数据点由扇面表示,相同颜色的扇面是一个数据系列,并用所占的百分比进行标注。饼图可以很清晰地反映出各数据系列的百分比情况。

5. 散点图

在回归分析中,散点图是指数据点在平面直角坐标系中的分布图,通常用于比较跨类别的数据。散点图包含的数据点越多,比较的效果就会越好。散点图示例如图 11-5 所示。

散点图中每个坐标点的位置是由变量的值决定的,用于表示因变量随自变量而变化的大致趋势,以判断两种变量的相关性(分为正相关、负相关和不相关)。例如,身高与体重、降水量与产量等。

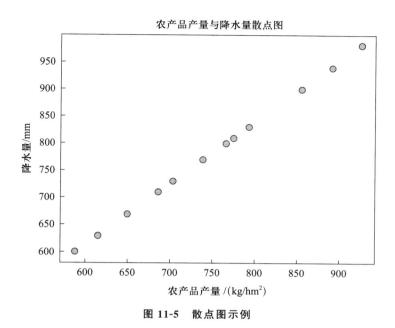

图 11-5　散点图示例

　　散点图适合显示若干数据序列中各数值之间的关系,以判断两个变量之间是否存在某种关联。对于处理值的分布和数据点的分簇,散点图是非常理想的。

　　6. 箱形图

　　箱形图又称为盒须图、盒式图或箱线图,是一种用来显示一组数据分散情况资料的统计图,因形状如箱子而得名,在各种领域中也经常被使用,常见于品质管理。箱形图示例如图 11-6 所示。

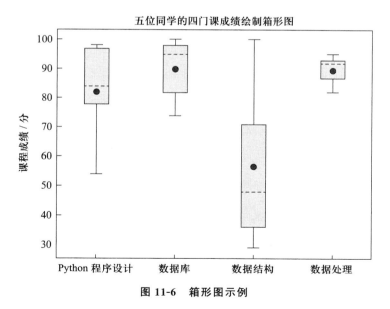

图 11-6　箱形图示例

箱形图包含了 6 个数据节点，会将一组数据按照从大到小的顺序排列，分别计算出它的上边缘、上四分位数、中位数、下四分位数以及下边缘，还有一个异常值。箱形图提供了一种只用 5 个点对数据集做简单总结的方式。

综上所述，上述几种常用的图表分别适用于如下应用场景：

（1）直方图：适于比较数据之间的多少。

（2）折线图：反映一组数据的变化趋势。

（3）条形图：显示各个项目之间的比较情况，和直方图有类似的作用。

（4）饼图：用于表示一个样本（或总体）中各组成部分的数据占全部数据的比例，对于研究结构性问题十分有用。

（5）散点图：显示若干数据系列中各数值之间的关系，类似 x、y 轴，判断两个变量之间是否存在某种关联。

（6）箱形图：在识别异常值方面有一定的优越性。

11.1.2 可视化图表的基本构成

数据分析图表有很多种，但每一种图表的组成部分是基本相同的。图表由画布（figure）和轴域（axes）两个对象构成。画布表示一个绘图容器，画布上可以划分为多个轴域。一张完整的图表一般包括画布、图表标题、绘图区、数据系列、坐标轴、坐标轴标题、图例、文本标签和网格线等，如图 11-7 所示。

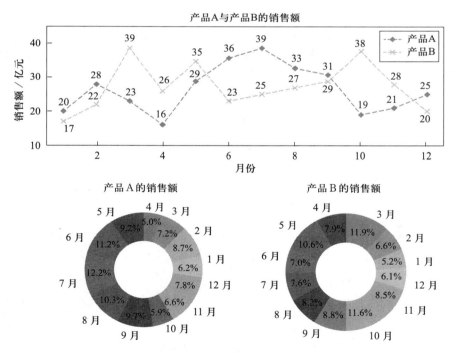

图 11-7　数据可视化示例

下面将详细介绍各个组成部分的功能。

画布：图中最大的白色区域，作为其他图表元素的容器。

图表标题:用来概述图表内容的文字,常用的功能有设置字体、字号及字体颜色等。

绘图区:画布中的一部分,即显示图形的矩形区域,可改变填充颜色、位置,以便使图表展示更好的图形效果。

数据系列:在数据区域中,同一列(或同一行)数值数据的集合构成一组数据系列,也就是图表中相关数据点的集合。图表中可以有一组到多组的数据系列,多组数据系列之间通常采用不同的图案、颜色或符号来区分。

坐标轴及坐标轴标题:坐标轴是标识数值大小及分类的垂直组和水平线,上面有标定数据值的标志(刻度)。坐标轴标题用来说明坐标轴的分类及内容,分为水平坐标轴和垂直坐标轴。一般情况下,水平轴(x 轴)表示数据的分类。

图例:是指图表中系列区域的符号、颜色或形状定义数据系列所代表的内容。图例由两部分构成:图例标识,代表数据系列的图案,即不同颜色的小方块;图例项,与图例标识对应的数据系列名称。一种图例标识只能对应一种图例项。数据系列名称,一种图例标识只能对应一种图例项。

文本标签:用于为数据系列添加说明文字。

标签:用于为数据系列添加说明文字。

网格线:贯穿绘图区的线条,类似标尺可以衡量数据系列数值的标准。常用的功能有设置网格线宽度、样式、颜色以及坐标轴等。

2. 图表的构成

图表由画布(figure)和轴域(axes)两个对象构成。画布表示一个绘图容器,画布上可以划分为多个轴域,如图 11-8 所示。轴域表示一个带坐标系的绘图区域,如图 11-9 所示。

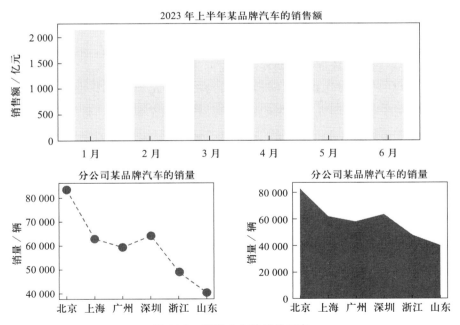

图 11-8　带有 3 个轴域的画布

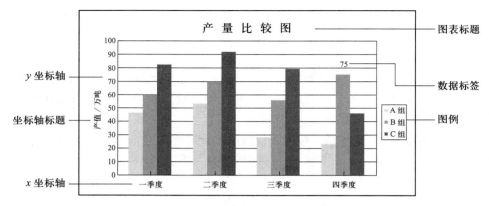

图 11-9　轴域的组成元素

11.1.3　数据可视化方式选择依据

数据可视化图形的表达需要配合展示用户的意图和目标，即要表达什么思想就应该选择对应的数据可视化展示方式。

数据可视化要展示的信息内容按主题可分为 4 种：趋势、对比、结构、关系。

1. 趋势

趋势是指事物的发展趋势，如走势的高低、状态好坏的变化等趋势，通常用于按时间发展的眼光评估事物的场景。例如，按日的用户数量趋势、按周的订单量趋势、按月的转化率趋势等。

趋势常用的数据可视化图形是折线图，在时间项较少的情况下，也可以使用柱形图展示。

2. 对比

对比是指不同事物之间或同一事物在不同时间下的对照，可直接反映事物的差异性。例如，新用户与老用户的单价对比、不同广告来源渠道的订单量和利润率对比等。

对比常用的数据可视化图形有柱形图、条形图、雷达图等。

3. 结构

结构也可以称为成分、构成或内容组成，是指一个整体由哪些元素组成，以及各个元素的影响因素或程度的大小。例如，不同品类的利润占比、不同类型客户的销售额占比的影响因素或程度的大小。

结构常用的数据可视化图形一般使用饼图或与饼图类型相似的图形，如玫瑰图、扇形图、环形图等。如果要查看多个周期或分布情况下的结构，可使用面积图。

4. 关系

关系是指不同事物之间的相互联系，这种联系可以是多种类型和结构。例如，微博转发路径属于一种扩散关系；用户频繁一起购买的商品属于频繁发生的交叉销售关系；用户在网页上先后浏览的页面属于基于时间序列的关联关系等。

关系常用的数据可视化图形，会根据不同的数据可视化目标选择不同的图形，如关系图、树形图、漏斗图和散点图等。

11.1.4 常见的数据可视化库

Python 作为数据分析的重要程序设计语言,为数据分析的每个环节都提供了很多库。常见的数据可视化库包括 Matplotlib、Seaborn、ggplot、bokeh、pygal 和 pyecharts,下面将逐一介绍。

1. Matplotlib

Matplotlib 是 Python 中众多数据可视化库的鼻祖,其设计风格与 20 世纪 80 年代设计的商业化程序语言 MATLAB 十分接近,具有很多强大且复杂的可视化功能。Matplotlib 包含多种类型的 API(application program interface,应用程序接口),可以采用多种方式绘制图表并对图表进行定制。

2. Seaborn

Seaborn 是基于 Matplotlib 进行高级封装的可视化库,支持交互式界面,使绘制图表的功能变得更简单,且图表的色彩更具吸引力,可以画出丰富多样的统计图表。

3. ggplot

ggplot 是基于 Matplotlib 开发的旨在以简单方式提高 Matplotlib 可视化感染力的库,采用叠加图层的形式绘制图形。例如,先绘制坐标轴所在的图层,再绘制点所在的图层,最后绘制线所在的图层,但其并不适用于个性化定制图形。此外,ggplot2 为 R 语言准备了一个接口,其中的一些 API 虽然不适用于 Python,但适用于 R 语言,并且功能十分强大。

4. bokeh

bokeh 是一个交互式的可视化库,支持使用 Web 浏览器展示,可使用快速简单的方式将大型数据集转换成高性能的、可交互的、结构简单的图表。

5. pygal

pygal 是一个可缩放矢量图表库,用于生成可在浏览器中打开的 SVC(scalable vector graphics)格式的图表,这种图表能够在不同比例的屏幕上自动缩放,方便用户交互。

6. pyecharts

pyecharts 是一个生成 ECharts(enterprise charts,商业产品图表)的库,生成的 ECharts 凭借良好的交互性、精巧的设计得到了众多开发者的认可。

尽管 Python 在 Matplotlib 库的基础上封装了很多轻量级的数据可视化库,但万变不离其宗,掌握基础库 Matplotlib 的使用既可以使读者理解数据可视化的底层原理,也可以使读者具备快速学习其他数据可视化库的能力。以下部分主要详细介绍 Matplotlib 库的功能。

11.2 可视化 Matplotlib 库的概述

Matplotlib 是利用 Python 进行数据分析的一个重要的可视化工具,依赖于 NumPy 模块和 Tkinter 模块,只需要少量代码就能够快速绘制出多种形式的图形,如折线图、直方图、饼图和散点图等。

11.2.1　Matplotlib 库的使用导入与设置

Matplotlib 库提供了一种通用的绘图方法,其中应用最广泛的是 Matplotlib. pyplot 模块,导入该模块后,即可直接调用其中的各种绘图功能。

使用 Matplotlib 绘图,需要导入 Matplotlib. pyplot 模块。

```
import matplotlib. pyplot as plt      # 导入 matplotlib 绘图包
```

Matplotlib 使用 rc 参数定义图形的各种默认属性,如画布大小、线条样式、坐标轴、文本以及字体等。rc 参数存储在字典变量中,根据需要可以修改默认属性。例如,使用以下设置语句可以在图表中正常显示中文或坐标轴的负号刻度。

```
plt. rcParams['font. sans-serif'] = ['SimHei']      # 设置字体正常显示中文
plt. rcParams['axes. unicode_minus'] = False        # 设置坐标轴正常显示负号
```

11.2.2　Matplotlib 库绘图的层次结构

假设想画一幅素描,首先需要在画架上放置并固定一个画板,然后在画板上放置并固定一张画布,最后在画布上画图。

同理,使用 Matplotlib 库绘制的图形并非只有一层结构,它也是由多层结构组成的,以便对每层结构进行单独设置。使用 Matplotlib 绘制的图形主要由三层组成:容器层、图像层和辅助显示层。

1. 容器层

容器层主要由 Canvas 对象、Figure 对象和 Axes 对象组成,其中 Canvas 对象充当画板的角色,位于底层;Figure 对象充当画布的角色,可以包含多个图表,位于 Canvas 对象的上方,也就是用户操作的应用层的第一层;Axes 对象充当画布中绘图区域的角色,拥有独立的坐标系,可以将其看作是一个图表,位于 Figure 对象的上方,也就是用户操作的应用层的第二层。Canvas 对象、Figure 对象、Axes 对象的层次关系如图 11-10 所示。

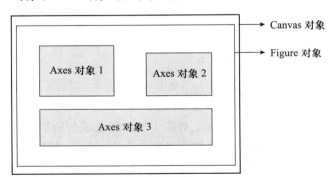

图 11-10　Canvas 对象、Figure 对象、Axes 对象的层次关系

需要说明的是,Canvas 对象无须由用户创建。Axes 对象拥有属于自己的坐标系,它可以是直角坐标系,即包含 x 轴和 y 轴的坐标系,也可以是三维坐标系(Axes 的子类 Axes3D 对象),即包含 x 轴、y 轴、z 轴的坐标系。

2. 图像层

图像层是指绘图区域内绘制的图形。例如,使用 plot()方法根据数据绘制的直线。

3. 辅助显示层

辅助显示层是指绘图区域内除所绘图形之外的辅助元素,包括坐标轴(Axis 类对象,包括轴脊和刻度,其中轴脊是 Spine 类对象,刻度是 Ticker 类对象)、标题(Text 类对象)、图例(Legend 类对象)以及注释文本(Text 类对象)等。辅助元素可以使图表更直观、更容易地被用户理解,但是又不会对图形产生实质影响。

需要说明的是,图像层和辅助显示层所包含的内容都位于 Axes 类对象之上,都属于图表的元素。

11.3　Matplotlib 库绘图的基本流程

11.3.1　创建简单图表的基本流程

通过 pip install Matplotlib 命令进行自动安装 Matplotlib 库后,用 Matplotlib 画图一般需要 5 个绘图流程:导入模块、创建画布、制作图形、美化图片(添加各类标签和图例)以及保存并显示图表。接下来详细讲解各个流程。

1. 导入模块

Matplotlib. pytplot 包含了一系列类似于 matlab 的画图函数。

导入模块:import Matplotlib. pyplot as plt。

2. 创建画布

由于 Matplotlib 的图像均位于绘图对象中,在绘图前,先要创建绘图对象。如果不创建就直接调用绘图 plot()函数,Matplotlib 会自动创建一个绘图对象。创建 figure 对象的函数语法格式如下:

def figure(num = None, figsize = None, dpi = None, facecolor = None, edgecolor = None, frameon = True, FigureClass = Figure, clear = False, * * kwargs)

参数说明如下:

(1)num:接收 int 或 string,是一个可选参数,既可以给定参数也可以不给定参数。num 可以被理解为窗口的属性 id,即该窗口的身份标识。如果不提供该参数,则创建窗口时该参数会自增,如果提供的话则该窗口会以该 num 为 id 存在。

(2)figsize:可选参数。整数元组,默认是无。提供整数元组则会以该元组为长宽,若不提供,默认为 rcfiuguer. figsize。例如(4,4)即以长 4 英寸,宽 4 英寸的大小创建一个窗口。

(3)dpi:可选参数,为整数。它表示该窗口的分辨率,如果没有提供则默认为 rcfiuguer. dpi。

(4)facecolor:可选参数,表示窗口的背景颜色,如果没有提供则默认为 rcfiuguer. facecolor。其中颜色的设置是通过调整 RGB 数值实现,范围是'# 000000'~'# FFFFFF',其中每 2 个字节 16 位表示 RGB 的 0~255。例如'# FF0000'表示 R:255,G:0,B:0 即为红色。

(5)edgecolor:可选参数,表示窗口的边框颜色,如果没有提供则默认为 figure. edgecolor。

（6）frameon：可选参数，表示是否绘制窗口的图框，默认是 True。

（7）figureclass：从 Matplotlib. figure. Figure 派生的类，可选，使用自定义图形实例。

（8）clear：可选参数，默认是 False，如果提供参数为 True，并且该窗口存在的话则该窗口内容会被清除。

3. 制作图形

通过调用 plot()函数可实现在当前绘图对象中绘制图表，plot()函数的语法格式如下：

plt. plot (x, y, label, color, linewidth, linestyle)或 plt. plot (x, y, fmt, label)。

参数说明如下：

（1）x, y：表示所绘制的图形中各点位置在 x 轴和 y 轴上的数据，用数组表示。

（2）label：给所绘制的曲线设置一个名字，此名字在图例（legend）中显示。只要在字符串前后添加"$"符号，Matplotlib 就会使用其内嵌的 LaTeX 引擎来绘制数学公式。

（3）color：指定曲线的颜色。

（4）linewidth：指定曲线的宽度。

（5）linestyle：指定曲线的样式。

（6）fmt：指定曲线的颜色和线型，如"b--"，其中 b 表示蓝色，"--"表示线型为虚线，该参数也称为格式化参数。

调用 plot()函数前，先定义所绘制图形的坐标，即图形在 x 轴和 y 轴上的数据。

4. 美化图片

在调用 plot()函数完成绘图后，还需要为图表添加各类标签和图例。pyplot 中添加各类标签和图例的函数。

（1）plt. xlabel()：在当前图形中指定 x 轴的名称，可以指定位置、颜色、字体大小等参数。

（2）plt. ylabel()：在当前图形中指定 y 轴的名称，可以指定位置、颜色、字体大小等参数。

（3）plt. title()：在当前图形中指定图表的标题，可以指定标题名称、位置、颜色、字体大小等参数。

（4）plt. xlim()：指定当前图形 x 轴的范围，只能输入一个数值区间，不能使用字符串。

（5）plt. ylim()：指定当前图形 y 轴的范围，只能输入一个数值区间，不能使用字符串。

（6）plt. xticks()：指定 x 轴刻度的数目与取值。

（7）plt. yticks() ：指定 y 轴刻度的数目与取值。

（8）plt. legend()：指定当前图形的图例，可以指定图例的大小、位置和标签。

5. 保存并显示图表

在完成图表绘制、添加各类标签和图例后，下一步所要完成的任务是将图表保存为图片，并在本机上显示图表。保存和显示图表的函数如下：

（1）plt. savefig()：保存绘制的图表为图片，可以指定图表的分辨率、边缘和颜色等参数。

（2）plt. show()：在本机显示图表。

【示例 11-1】利用 Matplotlib 绘制折线图，展现北京一周的天气，比如从星期一到星期日的天气温度：8，7，8，9，11，7，5。

```
# 导入模块
import matplotlib. pyplot as plt
```

```
# 创建画布
plt.figure(figsize = (10, 10), dpi = 100)
# 绘制折线图
plt.plot([1, 2, 3, 4, 5, 6,7], [8,7,8,9,11,7,5])
# 添加标签
plt.xlabel("周")
plt.ylabel("温度/℃")
# 显示图像
plt.show()
```

运行结果如图 11-11 所示。

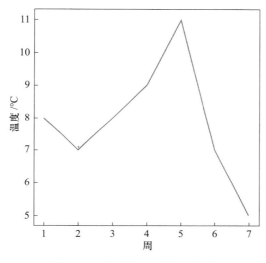

图 11-11　【示例 11-1】运行结果

11.3.2　绘制子图的基本流程

在 Matplotlib 中,可以将一个绘图对象分为几个绘图区域,在每个绘图区域中可以绘制不同的图像,这种绘图形式称为创建子图。创建子图可以使用 subplot()函数,该函数的语法格式如下:

subplot(numRows,numCols,plotNum)

参数说明如下:

(1)numRows:表示将整个绘图区域等分为 numRows 行。

(2)numCols:表示将整个绘图区域等分为 numCols 列。

(3)plotNum:表示当前选中要操作的区域。

subplot()函数的作用就是将整个绘图区域等分为 numRows(行) * numCols(列)个子区域,然后按照从左到右、从上到下的顺序对每个子区域进行编号,左上的子区域的编号为 1。如果 numRows、numCols 和 plotNum 这 3 个数都小于 10,可以把它们缩写为一个整数,例如 subplot(223)和 subplot(2,2,3)是相同的。Subplot()在 plotNum 指定的区域中创建图形。

如果新创建的图形和先前创建的图形重叠，则先前创建的图形将被删除。

【示例 11-2】创建 3 个子图，分别绘制正弦函数、余弦函数和线性函数。

```python
# 导入模块
import matplotlib.pyplot as plt
import numpy as np
x = np.linspace(0,10,80)
y = np.sin(x)
z = np.cos(x)
k = x
# 第一行的左图
plt.subplot(221)
plt.plot(x,z,"r--",label = "$cos(x)$")
# 第一行的右图
plt.subplot(222)
plt.plot(x,y,label = "$sin(x)$",color = "blue",linewidth = 2)
# 第二整行
plt.subplot(212)
plt.plot(x,k,"g--",label = "$x$")
plt.legend()
plt.savefig("image.png",dpi = 100)
plt.show()
```

运行结果如图 11-12 所示。

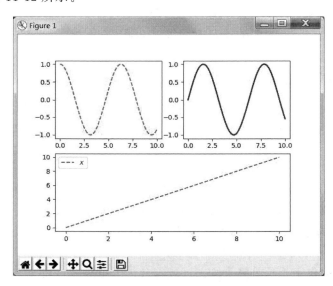

图 11-12　使用同一个画布创建 3 个子图

11.4 使用 Matplotlib 库绘制常用图表

常用图表的绘制主要包括绘制直方图、绘制折线图、绘制柱形图、绘制饼图、绘制散点图、绘制面积图、绘制热力图、绘制箱形图、绘制雷达图、绘制 3D 图表、绘制多个子图表以及图表的保存。

11.4.1 绘制直方图

直方图(histogram)又称质量分布图,是统计报告图的一种,由一系列高度不等的纵向条纹或线段表示数据分布的情况,一般用横轴表示数据所属类别,纵轴表示分布情况(数量或占比)。

用直方图可以比较直观地看出产品质量特性的分布状态,便于判断其总体质量的分布情况。直方图可以发现分布表无法发现的数据模式、样本的频率分布和总体的分布。

pyplot 模块的 hist()函数用于绘制直方图,其语法格式如下:

matplotlib. pyplot. hist(x,bins = None, range = None, density = None,histtype = 'bar' color = None,label = None,…, * * kwargs)

常用参数说明如下:

(1)x:数据集,最终的直方图将对数据集进行统计。

(2)bins:统计数据的区间分布,一般为绘制条柱的个数。若给定一个整数,则返回"bins+1"个条柱,默认为 10。

(3)range:元组类型,显示 bins 的上下范围(最大值和最小值)。

(4)density:布尔型,显示频率统计结果,默认值为 None。设置值为 False 不显示频率统计结果;设置值为 True 则显示频率统计结果。频率统计结果=区间数目/(总数 * 区间宽度)。

(5)histtype:可选参数,设置值为 bar、barstacked、step 或 stePf171ed,默认值为 bar,推荐使用默认配置,step 使用的是梯状,stepfilled 则会对梯状内部进行填充,效果与 bar 参数类似。

(6)color:表示条柱的颜色,默认为 None。

【示例 11-3】利用 hist()函数绘制"大数据 211 班成绩表"中"数据结构"成绩分布的直方图。

```
import pandas as pd
import matplotlib. pyplot as plt
df = pd. read_excel(". /大数据 211 班成绩表 .xlsx")
x = df['数据结构']
plt. rcParams['font. sans-serif'] = ['SimHei']
plt. xlabel('分数')
plt. ylabel('学生数量')
#显示图表题
plt. title("大数据 211 班数据结构成绩分布直方图")
plt. hist(x,bins = [0, 20, 40, 60, 80, 100],facecolor = 'b',edgecolor = 'black',alpha = 0. 5)
plt. show()
```

运行结果如图 11-13 所示。

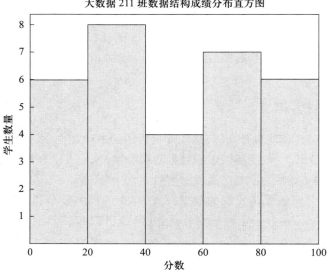

图 11-13 【示例 11-3】运行结果

11.4.2　绘制散点图

散点图（scatter diagram）又称散点分布图，是以一个特征为横坐标、另一个特征为纵坐标、使用坐标点（散点）的分布形态反映特征间统计关系的一种图形。

散点图是指在回归分析中，数据点在直角坐标系平面上的分布图，用两组数据构成多个坐标点，判断两变量之间是否存在某种关联或总结坐标点的分布模式。

散点图将序列显示为一组点。值由点在图表中的位置表示。类别由图表中的不同标记表示。散点图通常用于比较跨类别的聚合数据。

散点图主要是用来查看数据的分布情况或相关性，一般用在线性回归分析中，查看数据点在坐标系平面上的分布情况。散点图表示因变量而变化的大致趋势，因此可以选择合适的函数对数据点进行拟合。

散点图与折线图类似，也是一个个点构成的。但不同之处在于，散点图的各点之间不会按照前后关系以线条连接起来。散点图以某个特征为横坐标，以另外一个特征为纵坐标，通过散点的疏密程度和变化趋势表示两个特征的数量关系。

散点图通常用于显示和比较数值，例如科学数据、统计数据和工程数据。

Matplotlib 绘制散点图使用 plot()函数和 scatter()函数都可以实现，本节使用 scatter()函数绘制散点图，scatter()函数专门用于绘制散点图，使用方式和 plot()函数类似，区别在于，scatter()函数具有更高的灵活性，可以单独控制使得每个散点与数据匹配，并让每个散点具有不同的属性。

pyplot 模块中的 scatter()函数用于绘制散点图，其语法格式如下：

```
matplotlib.pyplot.scatter(x, y, s = None, c = None, marker = None, alpha = None,
linewidths = None, …, * * kwargs)
```

常用参数说明如下：

(1)x,y：表示 x 轴和 y 轴对应的数据,形如 shape(n,)的数组,可选值。

(2)s：指定点的大小点的大小(也就是面积),默认 20。若传入的是一维数组,则表示每个点的大小。

(3)c：点的颜色或颜色序列,默认为蓝色。其他如 c = 'r'(red)；c = 'g'(green)；c = 'k'(black)；c = 'y'(yellow)。若传入的是一维数组,则表示每个点的颜色。

(4)marker：标记样式,表示绘制的散点类型,可选值,默认是圆点。

(5)alpha：表示点的透明度,接收 0~1 之间的小数。

(6)cmap：colormap,用于表示从第一个点开始到最后一个点之间颜色的渐进变化。

(7)linewidths：设置标记边框的宽度。

【示例 11-4】利用 scatter()函数绘制农产品产量与降水量的散点图。

```
import pandas as pd
import matplotlib.pyplot as plt
df = pd.read_excel("./农产品产量与降水量.xlsx")
plt.rcParams['font.sans-serif'] = ['SimHei'] #解决中文乱码问题
x = df['亩产量/kg']
y = df['年降水量/mm']
plt.title('农产品产量与降水量散点图')
plt.scatter(x,y,color = 'b')
plt.show()
```

运行结果如图 11-14 所示。

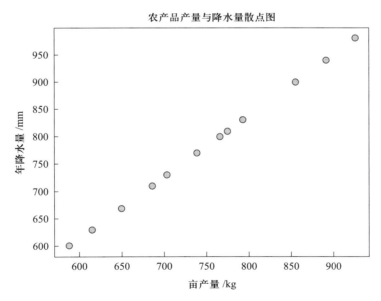

图 11-14　【示例 11-4】运行结果

11.4.3　绘制柱形图

柱形图,又称长条图、柱状图、条状图等,是一种以长方形的长度为变量的统计图表,由一系列高度不等的纵向条纹表示数据分布的情况。柱形图用来比较 2 个或 2 个以上(不同时间或者不同条件),只有 1 个变量,通常用于较小的数据集分析。

pyplot 模块中用于绘制柱状图的函数为 bar(),其语法格式如下:

bar(x, height, width,bottom = None, * , align = 'center',data = None, * * kwargs)

常用参数说明如下:

(1)x:表示 x 轴的数据。

(2)height:表示条形的高度,即 y 轴数据。

(3)width:表示条形的宽度,默认为 0.8,也可以指定固定值。

(4) * :星号本身不是参数。星号表示其后面的参数为命名关键字参数,命名关键字参数必须传入参数名,否则程序会出现错误。

(5)align:对齐方式,如 center(居中)和 edge(边缘),默认值为 center。

(6)data:关键字参数。如果给定一个数据参数,所有位置和关键字参数将被替换。

(7) * * kwargs:其他可选参数,如 color(颜色)、alpha(透明度)、label(每个柱子显示的标签)等。

(8)edgecolor:表示条形边框的颜色。

bar()函数可以绘制出各种类型的柱形图,如基本柱形图、多柱形图、堆叠柱形图等,通过对 bar()函数的主要参数设置可以实现不同的效果。

【示例 11-5】绘制多柱形图。

```python
import pandas as pd
import matplotlib. pyplot as plt
import numpy as np
df = pd. read_excel(". /电器销售数据 .xlsx",sheet_name = 'Sheet2',index_col = 0)
df = df. iloc[1:4]    # 获取第二行开始的数据
dfT = df. T    # 对数据进行转置处理
plt. rcParams['font. sans-serif'] = ['SimHei']    # 解决中文乱码问题
xlabel = ['北京总公司','广州分公司','南宁分公司','上海分公司','长沙分公司','郑州分公司','重庆分公司']
x = np. arange(len(xlabel))
width = 0. 25
plt. bar(x-width,dfT['电视'],width = width,color = 'r')
plt. bar(x,dfT['空调'],width = width,color = 'g')
plt. bar(x + width,dfT['冰箱'],width = width,color = 'b')
for m,n in zip(x-width,dfT['电视']):    # 设置一个柱子的文本标签,format(n,',')格
                                        式化数据为千位分隔符格式
    plt. text(m,n,format(n,','),ha = 'center',va = 'bottom',fontsize = 8)
plt. legend(['电视','空调','冰箱',])
```

```
plt.xticks(x,xlabel)
plt.show()
```

运行结果如图 11-15 所示。

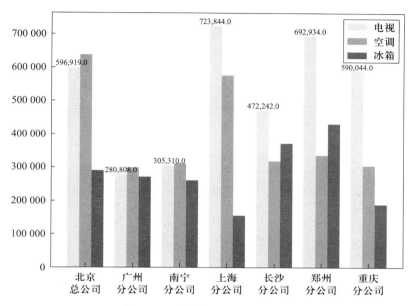

图 11-15 【示例 11-5】运行结果

11.4.4 绘制折线图

折线图(line chart)是一种将数据点按照顺序连接起来的图形,也可以看作是将散点图按照 x 轴坐标顺序连接起来的图形。折线图的主要功能是查看因变量 y 随着自变量 x 改变的趋势,最适合用于显示随时间(根据常用比例设置)而变化的连续数据。同时,还可以看出数量的差异、增长趋势的变化,如天气温度的变化、公众号日访问量统计图等,都可以用折线图体现。

在折线图中,类别数据沿水平轴均匀分布,所有值的数据沿垂直轴均匀分布。

Matplotlib 绘制折线图主要使用 plot()函数,在 11.3.1 节中已经学习 plot()函数的基本用法,并能够绘制一些简单的折线图,下面尝试绘制多折线图。

【示例 11-6】从"大数据 211 班成绩表"中读取五位同学的"Python 程序设计""数据库""数据处理"的成绩,并绘制折线图。

```
import pandas as pd
import matplotlib.pyplot as plt
df = pd.read_excel("./大数据 211 班成绩表.xlsx").head()
name = df['姓名']
python = df['Python 程序设计']
database = df['数据库']
dataprocess = df['数据处理']
plt.rcParams['font.sans-serif'] = ['SimHei']    # 解决中文乱码问题
```

```
plt.rcParams['ytick.direction'] = 'in'      # y 轴的刻度线向内显示
plt.rcParams['xtick.direction'] = 'in'      # x 轴的刻度线向内显示
plt.title("前五名同学三门课成绩对比折线图", fontsize = '16')
plt.plot(name, python, label = 'Python 程序设计', color = 'r', marker = 'p')
plt.plot(name, database, label = '数据库', color = 'g', marker = '*')
plt.plot(name, dataprocess, label = '数据处理', color = 'b', marker = '+')
plt.ylabel('分数')
plt.legend(['Python 程序设计', '数据库', '数据处理',])
plt.show()
```

运行结果如图 11-16 所示。

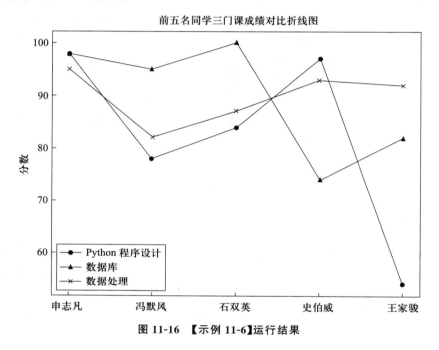

图 11-16　【示例 11-6】运行结果

11.4.5　绘制饼形图

饼形图(pie graph)用于表示不同分类的占比情况,通过弧度大小来对比各种分类。饼形图可以比较清楚地反映出部分与部分、部分与整体之间的比例关系,易于显示每组数据相对于总数的大小,而且显现方式直观。

例如,在工作中如果遇到需要计算总费用或金额的各个部分构成比例的情况,一般通过各个部分与总额相除来计算,但是这种比例表示方法很抽象,而通过饼形图将直接显示各个组成部分所占比例,一目了然。

Matplotlib 绘制饼形图主要使用 pie() 函数,语法结构如下:

```
pie(x, explode = None, labels = None, colors = None, autopct = None,
        pctdistance = 0.6, shadow = False, labeldistance = 1.1, startangle = None,
        radius = None, counterclock = True, wedgeprops = None, textprops = None,
```

　　　　center＝(0, 0), frame＝False, rotatelabels＝False, hold＝None, data＝None)

参数说明如下：

(1)x:(每一块)饼形图的比例,如果 sum(x) > 1 会使用 sum(x)归一化。

(2)labels:(每一块)饼形图外侧显示的说明文字。

(3)explode :(每一块)离开中心距离。

(4)startangle :起始绘制角度,默认图是从 x 轴正方向逆时针画起,如设定＝90 则从 y 轴正方向画起。

(5)shadow :在饼形图下面画一个阴影。默认值:False,即不画阴影。

(6)labeldistance :label 标记的绘制位置,相对于半径的比例,默认值为 1.1, 如<1 则绘制在饼形图内侧。

(7)autopct :控制饼形图内百分比的设置,可以使用 format 字符串或者 format function '%1.1f'指明小数点前后位数(没有用空格补齐)。

(8)pctdistance :类似于 labeldistance,指定 autopct 的位置刻度,默认值为 0.6。

(9)radius :控制饼形图的半径,默认值为 1。

(10)counterclock :指定指针方向;布尔值,可选参数,默认为:True,即逆时针。将值改为 False 即可改为顺时针。

(11)wedgeprops :字典类型,可选参数,默认值:None。参数字典传递给 wedge 对象用来画一个饼形图。例如:wedgeprops＝{'linewidth':3}设置 wedge 线宽为 3。

(12)textprops :设置标签(labels)和比例文字的格式;字典类型,可选参数,默认值为:None。传递给 text 对象的字典参数。

(13)center:浮点类型的列表,可选参数,默认值:(0,0)。图标中心位置。

(14)frame:布尔类型,可选参数,默认值:False。如果是 True,绘制带有表的轴框架。

(15)rotatelabels :布尔类型,可选参数,默认为:False。如果为 True,旋转每个 label 到指定的角度。

【示例 11-7】从"电器销售数据.xlsx"读取前 6 行,第 1 列,绘制北京总公司产品的销售额的饼形图。

```
import pandas as pd
import matplotlib.pyplot as plt
df = pd.read_excel("./电器销售数据.xlsx",sheet_name = 'Sheet2',index_col = 0)
df = df.iloc[0:5,[0]]     # 读取前 6 行,第 1 列
plt.rcParams['font.sans-serif'] = ['SimHei']     # 解决中文乱码问题
labels = df.index
sizes = df['北京总公司']
colors = ['red', 'yellow','green','pink', 'gold', 'blue']
plt.pie(sizes,     # 绘图数据
        labels = labels,          # 添加区域水平标签
        colors = colors,          # 设置饼形图的自定义填充色
        labeldistance = 1.02,     # 设置各扇形标签(图例)与圆心的距离
        autopct = '%.1f%%',       # 设置百分比的格式,保留一位小数
```

```
startangle = 90,                    # 设置饼图的初始角度
        radius = 0.5,               # 设置饼图的半径
        center = (0.2,0.2),         # 设置饼图的原点
textprops = {'fontsize':9,'color':'k'},    # 设置文本标签的属性值
pctdistance = 0.6)                  # 设置百分比标签与圆心的距离
plt.axis('equal')     # 设置 x 轴、y 轴刻度一致,即使饼图长宽相等,保证饼图为圆形
plt.title('北京总公司 6 类商品销售占比情况分析')
plt.show()
```

运行结果如图 11-17 所示。

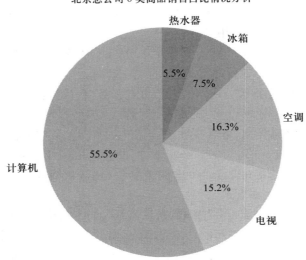

图 11-17 【示例 11-7】运行结果

饼形图也存在各种类型,主要包括基础饼形图、分裂饼形图、立体感带阴影的饼形图以及环形图等。

分裂饼形图是将认为主要的饼形图部分分裂出来,以达到突出显示的目的。分裂饼形图主要通过设置 explode 参数实现,该参数用于设置饼形图距中心的距离,需要将哪块饼图分裂出来,就设置它与中心的距离即可。例如,explode = (0.1, 0, 0, 0, 0)。

立体感带阴影的饼形图主要通过 shadow 参数设置实现,设置该参数值为 True 即可,关键代码如下:

```
shadow = True
```

环形图是由 2 个及 2 个以上大小不一的饼形图叠在一起,去除中间的部分所构成的图形,效果这里还是通过 pie()函数实现,1 个关键参数 wedgeprops,字典类型,用于设置饼形图内外边界的属性,如环的宽度、环边界颜色和宽度,关键代码如下:

```
wedgeprops = {'width':0.3,'edgecolor':'blue'}
```

绘制内嵌环形图实际是双环形图,绘制内嵌环形图需要注意以下 3 点:

(1)连续使用 2 次 pie()函数。

（2）通过 wedgeprops 参数设置环形边界。

（3）通过 radius 参数设置不同的半径。

另外，由于图例内容比较长，为了使得图例能够正常显示，图例代码中引入了 2 个主要参数：frameon 参数设置图例有无边框；bbox_to_anchor 参数设置图例位置。

【示例 11-8】从"电器销售数据.xlsx"读取前 6 行，第 1 列，绘制北京总公司、广州分公司产品的销售额的环形饼形图。

```
import pandas as pd
import matplotlib.pyplot as plt
df = pd.read_excel("./电器销售数据.xlsx",sheet_name = 'Sheet2',index_col = 0)
df = df.iloc[0:5,[0,1]]    # 读取前 6 行，第 1 列和第 2 列
plt.rcParams['font.sans-serif'] = ['SimHei']    # 解决中文乱码问题
labels = df.index
x1 = df['北京总公司']
x2 = df['广州分公司']
colors = ['red', 'yellow','green','pink', 'gold', 'black']
# 外环
plt.pie(x1, autopct = '% .1f', radius = 1, pctdistance = 0.85, colors = colors,
wedgeprops = dict(linewidth = 2,width = 0.3,edgecolor = 'w'))
# 内环
plt.pie(x2, autopct = '% .1f', radius = 0.7, pctdistance = 0.7, colors = colors,
wedgeprops = dict(linewidth = 2,width = 0.3,edgecolor = 'w'))
# 图例
legend_text = labels = df.index
# 设置图例标题、位置、去掉图例边框
plt.legend(legend_text,title = '商品类别',frameon = False,bbox_to_anchor = (0.2,
0.5))
# 设置 x 轴，y 轴刻度一致，保证饼图为圆形
plt.axis('equal')
plt.title('北京总公司与广东分公司 6 类商品销售占比情况分析')
plt.show()
```

运行结果如图 11-18 所示。

11.4.6 绘制面积图

面积图用于体现数量随时间变化的程度，也可用于引起人们对总值趋势的注意。例如，表示随时间而变化的利润的数据，可以绘制在面积图中以强调总利润。

Matplotlib 绘制面积图主要使用 stackplot()函数，语法结构如下：

```
matplotlib.pyplot.stackplot(x, * args, labels = (), colors = None, baseline =
'zero', data = None, * * kwargs)
```

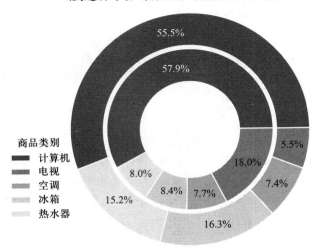

北京总公司与广东分公司 6 类商品销售占比情况分析

图 11-18 【示例 11-8】运行结果

参数说明如下。

(1)x:形状为(N,)的类数组结构,即尺寸为 N 的一维数组。该参数为必备参数。

(2)y:形状为(M,N)的类数组结构,即尺寸为(M,N)的二维数组。该参数必备参数,有两种应用方式。

(3)stackplot(x, y):y 的形状为(M, N)。

(4)stackplot(x, y1, y2, y3):y1, y2, y3, y4 均为一维数组且长度为 N。

(5)baseline:基线。字符串,取值范围为{'zero', 'sym', 'wiggle', 'weighted_wiggle'},默认值为'zero'。该参数为可选参数。

(6)'zero':以 0 为基线,比如绘制简单的堆积面积图。

(7)'sym':以 0 上下对称,有时被称为主题河流图。

(8)'wiggle':所有序列的斜率平方和最小。

(9)'weighted_wiggle':类似于'wiggle',但是增加各层的大小作为权重。绘制出的图形也被称为流图(streamgraph)。

(10)labels:为每个数据系列指定标签。长度为 N 的字符串列表。

(11)colors:每组面积图所使用的的颜色,循环使用。颜色列表或元组。

(12)**kwargs:Axes. fill_between 支持的关键字参数。

stackplot()函数的作用是绘制堆积面积图、主题河流图和流图(streamgraph)。

【示例 11-9】读取 1860 年至 2005 年美国各年龄段人口占总人口的百分比,然后把各年龄段的人口数据堆叠起来,绘制一个面积图。

```
import pandas as pd
frommatplotlib import pyplot as plt
population = pd. read_excel(r". /1860 年至 2005 年美国各年龄段人口占总人口的百分
比 .xls",index_col = 0)
plt. rcParams['font. sans-serif'] = ['SimHei']
```

```
p1 = population. iloc[0:16]      # 提取有效数据
year = p1. index. astype(int)      # 提取年份,并转换为整型
v1 = p1["Under 5"]. values     # 提取 5 岁以下的数据
v2 = p1["5 to 19"]. values      # 提取 5～19 岁的数据
v3 = p1["20 to 44"]. values      # 提取 20～44 岁的数据
v4 = p1["45 to 64"]. values      # 提取 45～64 岁的数据
v5 = p1["65 + "]. values     # 提取 65 岁以上的数据
plt. stackplot(year,v1,v2,v3,v4,v5)
plt. legend(p1. loc[0:4],loc = 'best')
plt. xlabel('年份')
plt. ylabel('人口比重')
plt. show()
```

运行结果如图 11-19 所示。

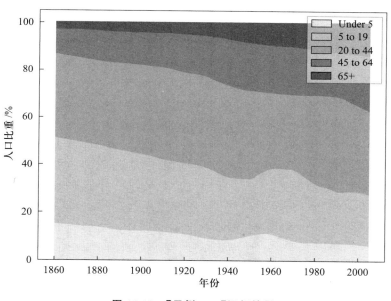

图 11-19　【示例 11-9】运行结果

可以看出,大趋势是:年轻人的比重在逐年减少,老年人的比重则逐年增高。

11.4.7　绘制热力图

热力图是通过密度函数进行可视化用于表示地图中点的密度的热图,使人们能够独立于缩放因子感知点的密度。热力图可以显示不可点击区域发生的事情。利用热力图可以看数据表里的多个特征中两两内容的相似度。例如,以特殊高亮的形式显示访客热表的页面区域和访客所在的地理区域的图示。

热力图是数据分析的常用方法,通过色差、亮度来展示数据的差异,易于理解。热力图在网页分析、业务数据分析等其他领域也有较为广泛的应用。

【示例 11-10】从"大数据 211 班成绩表"中读取五名同学的"Python 程序设计""数据库"

"数据结构""数据处理"的成绩,绘制热力图对比分析。

```
import pandas as pd
import matplotlib.pyplot as plt
df = pd.read_excel("./大数据211班成绩表.xlsx").head()
name = df['姓名']
x = df.loc[:,'Python 程序设计':'数据处理']
plt.rcParams['font.sans-serif'] = ['SimHei']      # 解决中文乱码问题
plt.imshow(x)
plt.xticks(range(0,4,1),['Python 程序设计','数据库','数据结构','数据处理'])
plt.yticks(range(0,5,1),name)
plt.colorbar()
plt.title('五名学生的四科成绩统计热力图')
plt.show()
```

运行结果如图 11-20 所示。

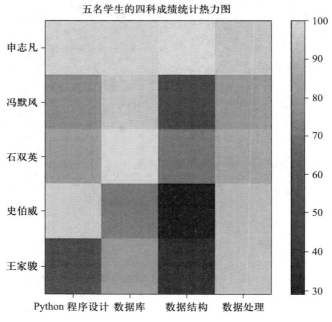

图 11-20　【示例 11-10】运行结果

11.4.8　绘制箱形图

箱形图(boxplot)也称盒须图,通过绘制反映数据分布特征的统计量,提供有关数据位置和分散情况的关键信息,尤其在比较不同特征时,更可表现其分散程度差异。

箱形图最大的优点就是不受异常值的影响(异常值也被称为离群值),可以以一种相对稳定的方式描述数据的离散分布情况,因此在各领域也经常被使用。另外,箱形图也常用于异常值的识别。

　　箱形图通过数据的四分位数来展示数据的分布情况。例如:数据的中心位置,数据间的离散程度以及是否有异常值等。

　　把数据从小到大进行排列并等分成四份,第一分位数(Q1),第二分位数(Q2)和第三分位数(Q3)分别为占数据 25%、50% 和 75% 的数字。

```
I------------I o I------------I o I------------I o I------------I
         Q1              Q2              Q3
  (lower quartile)   (median)   (upper quartile)
```

　　四分位间距[interquartile range(IQR)]＝上分位数(upper quartile)－下分位数(lower quartile)

　　箱形图分为两部分,分别是箱(box)和须(whisker)。箱(box)用来表示从第一分位到第三分位的数据,须(whisker)用来表示数据的范围。

　　箱形图从上到下各横线分别表示:数据上限(通常是 Q3＋1.5 * IQR),第三分位数(Q3),第二分位数(中位数),第一分位数(Q1),数据下限(通常是 Q1－1.5 * IQR)。有时还有一些圆点,位于数据上下限之外,表示异常值(outliers)。

　　Matplotlib 绘制箱形图主要使用 boxplot()函数,语法结构如下:

matplotlib.pyplot.boxplot(x, notch = None, sym = None, vert = None, whis = None, positions = None, widths = None, patch_artist = None, bootstrap = None, usermedians = None, conf _ intervals = None, meanline = None, showmeans = None, showcaps = None, showbox = None, showfliers = None, boxprops = None, labels = None, flierprops = None, medianprops = None, meanprops = None, capprops = None, whiskerprops = None, manage_ ticks = True, autorange = False, zorder = None, * , data = None)

　　参数说明如表 11-1 所示:

表 11-1　boxplot()函数中相关参数说明

参数	说明	参数	说明
x	指定要绘制箱形图的数据	showcaps	是否显示箱形图顶端和末端的两条线
notch	是否是凹口的形式展现箱形图	showbox	是否显示箱形图的箱体
sym	指定异常点的形状	showfliers	是否显示异常值
vert	是否需要将箱形图垂直摆放	boxprops	设置箱体的属性,如边框色、填充色等
whis	指定上下须与上下四分位的距离	labels	为箱形图添加标签
positions	指定箱形图的位置	filerprops	设置异常值的属性
widths	指定箱形图的宽度	medianprops	设置中位数的属性
patch_artist	是否填充箱体的颜色	meanprops	设置均值的属性
meanline	是否用线的形式表示均值	capprops	设置箱形图顶端和末端线条的属性
showmeans	是否显示均值	whiskerprops	设置须的属性

　　箱形图也可以做成横向的,在 boxplot 命令里加上参数 vert＝False 即可。

【**示例 11-11**】从"大数据 211 班成绩表"中读取前五位同学的"Python 程序设计""数据库"
"数据结构""数据处理"的成绩,绘制箱形图。

```
import pandas as pd
import matplotlib. pyplot as plt
df = pd. read_excel(". / 大数据 211 班成绩表 . xlsx"). head()
name = df['姓名']
x = df. loc[:,'Python 程序设计':'数据处理']
plt. rcParams['font. sans-serif'] = ['SimHei']      # 解决中文乱码问题
plt. boxplot(x,      # 指定绘制箱形图的数据
            whis = 1.5,      # 指定 1.5 倍的四分位差
            widths = 0.3,      # 指定箱形图中箱子的宽度为 0.3
            patch_artist = True,      # 填充箱子颜色
            showmeans = True,      # 显示均值
            boxprops = {'facecolor':'RoyalBlue'},      # 指定箱子的填充色为宝蓝色
            flierprops = {'markerfacecolor':'red', 'markeredgecolor':'red',
                          'markersize':3},      # 指定异常值的填充色、边框色和大小
            meanprops = {'marker':'h','markerfacecolor':'black', 'markersize':8},
# 指定均值点的标记符号(六边形)、填充色和大小
            medianprops = {'linestyle':'--','color':'orange'},      # 指定中位数的标记符号
                                                                   (虚线)和颜色
            labels = ['Python 程序设计','数据库','数据结构','数据处理']
)
plt. title('五名同学的四门课成绩绘制箱形图')
plt. show()
```

运行结果如图 11-21 所示。

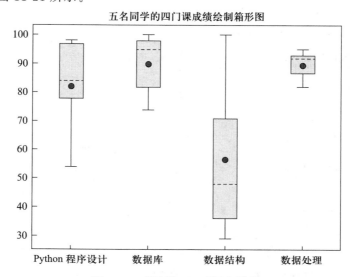

图 **11-21** 【**示例 11-11**】运行结果

箱形图将数据切割分离(实际上就是将数据分为四大部分),如图 11-22 所示。

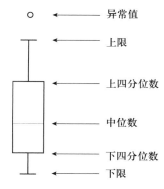

图 11-22 箱形图的组成部分

下面介绍箱形图的每部分具体含义以及如何通过箱形图识别异常值。

下四分位数:下四分位数指的是数据的第一分位点(25%)所对应的值(Q1)。计算分位数时可以使用 Pandas 的 quantile()函数。

中位数:中位数即为数据的第二分位点(50%)所对应的值(Q2)。

上四分位数:上四分位数则为数据的第三分位点(75%)所对应的值(Q3)。

上限:计算公式为 Q3+1.5 * (Q3-Q1)。

下限:计算公式为 Q1-1.5 * (Q3-Q1)。

其中,Q3-Q1 表示四分位差。如果使用箱形图识别异常值,其判断标准是,当变量的数据值大于箱形图的上限或者小于箱形图的下限时,就可以将这样的数据判定为异常值。判断异常值的算法如表 11-2 所示。

表 11-2 判断异常值的算法

判断标准	结论
x > Q1 + 1.5 * (Q3 - Q1)或者 x < Q1 - 1.5 * (Q3 - Q1)	异常值
x > Q1 + 3 * (Q3 - Q1)或者 x < Q1 - 3 * (Q3 - Q1)	极端异常值

判断上述示例异常值的关键代码如下:

```
Q1 = x.quantile(q = 0.25)     # 计算下四分位数
Q3 = x.quantile(q = 0.75)     # 计算上四分位数
# 基于 1.5 的四分位数差计算上下限对应的值
low_limit = Q1 - 1.5 * (Q3 - Q1)
up_limit = Q3 + 1.5 * (Q3 - Q1)
# 查找异常值
val = x[(x > up_limit) |(x < low_limit)]
print("异常值如下:")
print(val)
```

11.4.9 绘制雷达图

雷达图也称为网络图、星图、蜘蛛网图、不规则多边形或极坐标图等。雷达图是以从同一点开始的轴上表示的三个或更多个定量变量的二维图表的形式显示多变量数据的图形方法。轴的相对位置和角度通常是无信息的。雷达图相当于平行坐标图,轴径向排列。

【示例 11-12】从"大数据 211 班成绩表"中读取前五名同学的"Python 程序设计""数据库""数据结构""数据处理"成绩,绘制雷达图。

```
import matplotlib. pyplot as plt
import numpy as np
# %matplotlib inline
# 某学生的课程与成绩
courses = ['数据结构', '数据可视化', '高数', '英语', '软件工程', '组成原理', 'C 语言', '体育']
scores = [82, 95, 78, 85, 45, 88, 76, 88]
dataLength = len(scores)    # 数据长度
# angles 数组把圆周等分为 dataLength 份
angles = np. linspace(0, 2 * np. pi, dataLength, endpoint = False)
scores. append(scores[0])
angles = np. append(angles, angles[0])    # 闭合
#绘制雷达图
plt. polar(angles,          # 设置角度
          scores,          # 设置各角度上的数据
          'rv--',          # 设置颜色、线型和端点符号
          linewidth = 2)   # 设置线宽
# 设置角度网格标签
plt. thetagrids(angles * 180/np. pi, courses, fontproperties = 'simhei', fontsize = 12)
# 填充雷达图内部
plt. fill(angles, scores, facecolor = 'r', alpha = 0. 2)
plt. show()
```

运行结果如图 11-23 所示。

11.4.10 绘制 3D 图表

3D 图表具有立体感也比较美观,下面介绍两种 3D 图表:3D 柱形图和 3D 曲面图。

绘制 3D 图表,依旧使用 Matplotlib,但需要安装 mpl_toolkits 工具包,使用如下 pip 安装命令。

```
pip install -upgrade matplotlib
```

安装完成该模块后,即可调用 mpl_tookits 下的 mplot3d 类进行 3D 图表的绘制。

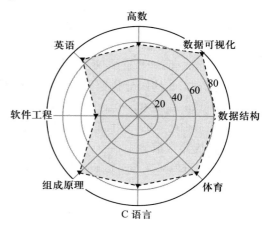

图 11-23 【示例 11-12】运行结果

【示例 11-13】绘制 3D 柱形图。

```
import matplotlib.pyplot as plt
from mpl_toolkits.mplot3d.axes3d import Axes3D
import numpy as np
fig = plt.figure()
axes3d = Axes3D(fig)
zs = [1, 5, 10, 15, 20]
for z in zs：
    x = np.arange(0, 10)
    y = np.random.randint(0, 40, size = 10)
    axes3d.bar(x, y, zs = z, zdir = 'x', color = ['r', 'green', 'black', 'b'])
plt.show()
```

运行结果如图 11-24 所示。

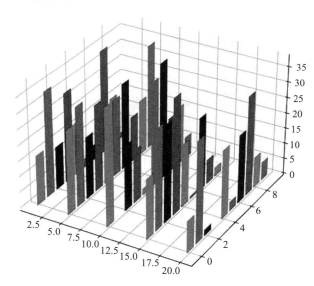

图 11-24　【示例 11-13】运行结果

【示例 11-14】绘制 3D 曲面图

```
import matplotlib.pyplot as plt
import numpy as np
from mpl_toolkits.mplot3d import Axes3D
fig = plt.figure()
ax = Axes3D(fig)
delta = 0.125
# 生成代表 x 轴数据的列表
x = np.arange(-4.0, 4.0, delta)
# 生成代表 y 轴数据的列表
```

```
y = np.arange(-3.0, 4.0, delta)
# 对 x、y 数据执行网格化
X, Y = np.meshgrid(x, y)
Z1 = np.exp(-X**2 - Y**2)
Z2 = np.exp(-(X - 1)**2 - (Y - 1)**2)
# 计算 z 轴数据(高度数据)
Z = (Z1 - Z2) * 2
# 绘制 3D 图形
ax.plot_surface(X, Y, Z,
    rstride=1,      # rstride(row)指定行的跨度
    cstride=1,      # cstride(column)指定列的跨度
    cmap=plt.get_cmap('rainbow'))    # 设置颜色映射
# 设置 z 轴范围
ax.set_zlim(-2, 2)
plt.show()
```

运行结果如图 11-25 所示。

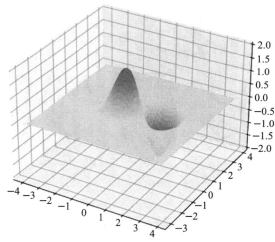

图 11-25 【示例 11-14】运行结果

11.5 图表辅助元素的设置

上一节使用 Matplotlib 绘制了一些常用的图表,并通过这些图表直观地展示了相关数据,但还有一些不足。例如,折线图中的多条折线因缺少标注而无法区分折线的类别,柱形图中的矩形条因缺少数值标注而无法获取准确的数据等。因此,需要添加一些辅助元素来准确地描述图表。Matplotlib 提供了一系列定制图表辅助元素的函数或方法,可以帮助用户快速且正确地理解图表。本节将对图表辅助元素的定制进行详细介绍。

图表的辅助元素是指除根据数据绘制的图形之外的元素,常用的辅助元素包括坐标轴、标

题、图例、网格、参考线、参考区域、注释文本和表格,这些都可以对图形进行补充说明。

坐标轴:分为单坐标轴和双坐标轴。单坐标轴按不同的方向又可分为水平坐标轴(又称 x 轴)和垂直坐标轴(又称 y 轴)。

标题:表示图表的说明性文本。

图例:用于指出图表中各组图形采用的标识方式。

网格:从坐标轴刻度开始的、贯穿绘图区域的若干条线,用于作为估算图形所示值的标准。

参考线:标记坐标轴上特殊值的一条直线。

参考区域:标记坐标轴上特殊范围的一块区域。

注释文本:表示对图形的一些注释和说明。

表格:用于强调比较难理解数据的表格。

坐标轴是由刻度标签、刻度线(主刻度线和次刻度线)、轴脊和坐标轴标签组成。刻度线上方的横线为轴脊。

需要说明的是,Matplotlib 的次刻度线默认是隐藏的。

需要注意的是,不同的图表具有不同的辅助元素。例如,饼形图是没有坐标轴的,而折线图是有坐标轴的,可根据实际需求进行定制。

11.5.1　设置坐标轴的标签、刻度范围和刻度标签

坐标轴对数据可视化效果有着直接的影响。坐标轴的刻度范围过大或过小、刻度标签过多或过少,都会导致图形显示效果不够理想。

Matplotlib 提供了设置 x 轴和 y 轴标签的方式,下面分别进行介绍。

1. 设置坐标轴的标签

(1)设置 x 轴的标签

Matplotlib 中可以直接使用 pyplot 模块的 xlabel()函数设置 x 轴的标签,xlabel()函数的语法格式如下:

xlabel(xlabel, fontdict = None, labelpad = None, ＊＊kwargs)

参数说明如下:

xlabel:表示 x 轴标签的文本。

fontdict:表示控制标签文本样式的字典。

labelpad:表示标签与 x 轴轴脊间的距离。

此外,Axes 对象使用 set xlabel()方法也可以设置 x 轴的标签。

(2)设置 y 轴的标签

Matplotlib 中可以直接使用 pyplot 模块的 ylabel()函数设置 y 轴的标签,ylabel()函数的语法格式如下:

ylabel(ylabel, fontdict = None, labelpad = None, ＊＊kwargs)

该函数的 ylabel 参数表示 y 轴标签的文本,其余参数与 xlabel()函数的参数的含义相同,此处不再赘述。

ylabel:表示 y 轴标签的文本。

fontdict:表示控制标签文本样式的字典。

labelpad:表示标签与 y 轴轴脊的距离。

此外,Axes 对象使用 set_ylabel()方法也可以设置 y 轴的标签。

2. 设置刻度范围和刻度标签

当绘制图表时,坐标轴的刻度范围和刻度标签都与数据的分布有着直接的联系,即坐标轴的刻度范围取决于数据的最大值和最小值。在使用 Matplotlib 绘图时若没有指定任何数据,x 轴和 y 轴的范围均为 $0.05\sim1.05$,刻度标签均为 -0.2,0.0,0.2,0.4,0.6,0.8,1.0,1.2。若指定了 x 轴和 y 轴的数据,刻度范围和刻度标签会随着数据的变化而变化。Matplotlib 提供了重新设置坐标轴刻度范围和刻度标签的方式,下面分别进行介绍。

(1)设置刻度范围

使用 pyplot 模块的 xlim()和 ylim()函数分别可以设置或获取 x 轴和 y 轴的刻度范围。xlim()函数的语法格式如下:

xlim(left = None, right = None, emit = True, auto = False, * , xmin = None, xmax = None)

参数说明如下:

left:表示 x 轴刻度取值区间的左位数。

right:表示 x 轴刻度取值区间的右位数。

emit:表示是否通知限制变化的观察者,默认为 True。

auto:表示是否允许自动缩放 x 轴,默认为 True。

此外,Axes 对象可以使用 set_xlim()和 set_ylim()方法分别设置 x 轴和 y 轴的刻度范围。

(2)设置刻度标签

使用 pyplot 模块的 xticks()和 yticks()函数分别可以设置或获取 x 轴和 y 轴的刻度线位置和刻度标签。xticks()函数的语法格式如下:

xticks(ticks = None, labels = None, * * kwargs)

该函数的 ticks 参数表示刻度显示的位置列表,它还可以设为空列表,以此禁用 x 轴的刻度;labels 表示指定位置刻度的标签列表。

此外,Axes 对象可以使用 set xticks()或 set_yticks()方法分别设置 x 轴或 y 轴的刻度线位置,使用 set_xticklabels()或 set_yticklabels()方法分别设置 x 轴或 y 轴的刻度标签。

11.5.2 添加标题和图例

1. 添加标题

图表的标题代表图表名称,一般位于图表的顶部且与图表居中对齐,可以迅速地让读者理解图表要说明的内容。Matplotlib 中可以直接使用 pyplot 模块的 title()函数添加图表标题,title()函数的语法格式如下:

title(label, fontdict = None, loc = 'center', pad = None, * * kwargs)

参数说明如下。

label:表示标题的文本。

fontdict:表示控制标题文本样式的字典。

loc:表示标题的对齐样式。

pad：表示标题与图表顶部的距离，默认为 None。

此外，Axes 对象还可以使用 set_title()方法添加图表的标题。

2. 添加图例

图例是一个列举各组图形数据标识方式的框图，由图例标识和图例项两部分构成，其中图例标识是代表各组图形的图案；图例项是与图例标识对应的名称（说明文本）。当 Matplotlib 绘制包含多组图形的图表时，可以在图表中添加图例，帮助用户明确每组图形代表的含义。

Matplotlib 中可以直接使用 pyplot 模块的 legend()函数添加图例，legend()函数的语法格式如下：

legend(handles, labels, loc, bbox_to_anchor, ncol, title, shadow, fancybox, *args, **kwargs)

参数说明如下：

（1）handles 和 labels 参数

handles 参数表示由图形标识构成的列表，labels 参数表示由图例项构成的列表。需要注意的是，handles 和 labels 参数应接收相同长度的列表，若接收的列表长度不同，则会对较长的列表进行截断处理，使较长列表与较短列表长度相等。

（2）loc 参数

loc 参数用于控制图例在图表中的位置，该参数支持字符串和数值两种形式的取值，每种取值及其对应的图例位置的说明如表 11-3 所示。

表 11-3　loc 参数的取值及其对应的图例位置

位置	位置字符串	位置编码
右上	upper right	1
左上	upper left	2
左下	lower left	3
右下	lower right	4
正右	right	5
中央偏左	center left	6
中央偏右	center right	7
中央偏下	lower center	8
中央偏上	upper center	9
正中央	center	10

具体在图中的位置，如图 11-26 所示。

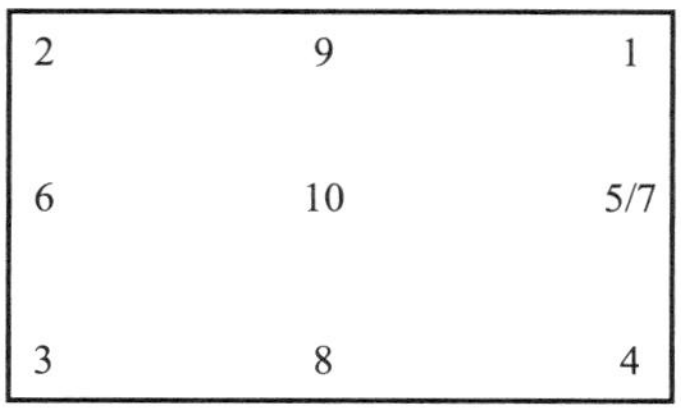

图 11-26　loc 参数的取值及其对应的图例位置图

（3）bbox_to_anchor 参数

bbox_to_anchor 参数用于控制图例的布局,该参数接收一个包含两个数值的元。其中第一个数值用于控制图例显示的水平位置,数值越大则说明图例显示的位置越偏右;第二个数值用于控制图例的垂直位置,数值越大则说明图例显示的位置越偏上。

（4）ncol 参数

ncol 参数表示图例的列数,默认值为 1。

（5）title 参数

title 参数表示图例的标题,默认值为 None。

（6）shadow 参数

shadow 参数控制是否在图例后面显示阴影,默认值为 None。

（7）fancybox 参数

fancybox 参数控制是否为图例设置圆角边框,默认值为 None。

若使用 pyplot()函数绘图时,已经预先通过 label 参数指定了显示于图例的标签,则后续可以直接调用 legend()函数添加图例。若未预先指定应用于图例的标签,则后续在调用 legend()函数时,为参数 handles 和 labels 传值即可。

11.5.3　显示网格

网格是从刻度线开始延伸,贯穿至整个绘图区域的辅助线条,能帮助人们轻松地查看图形的数值。网格按不同的方向可以分为垂直网格和水平网格,这两种网格既可以单独使用,也可以同时使用,常见于添加图表精度、分辨图形细微差别的场景。

Matplotlib 中可以直接使用 pyplot 模块的 grid()函数显示网格,grid()函数的语法格式如下:

grid(b = None, which = 'major', axis = 'both', * * kwargs)

参数说明如下:

b:表示是否显示网格。

which:表示显示网格的类型,默认为 major。

axis:表示显示哪个方向的网格,默认为 both。

linewidth 或 lw:网格线的宽度。

此外,还可以使用 Axes 对象的 grid()方法显示网格。需要说明的是,坐标轴若没有刻度,就无法显示网格。

11.5.4　添加参考线和参考区域

1. 添加参考线

参考线是一条或多条贯穿绘图区域的线条,用于为绘图区域中图形数据之间的比较提供参考依据,比如目标线、平均线、预算线等。参考线按方向的不同可分为水平参考线和垂直参考线。Matplotlib 中提供了 axhline()函数和 axvline()函数,分别用于添加水平参考线和垂直参考线,具体介绍如下。

（1）使用 axhline()函数绘制水平参考线。axhline()函数的语法格式如下:

axhline(y = 0, xmin = 0, xmax = 1, linestyle = '-', * * kwargs)

参数说明如下：

y：表示水平参考线的纵坐标：

xmin：表示水平参考线的起始位置，默认为 0。

xmax：表示水平参考线的终止位置，默认为 1。

linestyle：表示水平参考线的类型，默认为实线。

（2）使用 axvline（）函数绘制垂直参考线。axvline（）函数的语法格式如下：

axvline(x = 0, ymin = 0, ymax = 1, linestyle = '-', * * kwargs)

参数说明如下：

x：表示垂直参考线的横坐标。

ymin：表示垂直参考线的起始位置，默认为 0。

ymax：表示垂直参考线的终止位置，默认为 1。

linestyle：表示垂直参考线的类型，默认为实线。

2. 添加参考区域

pyplot 模块中提供了 axhspan（）函数和 axvspan（）函数，分别用于为图表添加水平参考区域和垂直参考区域，具体介绍如下。

（1）使用 axhspan（）函数绘制水平参考区域。axhspan（）函数的语法格式如下：

axhspan(ymin, ymax, xmin = 0, xmax = 1, * * kwargs)

参数说明如下：

ymin：表示水平跨度的下限，以数据为单位。

ymax：表示水平跨度的上限，以数据为单位。

xmin：表示垂直跨度的下限，以轴为单位，默认为 0。

xmax：表示垂直跨度的上限，以轴为单位，默认为 1。

（2）使用 axvspan（）函数绘制垂直参考区域。axvspan（）函数的语法格式如下：

axvspan(xmin, xmax, ymin = 0, ymax = 1, * * kwargs)

参数说明如下：

xmin：表示垂直跨度的下限。

xmax：表示垂直跨度的上限。

11.5.5　添加注释文本

1. 添加指向型注释文本

注释文本是图表的重要组成部分，能够对图形进行简短地描述，有助于理解图表。注释文本按注释对象的不同主要分为指向型注释文本和无指向型注释文本。指向型注释文本一般是针对图表某一部分的特定说明，无指向型注释文本一般是针对图表整体的特定说明。

下面介绍添加指向型注释文本和无指向型注释文本的方法。

指向型注释文本是指通过指示箭头的注释方式对绘图区域的图形进行解释的文本，一般使用线条连接说明点和箭头指向的注释文字。pyplot 模块中提供了 annotate（）函数为图表添加指向型注释文本，该函数的语法格式如下：

annotate(s, xy, * args, * * kwargs)

参数说明如下:

s:表示注释文本的内容。

xy:表示被注释的点的坐标位置,接收元组(x,y)。

xytext :表示注释文本所在的坐标位置,接收元组(x,y)。

arrowprops :表示指示箭头的属性字典。

bbox:表示注释文本的边框属性字典。

arrowprops 参数接收一个包含若干键的字典,通过向字典中添加键值对来控制箭头的显示。常见的控制箭头的键包括 width、headwidth、headlength、shrink 和 arrowstyle 等,其中键 arrowstyle 代表箭头的类型,该键对应的值及对应的类型如图 11-27 所示。

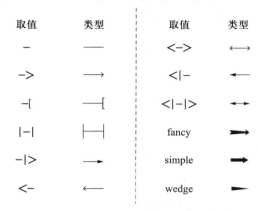

图 11-27　键 arrowstyle 的取值及对应的类型

2. 添加无指向型注释文本

无指向型注释文本是指仅使用文字的注释方式对绘图区域的图形进行说明的文本。pyplot 模块中提供了 text()函数为图表添加无指向型注释文本,该函数的语法格式如下:

text(x, y, s, fontdict = None, withdash = ＜deprecated parameter＞, ＊＊kwargs)

参数说明如下:

x, y:表示注释文本的位置。

s:表示注释文本的内容。

horizontalalignment 或 ha:表示水平对齐的方式,可以取值为'center' 'right'或 'left'。

verticalalignment 或 va:表示垂直对齐的方式,可以取值为'center' 'top' 'bottom' 'baseline'或'center_baseline'.

11.5.6　添加表格

Matplotlib 可以绘制各种各样的图表,以便用户发现数据间的规律。为了更加凸显数据间的规律与特点,便于用户从多元分析的角度深入挖掘数据潜在的含义,可将图表与数据表格结合使用,使用数据表格强调图表某部分的数值。Matplotlib 中提供了为图表添加数据表格的函数 table(),该函数的语法格式如下:

table(cellText = None, cellColours = None, cellLoc = 'right', colWidths = None, …, ＊＊kwargs)

参数说明如下：

cellText：表示表格单元格中的数据，可以是一个二维列表。

cellColours：表示单元格的背景颜色。

cellLoc：表示单元格文本的对齐方式，支持'left' 'center' 'right'三种取值，默认值为'right'。

colWidths：表示每列的宽度。

rowLabels：表示行标题的文本。

rowLoc：表示行标题的对齐方式。

colLabels：表示列标题的文本。

colColours：表示列标题所在单元格的背景颜色。

colLoc：表示列标题的对齐方式。

loc：表示表格对于绘图区域的对齐方式。

此外，还可以使用 Axes 对象的 table() 方法为图表添加数据表格，此方法与 table() 函数的用法相似，此处不再赘述。

11.5.7　图表辅助元素设置综合应用

【示例 11-15】根据本节讲述的图表辅助元素的设置，绘制函数为 $y = \sin(x)$，$y = \cos(x)$，$x = np.linspace(-np.pi, np.pi, 256, endpoint=True)$。

要求绘制填充区域如下：

紫色区域：$(-2.5 < x) \& (x < -0.5)$

绿色区域：$np.abs(x) < 0.5, \sin(x) > 0.5$

紫色的设置：color = 'purple'

```
importmatplotlib.pyplot as plt     # 导入模块
importnumpy as np
plt.rcParams['font.sans-serif'] = ['SimHei']      # 用于正常显示中文标签
plt.rcParams['axes.unicode_minus'] = False      # 用来正常显示负号
# 创建 x 轴数据，从-pi 到 pi 平均取 256 个点
x = np.linspace(-np.pi,np.pi,256,endpoint = True)      # 获取 x 坐标
#创建 y 轴数据，根据 x 的值，求正弦和余弦函数；
sin,cos = np.sin(x),np.cos(x)      # 获取 y 坐标
```

\# 绘制正弦、余弦函数图，并将图形显示出来，设置正弦函数曲线的颜色为蓝色(blue)，线型为实线，线宽为 2.5 mm；余弦函数曲线的颜色为红色(red)，线型为实线，线宽为 2.5 mm

```
plt.plot(x,sin,"b-",lw = 2.5,label = "正弦")
```

\# X：x 轴；sin：y 轴；b-：color = "blue"，linestyle = "-" 的简写；lw：linewidth；label：线条的名称，可用于后面的图例

```
plt.plot(x,cos,"r-",lw = 2.5,label = "余弦")      # cos：y 轴；r-：color = "red";
# 设置坐标轴的范围，将 x 轴、y 轴同时拉伸 1.5 倍
plt.xlim(x.min() * 1.5,x.max() * 1.5)
plt.ylim(cos.min() * 1.5,cos.max() * 1.5)
# 设置 x 轴、y 轴的坐标刻度
```

```
    plt. xticks([-np. pi,-np. pi/2,0,np. pi/2,np. pi],[r'$ -π$',r'$ -π/2$',r'$0$',r'
$π/2$',r'$π$'])
    plt. yticks([-1,0,1])
    # 为图表添加标题,标题内容为"图表辅助元素设置示例",字体大小设置为 16 磅,字体颜
色设置为绿色(green)
    plt. title("图表辅助元素设置示例",fontsize = 16,color = "green")
    # 在图表右下角位置添加备注标签,标签文本为"日期:2022 年 4 月",文本大小为 16 磅,
文本颜色为紫色(purple)
    plt. text( +2. 1, -1. 4,"日期:2022 年 4 月",fontsize = 16,color = "purple")
    # 获取 Axes 对象,并隐藏右边界和上边界
    ax = plt. gca()     # 获取 Axes 对象
    ax. spines['right']. set_color('none')     # 隐藏右边界
    ax. spines['top']. set_color('none')     # 隐藏上边界
    # 将 x 坐标轴的坐标刻度设置在坐标轴下侧,坐标轴平移至经过零点(0,0)的位置
    ax. xaxis. set_ticks_position('bottom')     # x 轴坐标刻度设置在坐标轴下面
    ax. spines['bottom']. set_position(('data',0))     # x 轴坐标轴平移至经过零点(0,0)
的位置
    # 将 y 坐标轴的坐标刻度设置在坐标轴左侧,坐标轴平移至经过零点(0,0)的位置
    ax. yaxis. set_ticks_position('left')     # y 轴坐标刻度设置在坐标轴下面
    ax. spines['left']. set_position(('data',0))     # y 轴坐标轴平移至经过零点(0,0)的
位置
    # 添加图例,图例位置为左上角,图例文字大小参数为 12
    plt. legend(loc = "upper left",fontsize = 12)
    # 在正弦函数曲线上找出 x = (2π/3)的位置,并作出与 x 轴垂直的虚线,线条颜色为蓝色
(blue),线宽设置为 1.5 mm;在余弦函数曲线上找出 x = -π 的位置,并作出与 x 轴垂直的虚
线,线条颜色为红色(red),线宽设置为 1.5 mm
    t1  =  2 * np. pi/3     # 设定第一个点的 x 轴值
    t2  =  -np. pi     # 设定第二个点的 x 轴值
    plt. plot([t1,t1],[0,np. sin(t1)],color = 'b',linewidth = 1. 5,linestyle = "--")
    # 第一个列表是 x 轴坐标值,第二个列表是 y 轴坐标值
    # 这两个点坐标分别为(t1,0)和(t1,np. sin(t1)),根据两点画直线
    plt. plot([t2,t2],[0,np. cos(t2)],color = 'r',linewidth = 1. 5,linestyle = "--")
    # 这两个点坐标分别为(t2,0)和(t2,np. cos(t2)),根据两点画直线
    # 用绘制散点图的方法在正弦、余弦函数上标注这两个点的位置,设置点大小参数为 50,
设置相应的点颜色
    plt. scatter([t1,],[np. sin(t1),], 50, color = 'b')
    plt. scatter([t2,],[np. cos(t2),], 50, color = 'r')
    # 为图表添加注释
    plt. annotate(r'$ sin(2π/3) $',
```

```
            xy = (t1,np. sin(t1)),        # 点的位置
            xycoords = 'data',            # 注释文字的偏移量
            xytext = ( + 10, + 30),       # 文字离点的横纵距离
            textcoords = 'offset points',
            fontsize = 14,                # 注释的大小
            arrowprops = dict(arrowstyle = "->",connectionstyle = "arc3,rad = . 2"))
# 箭头指向的弯曲度
    plt. annotate(r'$ \cos( - \pi ) $ ',
            xy = (t2,np. cos(t2)),        # 点的位置
            xycoords = 'data',            # 注释文字的偏移量
            xytext = (0, - 40),           # 文字离点的横纵距离
            textcoords = 'offset points',
            fontsize = 14,                # 注释的大小
            arrowprops = dict(arrowstyle = "->",connectionstyle = "arc3,rad = . 2"))
# 箭头指向的弯曲度
    # 获取 x 轴、y 轴的刻度,并设置字体格式
    for label in ax. get_xticklabels() + ax. get_yticklabels():     # 获取刻度
        label. set_fontsize(18)     # 设置刻度字体大小
    # 使用". set_bbox"还可以给刻度文本添加边框,如果给全局文本添加边框,可以将此放
在循环里。如果对单个刻度文本进行设置,可以放在循环外部
    for label in ax. get_xticklabels() + ax. get_yticklabels():     # 获取刻度
        label. set_fontsize(18)        # 设置刻度字体大小
        label. set_bbox(dict(facecolor = 'r',edgecolor = 'g',alpha = 0. 5))     # set_bbox
为刻度添加边框;facecolor:背景填充颜色;edgecolor:边框颜色;alpha:透明度
    # 绘制填充区域
    plt. fill_between(x,np. abs(x) < 0. 5,sin,sin > 0. 5,color = 'g',alpha = 0. 8)
    # 设置正弦函数的填充区域,颜色为绿色(green),其中的一种方式
    plt. fill_between(x,cos,where = (-2.5 < x)&(x < -0.5),color = 'purple')
    # 设置余弦函数的填充区域,颜色为紫色(purple),另外一种方式
    # 绘制网格线
    plt. grid()
    plt. show()     # 显示图表
    # 保存图表,保存为"shili. PNG",dpi 设置为 300
    plt. savefig("C:\shili. PNG",dpi = 300)
```

运行结果如图 11-28 所示。

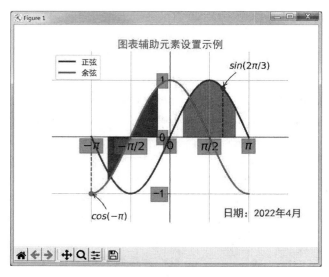

图 11-28 【示例 11-15】运行结果

☒ 本章小结

本章介绍了 Matplotlib 库和 Pandas 扩展库中常用的绘图方法，主要内容如下：

（1）介绍了常用可视化图表类型及其作用。

（2）绘图时应根据数据可视化的目标，选择数据源和图表类型，再调用 Matplotlib 库或 Pandas 库中的绘图方法，最后还可以将图表保存为图形文件。

（3）Matplotlib 库提供了一种通用的绘图方法。利用 Pandas 中的 plot()绘图方法实现数据的可视化。

（4）除了绘制基本的图形，还可以根据需要设置图表标题、坐标轴标题、图例、网格线等图表元素，进一步修饰和美化图表，方便对图表的理解和查看。

☒ 思考题

1. 已知某中学对全体高三文科班学生实行高考前的第一次模拟考试，分别计算了全体男生、女生的平均成绩，统计结果如表 11-4 所示。

表 11-4 全校高三男生、女生的平均成绩

学科	男生平均成绩	女生平均成绩
语文	115	118
数学	123	105
英语	104	116
政治	79	85
历史	87	80
地理	89	88

按照以下要求绘制图表：

(1)绘制柱形图。柱形图的 x 轴为学科，y 轴为平均成绩。

(2)设置 y 轴的标签为"平均成绩/分"。

(3)设置 x 轴的刻度标签位于两组柱形中间。

(4)添加标题为"高三文科班男生、女生的平均成绩"。

(5)添加图例。

(6)向每个柱形的顶部添加注释文本，标注平均成绩。

2. 某电商平台在 2022 年 6 月对平台上所有子类目的销售额进行了统计，结果如表 11-5 所示。

表 11-5　电商平台子类目的销售额

子类目	销售额/亿
电脑	4 623
家居	5 623
美妆	1 892
手机	3 976
箱包	987

按照以下要求绘制图表：

(1)绘制平台子类目占比情况的饼图。

(2)添加标题为"电商平台子类目的销售额"。

(3)添加图例，以两列的形式进行显示。

(4)添加表格，说明子类目的销售额。

第 12 章 OpenCV 与图像分析基础

图像分析(image analysis)和图像处理(image processing)关系密切,两者有一定程度的交叉,但是又有所不同。图像处理侧重于信号处理方面的研究,比如图像对比度的调节、图像编码、去噪以及各种滤波的研究。但是图像分析更侧重于研究图像的内容,包括但不局限于使用图像处理的各种技术,更倾向于对图像内容的分析、解释和识别。

Python 借助 OpenCV 库提供的方法能够用短短的几行代码,轻轻松松地实现对图像的处理操作,这就是 Python OpenCV 的优势所在。

本章主要介绍 OpenCV 图像处理方面的基本功能、图像的降噪处理以及图像中的图形检测等内容。

12.1 OpenCV 概述

在计算机视觉项目的开发中,OpenCV 是一个基于 Apache 2.0 许可(开源)发行的跨平台计算机视觉和机器学习软件库,拥有丰富的常用图像处理函数库。它采用 C/C++语言编写,可以运行在 Linux、Windows 以及 Mac 等操作系统上,能够快速地实现一些图像处理和识别的任务。此外,OpenCV 还提供了 Java、Python、C#和 GO 的使用接口和机器学习的基础算法调用,从而使图像处理和图像分析变得更加易于理解和操作,从而让开发人员有更多精力进行算法的设计。

OpenCV 的主要应用领域有计算机视觉领域,如物体识别、图像分割、人脸识别、动作识别及运动跟踪等。

安装 OpenCV 的方式很简单,按常规的模块安装方法运行安装命令即可。安装命令和模块导入的常规格式如下:

```
pip install opencv-python
import cv2 as cv
```

12.2 cv2 图像处理基础

12.2.1 cv2 的基本方法与属性

图像处理最基本的操作包括读取图像、显示图像、保存图像以及获取图像属性等。

OpenCV 提供了大量图像处理相关的方法,常用方法及其说明见表 12-1。

表 12-1　cv2 的常用方法及其说明

方法	参数说明
cv2. imread(filename,flags)	读取图像,属性值有 IMREAD_COLOR、IMREAD_GRAYSCALE,分别表示读入彩色,灰度图像
cv2. imshow(winname,mat)	显示图像,彩色图像是 BGR 模式,利用 Matplotlib 显示时需要转换为 RGB 模式
cv2. imwrite(filename,imgdata)	按照指定的路径保存图像
cv2. waitKey()	键盘绑定函数,参数＝0:(或小于 0 的数)一直显示直到在键盘上按下一个键即会消失并返回一个按键对应的 ASCII 码值,参数＞0:显示多少毫秒,超过这个指定时间则返回−1
cv2. namedWindow(winname,mat)	创建一个窗口,属性值有 WINDOW_AUTOSIZE、WINDOW_NORMAL,分别表示根据图像大小自动创建大小,窗口大小可调整
cv2. destoryAllWindows(winname)	删除任何建立的窗口

【示例 12-1】打开图像并显示,然后按 Esc 键退出,按 S 键时保存图像退出。

```
import cv2 as cv
img = cv. imread('. /flower.JPG',cv. IMREAD_GRAYSCALE)
cv. imshow('Flower',img)
k = cv. waitKey(0)
if k = = 27:    # 等待按 ESC 键退出
    cv. destroyAllWindows()
elif k = = ord('s'):    # 等待按 S 键保存图片并退出
    cv. imwrite('new_flower.JPG',img)
    cv. destroyAllWindows()# 释放所有窗体
```

运行结果如图 12-1 所示。

图 12-1　【示例 12-1】运行结果

需要注意的是,通过 OpenCV 使用 cv2. Imread()命令读取的彩色图像是 BGR 格式。如果有必要的话可以将其从 BGR 格式转换为 RGB 格式,下面语句使用 cv2. cvtColor()命令实现 BGR 格式到 RGB 或灰度图像的转换。

```
image_rgb = cv2.cvtColor(img, cv2.COLOR_BGR2RGB)
image_gray = cv2.cvtColor(img, cv2.COLOR_BGR2GRAY)
```

图像打开后,利用其 shape、size 和 dtype3 个属性显示图像对象的尺寸、大小和类型。

【示例 12-2】图像大小显示。

```
print(img.shape)
print(img.size)
```

运行结果:

```
(295, 295)
87025
uint8
```

在处理图像时,可以将一些文字利用 putText 方法直接输出到图像中。

putText 的格式如下:

cv2.putText(图片名,文字,坐标,字体,字体大小,文字颜色,字体粗细)

字体可以选择 FONT_HERSHEY_SIMPLEX、FONT_HERSHEY_SIMPLEX、FONT_HERSHEY_PLAIN 等。

【示例 12-3】图像的文本标注。

```
import cv2 as cv
img = cv.imread('flower.JPG',cv.IMREAD_GRAYSCALE)
w,h = img.shape
x = w // 6      # 文本的 x 坐标
y = h // 6      # 文本的 y 坐标
cv.putText(img,'Flower! ',(x,y),cv.FONT_HERSHEY_SIMPLEX,0.8,(255,0,0),1)
cv.imshow('Flower',img)      # 显示图像
cv.waitKey(0)      # 按下任何键盘按键后
cv.destroyAllWindows()
```

运行结果如图 12-2 所示。

图 12-2 【示例 12-3】运行结果

12.2.2　图像处理中的阈值

阈值是图像处理中一个重要概念,类似一个像素值的标准线。所有像素值都与这条标准线相比较,出现三种结果:像素值比阈值大、像素值比阈值小和像素值等于阈值。像素值的取值范围可简化为 0~255,通过阈值使得转换后的灰度图像呈现出只有纯黑色和纯白色的视觉效果。例如,当阈值为 127 时,把小于 127 的所有像素值都转换为 0(即纯黑色),把大于 127 的所有像素值都转换为 255(即纯白色)。虽然会丢失一些灰度细节,但是会更明显地保留灰度图像主体的轮廓。

1. 阈值处理方法

OpenCV 提供了 threshold()方法用于对图像进行阈值处理,threshold()方法的语法格式如下:

```
retval, dst = cv2.threshold(src, thresh, maxval, type)
```

参数说明如下:

src:被处理的图像,可以是多通道图像。

thresh:阈值,阈值在 125~150 内取值的效果最好。

maxval:阈值处理采用的最大值。

type:阈值处理类型,常用类型及其含义可以参考表 12-2。

表 12-2　阈值处理类型及其含义

类型	含义
cv2.THRESH_BINARY	二值化阈值处理
cv2.THRESH_BINARY_INV	反二值化阈值处理
cv2.THRESH_TRUNC	截断阈值处理
cv2.THRESH_TOZERO_INV	超阈值零处理
cv2.THRESH_TOZERO	低阈值零处理

返回值说明如下:

retval:处理时所采用的阈值。

dst:经过阈值处理后的图像。

2. 图像二值化阈值处理

二值化处理会将灰度图像的像素值两极分化,使得灰度图像呈现出只有纯黑色和纯白色的视觉效果。经过阈值处理后的图像轮廓分明、对比明显,因此二值化处理常用于图像识别功能。

二值化阈值处理会使图像仅保留两种像素值,或者说所有像素都只能从两种值中取值。进行二值化处理时,每一个像素值都会与阈值进行比较,将大于阈值的像素值变为最大值,将小于或等于阈值的像素值变为 0,计算公式如下:

if 像素值 <= 阈值:

　　像素值 = 0

> if 像素值 > 阈值：
>   像素值 = 最大值

通常二值化处理是使用 255 作为最大值，因为灰度图像中 255 表示纯白颜色，能够清晰地与纯黑色进行区分，所以灰度图像经过二值化处理后会呈现"非黑即白"的效果。

【示例 12-4】彩色图像二值化阈值处理。

```python
import cv2 as cv
img = cv.imread("flower.JPG", 0)     # 将图像读成灰度图像
t1,dst1 = cv.threshold(img, 127, 255, cv.THRESH_BINARY)     # 二值化阈值处理
t3,dst2 = cv.threshold(img, 127, 150, cv.THRESH_BINARY)     # 调低最大值效果
cv.imshow('dst1', dst1)     # 显示最大值为 255 时的效果
cv.imshow('dst2', dst2)     # 显示最大值为 150 时的效果
cv.waitKey()
cv.destroyAllWindows()
```

运行结果如图 12-3 所示。

图 12-3　【示例 12-4】运行结果

与二值化阈值处理相反的是反二值化阈值处理，其结果为二值化处理的相反结果。将大于阈值的像素值变为 0，将小于或等于阈值的像素值变为最大值。原图像中白色的部分会变黑色，黑色部分会变成白色。通过如下语句"t3, dst3 = cv2.threshold(img, 127, 255, cv2.THRESH_BINARY_INV)"实现。

阈值处理在计算机视觉技术中占有十分重要的位置，是很多高级算法的底层处理逻辑之一。因为二值图像会忽略细节，放大特征，而很多高级算法要根据物体的轮廓来分析物体特征，所以二值图像非常适合做复杂的识别运算。在进行识别运算之前，应先将图像转为灰度图像，再进行二值化阈值处理，这样就得到了算法所需的物体（大致）轮廓图像。然后利用高级图像识别算法，根据这种鲜明的像素变化来搜寻特征，最后达到识别物体分类的目的。

12.2.3　cv2 图像处理中的几何变换

几何变换是指改变图像的几何结构，例如大小、角度和形状等，让图像呈现出缩放、翻转、映射和透视的效果。接下来讲述图像常用'处理'如图像缩放、翻转、仿射变换等。

1. 图像缩放

实现缩放图片并保存,是使用 OpenCV 时常用的操作。resize()方法的语法格式如下:

resize(InputArray src, OutputArray dst, Size dsize, double fx = 0, double fy = 0, int interpolation = INTER_LINEAR)

参数说明如下:

InputArray src:输入原图像,即待改变大小的图像。

OutputArray dst:输出改变后的图像。这个图像和原图像具有相同的内容,只是大小和原图像不一样而已。

dsize:输出图像的大小。

其中,fx 和 fy 就是下面要说的 2 个参数,是图像 width 方向和 height 方向的缩放比例。

fx:是 width 方向的缩放比例。

fy:是 height 方向的缩放比例。

如果 fx=0.3,fy=0.7,则将原图片的 x 轴缩小为原来的 0.3 倍,将 y 轴缩小为原来的 0.7 倍。使用 fx 参数和 fy 参数控制缩放时,dsize 参数值必须使用 None。

cv2. resize()支持多种插值算法,默认使用 cv2. INTER_LINEAR,缩小最适宜使用 cv2. INTER_AREA,放大最适宜使用 cv2. INTER_CUBIC 或 cv2. INTER_LINEAR。

【示例 12-5】将图像按照指定的宽和高进行缩放。

```
import cv2 as cv
importmatplotlib. pyplot as plt
img = cv2. imread("flower.JPG")    # 读取图像
dst1 = cv2. resize(img, (270, 270))    # 按照宽 270 像素、高 270 像素的大小进行缩放
dst2 = cv2. resize(img, (500, 500))    # 按照宽 500 像素、高 500 像素的大小进行缩放
cv2. imshow("Original size", img)    # 显示原图
cv2. imshow("Image reduction", dst1)    # 显示缩放图像
cv2. imshow("Image magnification", dst2)
cv2. waitKey()
cv2. destroyAllWindows()
```

运行结果如图 12-4 所示。

图 12-4　【示例 12-5】运行结果

2. 图像的翻转

水平线被称为 x 轴,垂直线被称为 y 轴。图像沿着 x 轴或 y 轴翻转之后,可以呈现出镜面倒影的效果。

OpenCV 通过 cv2.flip()方法实现翻转效果,其语法结构如下:

cv2.flip(filename,flipcode)

参数说明如下:

filename:需要操作的图像。

flipcode:翻转类型,类型值如表 12-3 所示。

返回值:翻转之后的图像。

表 12-3 flipcode 参数值及含义

参数值	含义
1	水平翻转
0	垂直翻转
−1	水平垂直翻转

【示例 12-6】图像的三种类型翻转效果。

```
import cv2 as cv
img = cv.imread("flower.JPG")     # 读取图像
dst1 = cv.flip(img, 0)     # 沿 x 轴翻转
dst2 = cv.flip(img, 1)     # 沿 y 轴翻转
dst3 = cv.flip(img, -1)     # 同时沿 x 轴、y 轴翻转
cv.imshow("Origin", img)     # 显示原图
cv.imshow("X-axis flip", dst1)     # 显示翻转之后的图像
cv.imshow("Y-axis flip", dst2)
cv.imshow("ALL", dst3)
cv.waitKey()
cv.destroyAllWindows()
```

运行结果如图 12-5 所示。

3. 图像仿射变换

仿射变换是一种仅在二维平面中发生的几何变形,变换以后的图像仍然可以保持直线的"平直性"和"平行性",即原来的直线变换之后还是直线,平行线还是平行线。

常见的仿射变换包含平移、旋转和倾斜。

OpenCV 通过 cv2.warpAffine()方法实现仿射变换,其语法格式如下:

cv2.warpAffine(src, M, dsize[, dst[, flags[, borderMode[, borderValue]]]])

参数说明如下:

src:输入图像。

M:变换矩阵。

dsize：输出图像的大小。

flags：插值方法的组合（int 类型！）。

borderMode：边界像素模式（int 类型！）。

borderValue：边界填充值，默认为 0。

返回值：经过仿射变换后输出的图像。

图 12-5　【示例 12-6】运行结果

（1）图像平移

在仿射变换中，原图中所有的平行线在结果图像中同样平行。为了创建偏移矩阵，需要在原图像中找到 3 个点以及它们在输出图像中的位置。OpenCV 中提供了 cv2. getAffineTransform 创建 2 * 3 的矩阵，最后将矩阵传给函数 cv2. warpAffine。

【示例 12-7】利用图像的仿射变换实现图像向右下方平移。

```
import cv2 as cv
from matplotlib import pyplot as plt
import numpy as np
img = cv. imread("flower.JPG")     # 读取图像
rows = len(img)    # 图像像素行数
cols = len(img[0])    # 图像像素列数
M = np. float32([[1, 0, 50],    #横坐标向右移动 50 像素
                [0, 1, 80]])    #纵坐标向下移动 80 像素
dst = cv. warpAffine(img, M, (cols, rows))
cv. imshow("Original", img)    # 显示原图
cv. imshow("Transformation", dst)     # 显示仿射变换效果
```

```
cv.waitKey()
cv.destroyAllWindows()
plt.show()
```

运行结果如图 12-6 所示。

图 12-6 【示例 12-7】运行结果

（2）图像旋转

OpenCV 中首先需要构造一个旋转矩阵，可以通过 cv2.getRotationMatrix2D()方法来自动计算出旋转图像的 M 矩阵。

getRotationMatrix2D 语法格式如下：

```
M = cv2.getRotationMatrix2D(center,angle,scale)
```

参数说明如下：

第一个参数为旋转中心点坐标，第二个参数为旋转角度，第三个参数为旋转后的缩放因子。

返回值：方法计算出的仿射矩阵。

【示例 12-8】图像旋转。

```
import cv2 as cv
import matplotlib.pyplot as plt
img = cv.imread('flower.JPG',cv.IMREAD_COLOR)     # 读取图像
rows,cols,ch = img.shape     # 图像像素行数、列数
b,g,r = cv.split(img)
src = cv.merge([r, g, b])
M = cv.getRotationMatrix2D((cols/2,rows/2),45,1)     # 以图像为中心,逆时针旋转 45°
dst = cv.warpAffine(src,M,(cols,rows))     # 按照 M 进行仿射
plt.subplot(121)
plt.imshow(src)     # 显示原图
plt.axis('off')
plt.subplot(122)
plt.imshow(dst)     # 显示仿射变换效果
plt.axis('off')
```

```
cv.waitKey()
cv.destroyAllWindows()
plt.show()
```

运行结果如图 12-7 所示。

图 12-7　【示例 12-8】运行结果

（3）图像倾斜

OpenCV 需要定位图像的左上角、右上角、左上角 3 个点来计算倾斜效果，根据这 3 个点的位置变化来计算其他像素的位置变化。由于要保证图像的"平直性"和"平行性"，因此不需要"右下角"的点做第 4 个参数，右下角的这个点的位置可以根据其他 3 个点的变化自动计算出来。

图像倾斜可以通过 M 矩阵实现，OpenCV 提供了 getAffineTransform()方法来自动计算出倾斜图像的 M 矩阵。

getAffineTransform()方法的语法结构如下：

M = cv2.GetAffineTransform(src, dst)

参数说明如下：

src：输入图像的三角形顶点坐标，格式为 3 行 2 列的 32 位浮点数列表，例如[[0,1],[1,0],[1,1]]。

dst：输出图像的相应的三角形顶点坐标，格式与 src 一样。

获得仿射变换矩阵的方法 getRotationMatrix2D()，其语法结构如下：

M = cv2.getRotationMatrix2D(center, angle, scale)

参数说明如下：

center：表示中间点的位置。

angle：表示逆时针旋转的角度。

scale：表示旋转后图像相比原来的缩放比例。

【示例 12-9】图像向右倾斜。

```
import cv2 as cv
import numpy as np
img = cv.imread("flower.JPG")      # 读取图像
rows = len(img)      # 图像像素行数
```

```
cols = len(img[0])      # 图像像素列数
p1 = np.zeros((3, 2), np.float32)      # 32 位浮点型空列表,原图为 3 个点
p1[0] = [0, 0]      # 左上角点坐标
p1[1] = [cols - 1, 0]      # 右上角点坐标
p1[2] = [0, rows - 1]      # 左下角点坐标
p2 = np.zeros((3, 2), np.float32)      # 32 位浮点型空列表,倾斜图为 3 个点
p2[0] = [80, 0]      # 左上角点坐标,向右移 80 像素
p2[1] = [cols - 1, 0]      # 右上角点坐标,位置不变
p2[2] = [0, rows - 1]      # 左下角点坐标,位置不变
M = cv.getAffineTransform(p1, p2)      # 根据 3 个点的变化轨迹计算出 M 矩阵
dst = cv.warpAffine(img, M, (cols, rows))      # 按照 M 矩阵进行仿射
cv.imshow('Original', img)      # 显示原图
cv.imshow('Transformation', dst)      # 显示仿射变换效果
cv.waitKey()
cv.destroyAllWindows()
```

运行结果如图 12-8 所示。

图 12-8 【示例 12-9】运行结果

12.3 图像的降噪处理

图像中可能会出现这样一种像素:该像素与周围像素的差别非常大,导致从视觉上就能看出该像素无法与周围像素组成可识别的图像信息,降低了整个图像的质量。这种"格格不入"的像素就被称为图像的噪声。

图像在数字化和传输等过程中会产生噪声,从而影响图像的质量,而图像降噪技术可以有效地减少图像中的噪声。

如果图像中的噪声都是随机的纯黑像素或者纯白像素,这样的噪声也被称为"椒盐声"或"盐噪声"。

以一个像素为核心,核心周围像素可以组成一个 n 行 n 列(简称 $n * n$)的矩阵,这样的矩阵结构在滤波操作中被称为"滤波核"。矩阵的行列数决定了滤波核的大小。

12. 3. 1　均值滤波器图像降噪

均值滤波器(也被称为低通滤波器)可以把图像中的每一个像素都当成滤波核的核心,然后计算出核内所有像素的平均值,最后让核心像素值等于该平均值。

OpenCV 将均值滤波器封装成了 blur()方法,其语法格式如下:

dst = cv2. blur(src, ksize, anchor, borderType)

参数说明如下:

src:被处理的图像。

ksize:滤波核大小,其格式为(高度,宽度),建议使用如(3,3)、(5,5)、(7,7)等宽高相等的奇数边长。滤波核越大,处理之后的图像就越模糊。

chor:可选参数,滤波核的锚点,建议采用默认值,方法可以自动计算锚点。

borderType:可选参数,边界样式,建议采用默认值。

返回值说明如下:

dst:经过均值滤波处理之后的图像。

【示例 12-10】对花朵图像进行均值滤波降噪操作。

```
import cv2 as cv
img = cv. imread("flower.JPG")      # 读取原图
dst1 = cv. blur(img, (3, 3))        # 使用大小为 3 * 3 的滤波核进行均值滤波
dst2 = cv. blur(img, (5, 5))        # 使用大小为 5 * 5 的滤波核进行均值滤波
dst3 = cv. blur(img, (7, 7))        # 使用大小为 7 * 7 的滤波核进行均值滤波
cv. imshow("Origin", img)      # 显示原图
cv. imshow("3 * 3 blur", dst1)      # 显示滤波效果
cv. imshow("5 * 5 blur", dst2)
cv. imshow("9 * 9 blur", dst3)
cv. waitKey()
cv. destroyAllWindows()
```

运行结果如图 12-9 所示。

从这个结果可以看出,滤波核越大,处理之后的图像就越模糊。

12. 3. 2　中值滤波器图像降噪

中值滤波器的原理与均值滤波器非常相似,唯一的不同就是中值滤波器不能计算像素的平均值,而是将所有像素值排序,把最中间的像素值取出,赋值给核心像素。

OpenCV 将中值滤波器封装成了 medianBlur()方法,其语法格式如下:

dst = cv2. medianBlur(src, ksize)

参数说明如下:

src:被处理的图像。

ksize:滤波核的边长,必须是大于 1 的奇数,例如 3、5、7 等。方法会根据此边长自动创建一个正方形的滤波核,而其他滤波器的 ksize 参数通常为(高,宽)。

图 12-9 【示例 12-10】运行结果

返回值说明如下:

dst:经过中值滤波处理之后的图像。

【示例 12-11】对花朵图像进行中值滤波降噪操作。

```python
import cv2 as cv
img = cv.imread("flower.JPG")      # 读取原图
dst1 = cv.medianBlur(img, 3)       # 使用宽度为 3 的滤波核进行中值滤波
dst2 = cv.medianBlur(img, 5)       # 使用宽度为 5 的滤波核进行中值滤波
dst3 = cv.medianBlur(img, 7)       # 使用宽度为 7 的滤波核进行中值滤波
cv.imshow("Origin", img)           # 显示原图
cv.imshow("3 medianBlur", dst1)      # 显示滤波效果
cv.imshow("5 medianBlur", dst2)
cv.imshow("7 medianBlur", dst3)
cv.waitKey()
cv.destroyAllWindows()
```

运行结果如图 12-10 所示。

由运行结果来看,滤波核的边长越长,处理之后的图像就越模糊。中值滤波处理的图像会比均值滤波处理的图像丢失更多细节。

图 12-10　【示例 12-11】运行结果

12. 3. 3　高斯滤波器图像降噪

高斯滤波也被称为高斯模糊或高斯平滑,是目前应用范围最广泛的平滑处理算法。高斯滤波可以很好地在降低图片噪声、细节层次的同时保留更多的图像信息,经过处理的图像会呈现"磨砂玻璃"的滤镜效果。

进行均值滤波处理时,核心周围每个像素的权重都是均等的,也就是每个像素都同样重要,所以计算平均值即可。但在高斯滤波中,越靠近核心的像素权重越大,越远离核心的像素权重越小。像素权重不同就不能取平均值,要从权重大的像素中获取较多的信息,从权重小的像素中获取较少的信息。简单概括就是"离谁更近,与谁更像"。

高斯滤波的计算过程涉及卷积运算,会有一个与滤波核大小相等的卷积核。卷积核中保存的值就是核所覆盖区域的权重值,卷积核中所有权重值相加进行高斯滤波的过程中,滤波核中像素会与卷积核进行卷积计算,最后将计算结果赋值给滤波核的核心像素。

OpenCV 将高斯滤波器封装成了 GaussianBlur()方法,其语法格式如下:

dst = cv2.GaussianBlur(src, ksize, sigmaX, sigmaY, borderType)

参数说明如下:

src:被处理的图像。

ksize:滤波核的大小。宽、高必须是奇数,例如(3,3)、(5,5)等。

sigmaX:卷积核水平方向的标准差。

sigmaY:卷积核垂直方向的标准差。修改 sigmaX 或 sigmaY 的值都可以改变卷积核中的权重比例。如果不知道如何设计这两个参数值,就直接将其写成 0,方法就会根据滤波核的大小自动计算出合适的权重比例。

borderType：可选参数，边界样式，建议使用默认值。

返回值说明如下：

dst：经过高斯滤波处理之后的图像。

【示例 12-12】花朵图像进行高斯滤波降噪操作。

```
import cv2 as cv
img = cv.imread("amygdalus triloba.JPG")      # 读取原图
dst1 = cv.GaussianBlur(img, (5, 5), 0, 0)      # 使用大小为 5 * 5 的滤波核进行高斯
                                                  滤波
dst2 = cv.GaussianBlur(img, (9, 9), 0, 0)      # 使用大小为 9 * 9 的滤波核进行高斯
                                                  滤波
dst3 = cv.GaussianBlur(img, (15, 15), 0, 0)    # 使用大小为 15 * 15 的滤波核进
                                                  行高斯滤波
cv.imshow("Origin", img)      # 显示原图
cv.imshow("3 GaussianBlur", dst1)      # 显示滤波效果
cv.imshow("7 GaussianBlur", dst2)
cv.imshow("13 GaussianBlur", dst3)
cv.waitKey()
cv.destroyAllWindows()
```

运行结果如图 12-11 所示。

图 12-11 【示例 12-12】运行结果

从运行结果来看,滤波核越大,处理后的图像就越模糊。与均值滤波、中值滤波处理的图像相比,高斯滤波处理的图像更加平滑,保留的图像信息更多,更容易辨认。

12.3.4　双边滤波器图像降噪

无论是均值滤波、中值滤波还是高斯滤波,都会使整幅图像变得平滑,图像中的边界会变得模糊不清。双边滤波是一种在平滑处理过程中可以有效保护边界信息的滤波操作。

双边滤波器会自动判断滤波核处于"平坦"区域还是"边缘"区域。如果滤波核处于"平坦"区域,则会使用类似高斯滤波的算法进行滤波;如果滤波核处于"边缘"区域,则加大"边缘"像素的权重,尽可能地让这些像素值保持不变。

OpenCV 将双边滤波器封装成了 bilateralFilter()方法,其语法格式如下:

dst = cv2.bilateralFilter(src, d, sigmaColor, sigmaSpace, borderType)

参数说明如下:

drc:被处理的图像。

d:以当前像素为中心的整个滤波区域的直径。如果是 d<0,则自动根据 sigmaSpace 参数计算得到。该值与保留的边缘信息数量成正比,与方法运行效率成反比。

sigmaColor:参与计算的颜色范围,这个值是像素颜色值与周围颜色值的最大差值,只有颜色值之差小于这个值时,周围的像素才会进行滤波计算。值为 255 时,表示所有颜色都参与计算。

sigmaSpace:坐标空间的 O(sigma)值,该值越大,参与计算的像素数量就越多。

borderType:可选参数,边界样式,建议采用默认值。

返回值说明如下:

dst:经过双边滤波处理之后的图像。

【示例 12-13】高斯滤波和双边滤波的降噪处理效果。

```
import cv2 as cv
img = cv.imread("flower.JPG")      # 读取原图
dst1 = cv.GaussianBlur(img, (15, 15), 0, 0)       # 使用大小为 15 * 15 的滤波核进行
                                                     高斯滤波

# 双边滤波,选取范围直径为 15,颜色差为 120
dst2 = cv.bilateralFilter(img, 15, 120, 100)
cv.imshow("Origin", img)      # 显示原图
cv.imshow("Gauss", dst1)       # 显示高斯滤波效果
cv.imshow("bilateral", dst2)        # 显示双边滤波效果
cv.waitKey()
cv.destroyAllWindows()
```

运行结果如图 12-12 所示。

图 12-12 【示例 12-13】运行结果

12.4 图像中的图形检测

12.4.1 图像的轮廓

图像的轮廓是指图像中图形或物体的外边缘线条。简单的几何图形轮廓是由平滑的线条构成的,容易识别,但不规则图形的轮廓可能由许多个点构成,识别起来比较困难。

OpenCV 提供的 findContours()方法可以通过计算图像梯度判断出图像的边缘,然后将边缘的点封装为数组返回。

findContours()方法的语法结构如下:

conrours,hierarchy = cv2.findContours(image, mode, method)

参数说明如下:

image:寻找轮廓的图像。

mode:轮廓的检索模式,轮廓的检索模式参数值。

cv2.RETR_EXTERNAL:表示只检测外轮廓。

cv2.RETR_LIST:检测的轮廓不建立等级关系。

cv2.RETR_CCOMP:建立两个等级的轮廓,上面的一层为外边界,里面的一层为内孔的边界信息。如果内孔内还有一个连通物体,这个物体的边界也在顶层。

cv2.RETR_TREE:建立一个等级树结构的轮廓。

method:检测轮廓时使用的方法,具体值如下。

cv2.CHAIN_APPROX_NONE:存储所有的轮廓点,相邻的两个点的像素位置差不超过1,即 max(abs(x1-x2),abs(y2-y1))==1。

cv2.CHAIN_APPROX_SIMPLE:压缩水平方向,垂直方向,对角线方向的元素,只保留该方向的终点坐标。

cv2.CHAIN_APPROX_TC89_L1,CV_CHAIN_APPROX_TC89_KCOS 使用 teh-Chinl chain 近似算法。

返回值说明如下:

cv2.findContours()方法返回两个值,一个是轮廓本身(countours),还有一个是每条轮廓对应的属性(hierarchy)。cv2.findContours()函数返回一个 list,list 中每个元素都是图像中的一个轮廓,用 NumPy 中的 ndarray 表示。

通过 findContours()方法找到图像以后,通常使用 drawContours()方法把轮廓画出来。

【示例 12-14】绘制花朵的轮廓。

```
import cv2 as cv
img = cv.imread("flower.JPG")    # 读取原图
cv.imshow("Origin", img)    # 显示原图
img = cv.medianBlur(img, 5)    # 使用中值滤波去除噪点
gray = cv.cvtColor(img, cv.COLOR_BGR2GRAY)    # 原图从彩图变成单通道灰度图像
t, binary = cv.threshold(gray, 127, 255, cv.THRESH_BINARY)    # 灰度图像转化为二值图像
cv.imshow("binary", binary)    # 显示二值化图像
# 获取二值化图像中的轮廓极轮廓层次数据
contours, hierarchy = cv.findContours(binary, cv.RETR_LIST, cv.CHAIN_APPROX_NONE)
cv.drawContours(img, contours, -1, (0, 0, 255), 2)    # 在原图中绘制轮廓
cv.imshow("contours", img)    # 显示绘有轮廓的图像
cv.waitKey()
cv.destroyAllWindows()
```

运行结果如图 12-13 所示。

图 12-13　【示例 12-14】运行结果

12.4.2　图像处理中的边缘检测

边缘检测是一种从不同视觉对象中提取有用结构信息并显著减少要处理的数据量的技术,已广泛应用于各种计算机视觉系统。

John F. Canny 于 1986 年开发出来的一个多级边缘检测算法,在不同的视觉系统上应用边缘检测的要求是比较相似的。因此,可以在各种情况下实施满足这些要求的边缘检测解决方案。

OpenCV 将 Canny 边缘检测算法封装成了 Canny()方法,该方法的语法结构如下:

```
cv2.Canny(src, thresh1, thresh2)
```

参数说明如下：

src：表示输入的图片。

thresh1：表示最小阈值。

thresh2：表示最大阈值，用于进一步筛选边缘信息。

【示例 12-15】使用 Canny 算法检测花朵的边缘。

```
import cv2 as cv
img = cv.imread("flower.JPG")      # 读取原图
r1 = cv.Canny(img, 10, 50);        # 使用不同的阈值进行边缘检测
r2 = cv.Canny(img, 100, 200);
r3 = cv.Canny(img, 400, 600);
cv.imshow("Origin", img)      # 显示原图
cv.imshow("No1", r1)      # 显示边缘检测结果
cv.imshow("No2", r2)
cv.imshow("No3", r3)
cv.waitKey()
cv.destroyAllWindows()
```

运行结果如图 12-14 所示。

图 12-14　【示例 12-15】运行结果

由运行结果可知，阈值越小，检测出的边缘越多；阈值越大，检测出的边缘越少，只能检测出一些较明显的边缘。

⊠ 本章小结

本章介绍了 OpenCV 图像处理方面的基本功能、图像的降噪处理以及图像中的图形检测，主要内容如下。

（1）图像处理最基本的操作，包括读取图像、显示图像、保存图像以及获取图像属性等方法。

（2）阈值是一个像素值的标准线，所有像素值都与这条标准线相比较，会出现 3 种结果：像素值比阈值大、像素值比阈值小和像素值等于阈值。

（3）二值化处理会将灰度图像的像素值两极分化，使得灰度图像呈现出只有纯黑色和纯白色的视觉效果。

（4）几何变换是指改变图像的几何结构，例如大小、角度和形状等，让图像呈现出缩放、翻转和映射效果。掌握图像常用的处理方法，如图像缩放、旋转、仿射变换。

（5）图像在数字化和传输等过程中会产生噪声，从而影响图像的质量，而图像降噪技术可以有效地减少图像中的噪声。学习过程中应掌握均值滤波、中值滤波、高斯滤波和双边滤波图像降噪方法。

（6）OpenCV 提供的 findContours（）方法可以通过计算图像梯度判断图像的边缘，然后将边缘的点封装为数组返回。

（7）OpenCV 封装 Canny（）的方法用于边缘检测。

⊠ 思考题

1. 简述 Python-OpenCV 的图像处理最基本的操作方法。
2. 简述彩色图像二值化阈值处理过程。
3. 利用 Python-OpenCV 实现图像的缩放、翻转等几何变换等操作。
4. 利用 Python-OpenCV 实现均值滤波、中值滤波、高斯滤波和双边滤波图像降噪方法。
5. 利用 Python-OpenCV 实现判断出图像边缘的方法。

参考文献

[1]李辉．Python 程序设计基础案例教程．北京:清华大学出版社,2020.

[2]嵩天,礼欣,黄天羽．Python 语言程序设计基础．2 版．北京:高等教育出版社,2017.

[3]明日科技,赵宁,赛奎春,等．Python OpenCV 从入门到实践．长春:吉林大学出版社,2021.

[4]殷耀文,周少卿,时俊．Python 编程从入门到实践．北京:北京理工大学出版社,2020.

[5]陈洁,刘姝．Python 编程与数据分析基础．北京:清华大学出版社,2021.

[6]李辉,刘洋．Python 程序设计．北京:机械工业出版社,2020.